통계의 미학

Statistical Thinking
통계의 미학

· 최제호 지음 ·

동아시아

차례

들어가며 통계적으로 사고하라 **8**

1부 | 데이터 수집의 중요성

1장 여론조사로 대통령을 결정한다–자료 수집의 문법 **19**

1. 숫자는 민주적이다 19 ●극적 정치 드라마의 주인공, 통계●대통령 후보, 여론조사로 결정한다? ●240만 vs. 3,000●효율적이고 정확한 표본조사●국의 간을 맞추기 위해 국 모두를 마실 필요는 없다●모집단과 표본
2. 표본은 대표성이 있어야 한다 29 ●배심원과 수박장수의 수박●특정 지역에서만 대통령후보 지지도를 조사한다면…●사전정보 파악이 없는 설문조사는 장님 코끼리 만지기●주차장이 붐벼도 고객은 만족한다?●조사대상자를 나누는 기준●자발적 응답–관심있는 소수의 의견●목소리 큰 소수–"최고의 선수는 당연히 우리나라 선수"
3. 무작위 선정방법과 무응답 44 ●"듀이가 트루먼을 누르다"–1948년 미국 대통령 선거의 교훈● 누가 설문조사에 응하나?●난 응답하지 않을래!–무응답●무응답을 줄여라●군민의 51.1%가 찬성?

2장 EBS 수능 강의를 듣는 사람은 누구인가?–운영 정의 **54**

1. 정의를 잘해야 오해가 없다 54 ●목표는 없고, 목적만 있는 과제는 실패한다●임신 여성의 흡연율은 얼마나 될까●흡연하고 있다는 기준은?●올바른 운영 정의에서 정확한 대책이 나온다●후보 지표를 평가하자–SMART
2. 운영 정의를 활용한 공방전 64 ●EBS수능교육은 얼마나 활용되고 있는가?●68% vs. 11.3%, 수치의 비밀●누가 EBS 수능 강의를 듣는가?●진성회원?●三人三色–또 다른 조사 결과를 제시한 KBS●상황에 맞는 지표와 목표 설정

3장 이명박과 박근혜, 왜 설문 문항을 놓고 대립했나?–측정 **75**

1. 측정 표준을 지켜라 75 ●괄약근을 조이면…●측정은 표준에 따라 객관적으로 한다●유리한 조사 결과를 만드는 방법●이명박과 박근혜의 설문 문항을 둘러싼 신경전
2. 측정의 일관성–측정 능력이 있는가? 85 ●혈중 알코올 농도가 측정할 때마다 다르다면…●측정에는 일관성이 필요하다

2부 | 다양성의 통찰

1장 '평균'의 시대가 가고 있다 97

1. 현실은 다양한 논리와 대상들의 카오스 상태 97 ●토론이 잘 이루어지려면●끝없는 주장, 그 종류부터 알아보자●성직자는 세금을 내야 하나●사람은 보고 싶은 것만 보고 보여주고 싶은 것만 말한다●최대 50% 할인!–평균을 무시하는 광고들●1000원에 17마일?–고객 세분화 마케팅●예매율 순위 1위! 2006년도 4월 셋째 주 개봉작 중…●강물에 빠져 죽은 병사들–최대값이 중요한 경우
2. 데이터를 파악하는 기술 108 ●소비사회와 평균 개념의 딜레마●값의 크기에 따라 구분하여 보자●그림으로 보는 방법①: 히스토그램●그림으로 보는 방법② 상자그림●예식장의 초과 하객 수 구성 비율●통계는 기본적으로 평균으로 표현●기준이 달라지면 평균의 의미가 달라진다●평균을 쓰면 안 되는 경우●현대 계동 사옥에 근무하는 사람들의 평균 재산은?●회사의 고객 서비스 요청 처리 사례
3. 다양한 개별 값들에 대한 관심–산포 125 ●데이터의 범위를 보자–일교차와 연교차●GNP와 지니계수●산포를 줄이는 공정 조건을 찾아라–다구치 이야기●개별 값을 볼 때는 산포를 생각하자

2장 아파트 값에 얽힌 패러독스–세분화 131

1. 나누면 새로운 것이 보인다 131 ●유보율은 높은데 임금 지불 능력이 없다?●마케팅의 연금술, 바로 세분화에 있다●어떻게 나눌 것인가?–세분화의 방법●구조를 보라–삼성전자와 한국은행 연봉 비교●우리가 몰랐던 새로운 정보가 눈에 쏙쏙 들어온다
2. 하나의 기준으로만 나누면 이상한 결과가 보인다–심슨의 패러독스 142 ●남녀 차별을 한 것일까?●여러 제품을 생산하는 회사의 불량률은?● 패러독스에서 헤어 나오는 방법
3. 나누어 보지 않아서 생기는 오류 150 ●아파트 값은 떨어진 것일까●아파트 거래량의 감소 비율●주식 지수와 아파트 평당 가격의 차이●통계는 거짓말을 하지 않는다

3부 | 비교 그리고 관계

1장 좋은 꿈을 꾼 사람은 복권에 당첨된다고?−비교 161

1. 통설과 과학적 분석 161 ●비교의 본질을 꿰뚫어 본 천재 소년●통상적 통계 논리의 허점●복꿈을 꾼 사람은 복권을 산다?●복꿈을 꾼 사람의 당첨확률이 진짜 높나?●당신은 오늘 교통사고를 조심하시오−오늘의 운세
2. 비교에는 대조군이 필요하다 171 ●현황 파악, 인과관계, 대조군
3. 데이터 비교의 원칙들 174 ●비교되는 수치는 동일한 기준에서 수집된 것인가?●비교대상의 집단 간 표본이 집단 내에서 내부적으로 동일한가?●수치 차이의 실제적인 의미●수치 차이의 통계적 유의성

2장 복잡하고 아리송한 인과관계 분석 184

1. 자료를 통한 연관성의 확인 184 ●숫자와 데이터에서 찾는 인과관계
2. 숨은 원인 찾기−숨은 인자 또는 역인과관계 188 ●황새가 늘어서 아이가 많이 늘었다고?●키가 크면 독해력이 높다?−유사하지만 다른 변수 ●경찰관 수가 많을수록 범죄 발생건수가 늘어난다?−역인과관계
3. 원인의 범위에 따른 효과 차이−임계점 효과 192 ●50억이 넘으면 씀씀이는 비슷하다
4. 여러 인자의 효과가 같이 나타날 때−중첩효과와 상쇄효과 194 ●콜금리만 통화량에 영향을 준 것인가? 온도가 낮을 때 화학반응이 많이 일어난다●원인을 개별적으로 구분할 수 없는 경우―교락효과
5. 상호작용으로 설명하기 197 ●그때그때 다른 인터넷 속도 이유는?●아파트 가격이 다 오른 것이 아니구나●비용, 효과 그 최적 조건은?

3장 숫자로 계산하면 명쾌하다−계량화 203

1. 분석 결과에서 원인을 평가하는 방법 203 ●결정력이 높은 설명변수는 무엇인가?−사윗감 알아보기
2. 비교의 툴tool 208 ●변수들의 종류●아파트 가격 비교(2표본 t-test)●단지별 아파트 가격 비교하기−쌍비교
3. 중요 인자 고르기−분산분석 214 ●회사의 서비스 만족도 조사●서비스 만족도의 결과 해석하기
4. 함수로 모델링하기−상관관계의 측정 223 ●국어 점수와 수학 점수는 관계가 있을까?●전체적 경향과 개별적 특성을 동시에 파악한다 ●회귀분석은 상황을 예측하고 최적화하는 데 활용된다●누구나 공감하고 공유할 수 있는 과학적 방법

4부 | 예측과 판단

1장 로또복권도 승리 가능성을 높일 수 있다—확률 235

1. 우연 그리고 확률 236 ●주관적 확률●경험적 확률●전적으로 우연적 사건을 다루는 수리적 확률

2. 확률은 예측의 도구 : 확률의 활용 ① 240 ●상대의 운영 방식을 파악하라—몬티 홀 문제●마음의 법칙이 아니라 사물을 지배하는 자연의 법칙을 파악하라●죽음을 하늘의 뜻에 맡긴다고?—러시안 룰렛 게임●한국인은 로또 천재?●조작이냐, 유언비어냐?●23명이 1등에 당첨될 확률이 0.000000005라고?●'이런 숫자는 아무도 안 고를 거야'라고 생각한 사람이 4만 명●로또는 공정한 게임이라고 생각해도 될까?●몬테카를로의 은행을 파산시킨 사나이●사람이 몰리는 시간은 따로 있다

3. 확률은 전략가의 필수 덕목 : 확률의 활용 ② 259 ●퀴즈 영웅이 되려면●가정에 따른 시뮬레이션을 해보자

4. 위험을 효과적으로 대처하는 방법—위험 비교 264 ●보험 회사가 사는 법●확률을 알면 위험 관리도 효과적으로 할 수 있다●가까이 있지만 너무 먼 확률

2장 DNA 검사로 살펴보는 통계적 가설 검증의 논리 272

1. 확률적 사고가 여는 새로운 세계 272 ●통증은 하나 원인은 여럿●누가 진짜 아빠인가?—확률적 사고의 논리●통계적 가설 검증의 논리●우선 자신의 가설이 틀렸다고 생각하라●α(알파) 오류 vs. β(베타) 오류

2. 우연인가 실제의 차이인가 281 ●통계적 유의성●신약은 효과가 개선되었을까?

3. 합리적 의사 결정의 기술 286 ●통계분석은 가정을 필요로 한다. 이 가정을 먼저 이해하라

3장 야구를 알면 초급확률 문제없다 290

1. 왜 유독 야구에 통계가 많이 쓰일까? 290 ●야구는 다양하고 정형화된 형태로 기록이 관리된다●야구감독은 다양한 조건에서 적극적으로 전략을 선택하고 실행할 수 있다

2. 평균을 믿지 말라. 상대에 따라 최적화하라 293 ●플래툰 시스템●이승엽이 나온다. 오른쪽으로 이동해!●상황과 자기 능력에 대한 정확한 계산은 필수다●최근의 정보로 활용하라●도박사의 오류●조건은 언제나 변한다●성공 확률 높이기

나오는 글 통계의 시대, 통계의 시각으로 세상을 보라 303

 들어가며

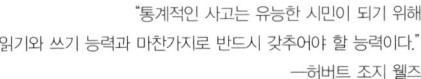
"통계적인 사고는 유능한 시민이 되기 위해
읽기와 쓰기 능력과 마찬가지로 반드시 갖추어야 할 능력이다."
—허버트 조지 웰즈

통계적으로 사고하라

읽기와 쓰기 능력만큼 중요한 통계적 사고

정보화 시대라는 표현처럼 현대인들은 예전에 비해 훨씬 많은 정보를 가지게 되었다. 인터넷과 IT기술의 발달로 현대인들이 개별적으로 얻을 수 있는 정보의 양도 많아졌고, 그런 지식 정보를 분석하고 효율적으로 다루는 지식 경쟁력이 각별히 중시되는 시대가 되었다. 개인이나 조직의 경쟁력은 바로 정보 데이터를 효과적으로 다룰 수 있는 능력, 분석하고 적절한 판단을 내리는 능력, 그리고 미래를 예측하는 능력에 있다고 해도 과언이 아니다. 여기서 통계는 자료의 효과적 수집과 분석 그리고 객관적이고 명확한 척도를 제공할 뿐만 아니라 현대사회를 살아가는 사람들과 정보를 공유하고 소통하기 위한 중요한 수단이기도 하다.

특히 우리나라는 예전에 비해 민주화의 진전과 자유 경쟁 체제의 도입에 따라 사회 구성원들, 예를 들면 정부, 정당, 사회단체, 기업, 가계

주체들 간의 이해관계가 복잡해지고 있다. 그리고 이해관계가 다양해짐에 따라 각 주체들이 내세우는 주장들의 충돌도 그만큼 많아지고 있다. 예를 들어 2007년 현재 진행되고 있는 한미 FTA의 경우를 보더라도 정부와 시민단체의 주장은 정반대로 크게 대립하고 있다. 이들 각자는 자신들의 주장의 '객관성'과 '사실성'의 근거로 통계와 데이터를 활용한다. 동일한 출처의 통계자료가 각기 다른 해석 과정을 거쳐 서로 상반된 주장들을 뒷받침하는 근거로 이용되는 아이러니가 발생하고 있다.

통계자료는 일반인들에게는 '사소하게' 보일지 모르지만, 전문가들에게는 '민감하고', '결정적인' 가정과 해석의 차이에 따라 상반된 분석결과를 만들어낸다. 따라서 주장의 타당성을 증명하는 데 통계자료를 활용하거나, 통계자료를 근거로 한 주장의 타당성을 검토할 수 있는 '통계 자료 이해' 능력은 대다수의 현대인들에게 필수적으로 요구된다. 타임머신을 처음으로 생각해낸 SF 소설가 허버트 조지 웰즈Herbert G. Wells의 말이 정보화 시대에서 지식사회로 가는 요즘에 현실화되고 있는 것이다.

데이터의 수집에서 통계적 의사 결정까지

보통 통계와 관련된 책은 확률 분포에 대한 소개가 먼저 나온다. 이 책은 그런 면을 지양하였다. 물론 확률 분포는 통계학의 중요한 요소이기는 하지만 일반사람들에게는 생소하고 이해하기 어려운 성격을 가지고 있다. 따라서 이 책은 현대사회를 사는 많은 사람들이 기본적으로 통계자료가 어떻게 만들어지고 활용되는지를 한눈에 볼 수 있도록 하는 데 주로 초점을 맞추었다. 수많은 데이터를 어떻게 수집하고, 수집한 데이터는 어떻게 이해하며, 그 데이터들의 관계를 해석하는 법 그리고 그런 바탕에서 자료를 공유하고 적합한 의사결정을 내리기까지 통계가 어떤 역할을 하는지를 먼저 다루었다. 그리고 확률 분포에 대한 설명은 이를 좀 더 이해하기 위한 보조로 마지막에 배치하였다. 이런 구성이 통계에 거리감을 느끼고 어려워하는 일반 독자들을 좀 더 통계에 익숙하게 하는 데 효과적이라고 판단했기 때문이다.

이런 구성을 채택한 것은 두 가지 이유 때문이다. 첫 번째는 중요도의 측면이다. 통계에서는 좋지 않은 자료로 우수한 통계적 분석을 하는 것보다 좋은 자료를 만들어서 평이한 통계분석을 하는 것이 훨씬 효과적이다. 따라서 무엇보다 자료 수집과 자료 정리가 중요하다. 그래서 책의 앞부분에서 먼저 다루었다. 두 번째는 난이도와 활용도 면에서 아무래도 확률, 통계적 분석보다는 자료 수집, 정리가 이해하기 쉽고 현실에서 활용도도 높다. 이런 점은 고등학교 때 영어 참고서에서 잘 안 쓰이는 '명사' 편만 여러 번 보다가 정작 중요한 '동사' 편은 보지도 못하고 포기하는 많은 학생들을 생각하면 이해가 될 것이다. 개인적 입장에서는 4부 확률 편까지 모든 독자들이 읽어주기를 바라지만, 1, 2부만 (좀 더 적극적인 독자라면 3부까지) 이해해도 통계에 대한 이해와 활용에 많은 도움이 되리라고 생각한다.

통계의 기본 원리에 익숙해지기—책의 구성

〈데블스 에드버킷〉이라는 영화가 있다. 키아누 리브스, 알 파치노, 샤롤리즈 테론 등이 출연한 영화였는데, 소도시에서 승승장구하던 변호사 키아누 리브스가 뉴욕의 큰 변호사 사무실에 고액의 연봉으로 스카우트 된 후 자신의 솜

씨를 처음 보이는 장면이 있다. 판사가 형사재판에서 피고의 유무죄를 판결하는 우리나라와는 달리 미국에서는 유무죄 여부를 일반 시민들 중에서 무작위로 차출된 배심원들이 판결하는 배심원 제도를 취하고 있다. 피고측의 변호사들이 1차 선정된 배심원들 중 '배심원으로 적합하지 않다'고 배심원들을 제외시키는 장면이 나오는데, 키아누 리브스는 배심원들의 복장, 구두 등을 세심하게 관찰하고 자신의 의뢰인에게 불리한 의견을 제시할 가능성이 높은 배심원들을 족집게처럼 찾아낸다. 그리고 이를 통해 불리했던 재판을 뒤집는 묘기를 보여준다. 즉, 1차 선정된 배심원들 중에 자신의 의뢰인에게 불리한 배심원들을 잘 찾아내서 제외함으로써 재판을 이긴다. 여기서 중요한 통계적 원리 몇 가지를 발견할 수 있다.

배심원들은 전체 시민을 대표하여 선정된 사람들이다. 다시 말하면 이들의 의견이 전체 시민의 의견을 대표하는 것이다. 배심원들은 전체 시민들 중 일부이다. 전체 시민의 의견을 일부 시민의 판단을 통해 의사결정하는 것이 미국 사법제도의 원리이다. 전체를 대표하는 일부를 통해 전체를 판단하는 것이 통계의 중요한 원리이기도 하다. 통계자료를 분석한다는 것은 전체 중에 일부인 표본 자료를 선택하고 분석함으로써 전체가 어떠하리라는 추측을 하는 것이다. 이 과정에서 전체를 대표할 수 있는 표본을 선정하는 것은 매우 중요한 부분으로, 이 책에서는 1부에서 주로 다룰 것이다.

선정된 배심원들은 각자 다른 성향을 가지고 있다. 보통의 극적인 영화에서처럼 '진실에 눈을 뜬 배심원들이 만장일치로 주인공의 편을 들어주는' 경우는 현실에서는 잘 발생하지 않는다. 우리나라의 경우를 봐도 법률 관련 최후 판정관인 대법원, 헌법재판소에서의 평결은 대개 5

대 4, 또는 6대 3으로 사안에 대한 찬성/반대의 의견이 갈리는 것을 자주 볼 수 있다. 현실에서도 우리가 파악해야 하는 대상들은 이처럼 단일화된 모습이 아니라, 서로 다른 값을 가지며 다양성을 가지고 있다. 그렇다면 그렇게 다양성을 가지고 있는 사항들에서 사실 전체를 보기 위해서는 어떻게 해야 할까? 우선은 대상이 가지고 있는 다양성을 인정해야 한다. 그리고 그 다양성을 이해하는 방법에 익숙해져야 한다. 다양성을 이해하고, 이를 축약하여 사람들과 효율적으로 공유하는 통계적 방법들을 2부에서 다룰 것이다.

키아누 리브스와 다른 변호사와의 차별점은 무엇일까? 변호사는 재판에 대한 각 배심원들의 의견을 직접 배심원들에게 물어볼 수는 없다. 하지만 영리한 변호사는 각 배심원들의 의견이 사람들의 어느 속성과 관련이 있는가에 대해 잘 파악하고 있는 사람이다. 주인공은 다른 사람들이 보지 못하는 의견과 관련이 많은 변수들을 미리 많이 파악하고 있다. 그리고 이들 중에 어느 것이 중요한 것인지도 알고 있다. 그래서 그런 관련 속성과 변수들, 예를 들어 배심원들의 복장, 구두 상태 등을 관찰하여 배심원들의 의견까지도 정확하게 예측한다. 원인과 결과의 관계를 파악하고 활용하는 것이 통계의 주요한 목적 중 하나이다. 원인 분석이란 중요한 원인을 잘 찾아내는 것과 그 원인의 개별적인 상태를 보고 결과의 값을 예측해내는 것을 포함하는 것으로, 이 책에서는 3부에서 주로 다루어진다.

하지만 예측 과정에는 불확실성이 따른다. 구두를 잘 손질하는 사람이 모두 부지런한 사람이라고 말할 수는 없다. 우연히 그날 구두를 닦고 올 수도 있는 것이다. '확률'을 이해하고 활용하는 법을 알고 있다면 이러한 불확실성에 대해 좀 더 잘 대처할 수 있다. 확률은 정확한 판단에도 사용된다. 명탐정 셜록 홈즈를 생각해보면 이해하기 쉽다. 탐정은 결과에 대한 정보를 모으고, 정황에 대해 여러 추론을 한 뒤 증거를 모아서 사건 정황을 추리해낸다. 정보와 인과관계에 대한 가설을 조합하여 상황을 판단하는 방법은 4부의 확률 활용에서 다룬다.

통계적 사고 Statistical Thinking

정보와 데이터의 양은 가히 홍수라 할 만큼 폭발적으로 증가하고 있다. 이런 시대에는 데이터를 처리하고 분석해 적시에 좋은 판단을 내리는 능력이 필수적이다. 그리고 그 능력은 기본적으로 자료를 바라볼 때 통계적으로 사고할 수 있느냐에 달려 있다. 수많은 데이터가 아무런 가치가 없는 무용지물로 전락해버리느냐 아니면 분석과 판단의 유용한 도구가 되느냐는 바로 통계적 사고가 그 해답을 쥐고 있다고 해도 과언이 아니다. 이 책을 쓰면서 늘 염두에 두었던 점은 이 책을 읽는 독자들이 바로 '통계적으로 사고하기'에 익숙해지기를 바라는 마음이었다. 몇 가지로 이를 위한 방법을 정리하면 다음과 같다.

첫째, 먼저 통계자료의 수집, 정리, 분석 방법 등의 원리와 그에 활용된 관련 용어들에 익숙해지기를 바란다. 원리와 용어에 익숙해진다는 것은 그만큼 새로운 세계로 들어간다는 것을 의미한다. 이것은 수학공부와 유사하다. 시험문제를 풀 때 용어가 낯설거나, 원리를 새로 외우면 제한된 시간 내에 문제를 풀 수 없다. 기본적인 용어와 공식은 미리 익숙하게 몸에 체득해 두어야 한다. 새로운 통계 수치를 볼 때 기본 원리를 모른다면, 통계에 대한 막연한 거부감이 생겨 통계를 기피하게 된다. 통계학의 기본적인 개념들을 잘 이해함으로써 우리가 추구하는 바인

'현상'과 '관계'를 좀 더 잘 파악할 수 있을 것이다. 이 책에서 제시하는 많은 사례들 속에서 원리와 용어에 친숙해지면, 통계 자료와 통계학에 대한 친근감과 응용 능력이 증대되리라 생각한다. 더불어 많은 그림과 표를 통해 통계분석에 깔려있는 기본 틀을 이해하면 자료에 대한 직관력이 증대될 것이다.

둘째, 나누어 보는 방법에 익숙해져서 '통계적 사고'의 능력이 증대되기를 바란다. 통계적 사고란 기본적으로 대상을 나누어서 구분해 보는 것이라고 필자는 생각한다. 다시 말해 본질적으로 대상이 가지고 있는 '다양성'을 염두에 두고, 자료를 나누어서 다양성이 발생하는 모양을 파악하여 대상을 이해하는 것이 통계적 사고의 기본 개념이다. 여기에 더해 다양성을 설명할 수 있는 적절한 구분자를 찾아주면 좀 더 대상을 잘 이해할 수 있다. 이런 사고를 통해 독자들은 통계자료를 근거로 하는 주장들의 타당성을 평가할 수 있는 능력이 생길 수 있을 것이다.

셋째, 다양한 관계에 대한 이해이다. 관계, 특히 특정 사안에 대해서 이를 설명하는 인과관계의 이야기들은 매우 복잡하고 뒤섞여 있어서 각각의 타당성을 판정하기 힘들고 많은 사람들이 종종 여기서 혼동을 일으킨다. 하지만 인과관계에 대한 정확한 분석은 정확하고 설득력 있는 의사결정을 내리는 데 많은 영향을 준다. 여기에는 숫자 분석 이전에 기초적인 논리학에 관한 지식이 필요하므로, 이 책에서는 관련 있는 부분에 한해서 이를 포함하였다. 다양한 관계의 이해를 통해 인과관계에 관련된 주장의 타당성을 평가하고, 자료를 볼 때 새로운 시각을 가질 수 있었으면 한다.

마지막으로
　　　　　　　이 책을 완성하는 데 도움을 주신 많은 분들에게 감사를 드리고자 한다. 먼저 때로는 기대감으로 때로는 압력으로 든든하고 적극적으로 지원해준 규리, 지훈이와 나의 아내 정아에게 이 책을 선물하고 싶다. 아이들이 이 책을 이해할 수 있을 만큼 컸을 때 이 책으로부터 지식을 얻을 수 있다면 필자에게 그 이상의 기쁨은 없을 것이다.

　통계학을 여러 해 동안 가르쳐주신 지도교수님인 박성현 선생님과 다른 선생님들께도 감사 말씀을 드린다. 그리고 학교에서 또 학교 졸업 후에도 같이 토의해준 많은 선후배분들에게도 감사한다. 특히 원고를 읽고 조언을 해준 연세대 김재광 교수에게 감사한다.

　이 책을 만드는 데 여러 달 동안 관심을 기울여준 동아시아 출판사의 한성봉 사장님, 서영주 편집장님과 출판사 여러분들, 그리고 거친 문장을 읽을 수 있도록 다듬는 것 외에 좋은 의견 제시 등의 많은 수고를 해주신 박래선 편집자에게 특히 감사 말씀 드린다.

1부
데이터 수집의 중요성

소비자 만족도 또는 정치 여론조사, 창업을 위한 시장조사 등 우리가 어떤 조사를 한다고 생각해 보자. 이때 우리는 제품을 산 소비자 모두, 유권자 모두, 시장참여자 모두를 조사할 수는 없다. 모두를 조사한다는 것은 시간, 경제성, 정확성, 조사관리 등 여러 면을 따져보면 비효율적이다. 때문에 소수의 대표 데이터를 뽑아서 이들로부터 판단해야 한다. 이때 표본의 선정을 포함하여 데이터는 수집과정이 매우 중요하다. 데이터를 어떻게 수집하느냐에 조사의 성패가 달려있다. 통계학에서는 자료를 잘 수집하여 수치로 잘 만드는 것이 고도의 통계기법을 사용하여 데이터를 분석하는 것보다 더 중요하다고 말한다. 여기서는 바로 표본을 선정하는 법, 조사 방법을 명확하게 정의하는 법(운영 정의), 또 대상을 원칙과 표준에 따라서 관측하여 일관성 있게 데이터를 수집하는 법을 다룰 것이다.

● 사과상자를 위의 사과만 보고 구입한 후 속았다고 생각한 적이 있는가?
세상의 통계 숫자들에는 속임수가 있다. 순진하게 믿을 것인가, 숫자를 지배할 것인가?

● 교육부에서는 68%, 국회의원은 11.8%의 고등학생이 EBS의 수능강의를 보고 있다고 한다.
누구 말이 진실인가?

● 여론조사 설문문항이 이명박을 대통령 후보로 만들었다?
'선호하느냐', '지지하느냐'를 놓고 이명박 후보와 박근혜 후보가 벌인 신경전의 비밀.

여론조사로 대통령을 결정한다
—자료 수집의 문법

> 1963년 야권 대통령 후보는 제비뽑기로 후보를 결정했지만
> 제비뽑기에서 패배한 쪽의 사퇴 거절로 결국 단일화에 실패했다.

1. 숫자는 민주적이다

극적 정치 드라마의 주인공, 통계

대통령 선거나 국회의원 선거가 있는 해에는 각 정당은 후보자들을 선정하고, 이 후보자들에 대한 민심의 향배에 민감하게 반응하게 마련이다. 여기서 정치 이야기를 하고자 하는 것은 아니다. 다만 정치적 흐름에 결정적인 역할을 하는 여론조사에 대해서 이야기하려 한다. 국회의원 선거나 2002년 대통령 선거에서도 알 수 있듯 여론조사로 파악하는 민심의 수치, 바로 통계숫자는 모든 극적 드라마의 주인공 역할을 하고 있다. 2002년 16대 대선을 떠올려보자.

2002년 16대 대통령 선거는 2002년 12월 19일 치러졌지만 그 결과는 이미 11월 24일에 결정되었다고 할 수 있다. 노무현 민주당 후보와 정몽준 국민통합21 후보가 여론조사를 통해 단일화하기로 합의한 후, 단

일화 후보 선출을 위한 여론조사가 실시되어 결과가 발표되었던 날짜가 바로 2002년 11월 24일이었다.

　단일화 이전까지는 이회창-노무현-정몽준 3자 구도 속에서 이회창 한나라당 후보가 1위를 고수하고 있었고, 만일 단일화 없이 그대로 선거가 치러졌다면 이회창 후보가 대통령에 당선됐을 것이다. 그러나 11월 24일 노무현 후보로 단일화가 이뤄진 이후 상황은 급변했다. 이후 12월 선거일까지 각종 여론조사에서 노무현 후보는 단 한 번도 이회창 후보에게 리드를 내주지 않았고, 결국 16대 대통령 당선자가 되었다. 그런 점에서 11월 24일이 16대 대통령이 결정된 날이라고 보아도 무리가 없다.

대통령 후보, 여론조사로 결정한다?

한 정당 내에서 대의원 또는 적절한 당내 권리를 가진 사람들이 직접투표를 통해 대표자 또는 후보를 선출하는 방식은 일반적으로 합당한 방법이다. 그러나 종종 당내에서 당원이라는 자격에 해당하는 사람을 적절하게 판별하는 것이 문제가 된다. 다른 나라도 비슷하겠지만 우리나라 사람들은 정치, 또 정치 참여에 대한 혐오감이 있어서 보통 사람의 경우 어느 당 당원이라고 공개적으로 이야기하는 것을 좋아하지 않는다. 더구나 당비를 정기적으로 납부하는 등의 정당 활동을 지속하여 당원의 자격을 유지하는 사람은 그리 많지 않다. 그래서 보통 특정 정당에 대한 지지자들 중에 '공식적인' 당원들은 그 수가 제한되어 있고, 당원들만의 투표로 후보를 선출하는 것은 때로 말 그대로 '그들만의 리그'가 될 수 있다. 특히 대통령 후보처럼 중요한 후보를 선출할 때, 공식적인 당원들의 의사로만 후보를 선출한다면, 실제 투표권의 행사를 통해 당선 여부를 결정하는 일반 유권자들의 선호도와 차이가 나 문제가 될 수 있다.

2002년 단일화 당시의 상황을 보면 더군다나 '공식적인' 투표로 후보를 선출할 수 없는 상황이었다. 노무현 후보와 정몽준 후보는 각자 '민주당'과 '국민통합21'이라는 별도 정당을 통해 후보 지위를 가지고 있었다. 따라서 둘 간의 후보 단일화를 각 당의 대의원 또는 당원들만의 투표로 결정한다는 것은 결국 양당의 투표권 배분 방식에 따라 그대로 후보 결정으로 연결되는 상황이어서 투표권 배분에 대한 합의가 될 수 없었다. 협상이 지지부진하던 와중에 노무현 후보가 11월초 "권위 있는 4~5개 여론조사 기관에서 여론조사를 실시하자"고 제안하였고, 정몽준 후보도 긍정적인 반응을 보였다. 그래서 양측은 11월 24일 하루 동안 여론조사를 실시하고, 그 결과에 따라 후보를 단일화하기로 합의하였다.

대통령 선거의 최종 결정권자인 유권자들의 의사에 따라 대통령 후보를 결정하는 방식이었던 여론조사는 매력적인 대의명분을 가질 수 있었다. 여론조사 외에 두 후보가 동시에 승복할 수 있고 각 후보의 지지자들이 납득할 수 있는 더 좋은 방법은 없었다.

단일화 후보 선출의 기준이 된 여론조사의 세부 방식을 놓고 양측은 좀 더 자신들에게 유리하게 하기 위해 많은 협상을 벌였다. 여기서 합의된 협상 조건을 통해 우리는 여론조사를 포함한 통계자료의 주요 성격을 파악할 수 있다. 합의된 내용 중 중요사항을 살펴보자.

후보 결정 방식에 대한 합의 내용
2개 여론조사 전문기관에서 여론조사를 실시하고, 무효화 기준에 따라 조사 결과의 유효성을 먼저 판단하고, 유효한 결과만을 기준으로 판단한다. 1:1일 경우는 무효로 한다.

• 무효화 기준(역 선택 제어장치)

조사일 기준으로 최근에 나온 이회창 후보의 지지율 평균(30.4%)보다 단일화 여론조사에서 이회창 후보의 지지율이 낮게 나올 경우는 그 조사 결과를 무효화한다.

• 조사 대상 표집 인원

조사 기관별로 2000명씩으로 하고, 각자 지지율을 계산하여 합산하지 않고, 각 기관별로 후보의 승패를 판정한다.

• 조사 대상 표집 방법

지역·성·연령 할당표집 방법으로 한다.

• 조사 시기

11월 24일 일요일 오후에 실시하여 자정까지 집계한다.

위의 합의에 따라 11월 24일에 진행된 여론조사의 결과는 리서치 앤 리서치(노 46.8%, 정 42.2%), 월드리서치(노 38.8%, 정 37.0%) 모두 노 후보가 앞섰지만, 월드리서치사의 결과는 이회창 후보 지지율이 기준치 이하여서 무효 처리됐다. 그래서 리서치 앤 리서치의 결과를 기준으로 노무현 후보가 단일 대통령 후보가 되었다. 그리고 많은 사람들이 아는 것처럼 노 후보는 16대 대통령이 되었다. 결국 16대 대통령은 여론조사의 숫자로 결정된 것이라 해도 과언이 아니다.

여기서 정치 사안에 민감한 정치인들뿐만 아니라 독자들도 다음과 같은 의문을 품을 만하다. 대선 후보 결정처럼 매우 중대한 사안을 수천만 명이나 되는 유권자들 중에 겨우 2000명을 조사해서 후보자를 결정하는 것은 너무 우연에 맡기는 것이 아닌가 하고 말이다. 다른 날 다른 사람들로 2000명을 다시 선정하여 조사할 경우 결과가 다르게 나올 수 있지 않을까 하는 부분이다. 이 문제에 대해서 먼저 살펴보자.

240만 vs. 3,000

전체적으로 우리나라에는 3000만 명 이상의 유권자가 있다. 이들 중에서 2000명에 대해 조사한 것만으로 3000만 명 이상의 유권자의 의견에 따른 것이라고 할 수 있을까? 너무 적은 것 아닌가? 그런 의문을 해소하기 위해서는 이에 관한 '대수의 법칙Law of Large Numbers'이라는 통계학 원리를 살펴보는 것이 필요하다. 그러기 전에 '여론조사'의 간단한 역사를 보면 훨씬 흥미롭게 통계적 원리에 도달할 수 있을 것이다.

여론조사의 경과를 살펴보려면, 미국의 선거를 이야기해야 한다. 1824년부터 미국에서는 여론조사가 실시되고 발표되었지만, 가장 극적인 여론조사의 사례로는 1936년 미국의 대통령 선거가 꼽힌다. 당시 선거는 공화당의 랜던Alfred M. Landon 후보와 민주당의 루스벨트Franklin D. Roosevelt 후보의 대결이었다. 당시의 여론조사 기관들은 대부분 루스벨트가 이길 것이라고 예상하고 있었다. 그런데 《리터러리 다이제스트Literary Digest》라는 잡지사가 무려 1000만 명의 유권자에게 설문지를 우송한 뒤 약 240만 명으로부터 응답을 회수하였다(2,379,523장). 회수된 설문지에서는 57%의 지지율로 랜던이 승리할 것으로 집계되었고, 이 결과에 따라 이 잡지사는 랜던이 루스벨트를 여유 있게 누르고 당선될 것이라고 예측하고 발표하였다. 그러나 실제 선거 결과는 민주당의 루스벨트 후보가 압도적인 지지로 당선되었다.

> '임의로'는 '무작위로' '랜덤하게'와 같은 뜻으로 이 경우는 240만 장 중에 3천 장을 아무 기준없이 뽑는다는 뜻이다. 240만 장 중에서 3천 장에 뽑힐 가능성은 모두 같다.

후에 갤럽 여론조사 기관을 만든 조지 갤럽George Gallup은 이 당시 흥미 있는 조사를 하였다. 리터러리 다이제스트가 선정한 표본 240만 장 중에서 '임의로' 3천 장을 뽑아서 다시 설문지를 보내고, 받은 응답들을 기초로 하여 리터러리 다이제스트가 240만 장을 집계하는 3개월의 기간 동안 이 집계 결과의 예상을 미리 발표하였다. 갤럽은 이 240만 장의 조사 결과가 루스벨트의 지지율을 44%로 예측할 것이라고 미리 발표하였고, 실제 조사 결과는 43%로 갤럽의 예측과 단지 1%p의 차이만을 보였다.

	조사 인원	루즈벨트	랜던
다이제스트의 예측 결과	240만 명	43%	57%
갤럽이 예측한 다이제스트 예측 결과	3천 명	44%	56%

정리하면 다이제스트 잡지사는 240만 명을 조사하고 결과를 집계하는 데 3개월이라는 시간을 보냈지만, 갤럽이라는 사람은 이 중에서 고작 3000명만을 조사함으로써 이 240만 명이 어떤 결과를 나타낼지를 1%p 차이로 예측해내고 이를 먼저 발표했다.

이런 거의 정확한 예측이 가능한 이유는 통계학에서 말하는 '대수의 법칙'이 있기 때문이다. 대수의 법칙에서 중요한 것은 우리가 웬만큼만(이 경

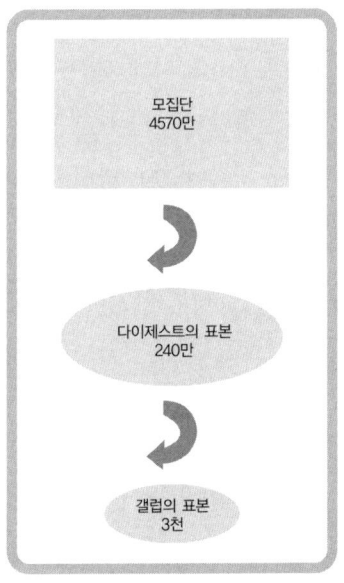

우는 3000명) 조사를 하면, 전체 대상의 수에 관계없이 전체 대상(이 경우는 240만 명)에 대해 충분히 우수한 예측을 할 수 있다는 것이다.

효율적이고 정확한 표본조사

2002년 단일화 여론조사에 이를 적용해서 설명해 보자. 당시를 조금 단순화해서, 전체 유권자를 3000만 명이라고 하고, 이회창 후보 1000만 명, 노무현 후보 800만 명, 정몽준 후보 800만 명, 기타 사람들 400만 명의 지지자가 있다고 해보자. 이때 이 후보 지지자를 제외하면 (이를 위해 우선 이회창 후보자를 지지한다는 전화응답자에 대해서는 조사하지 않았다) 나머지 2000만 명이 남는다. 이들 중에서 2000명을 뽑는다면, 2000명 중에는 노무현 후보 지지자만 뽑힐 수도 있고, 또는 모두다 비지지자가 뽑힐 수도 있다. 그렇지만 '임의로'라는 원칙에 맞게 공평하게 뽑았다면, 그럴 가능성은 전혀 없다. 확률적으로 노무현 후보 지지자로만 뽑힐 가능성은 $(0.4)^{2000}$으로 거의 0에 가깝다.

2000만 명 중에 2000명을 '랜덤하게', 즉 무작위로 뽑는다면 2000명 중에 노무현 후보 지지자들의 비율은 거의 원래의 비율에 근접하여 40%로 집계된다. 그럼 어느 정도의 오차를 가질 수 있을까? 이때 '오차 범위의 ±1퍼센트'라는 표현을 쓴다. 예를 들어 2000명을 조사할 경우는 ±2.19퍼센트 내에서 2000만 명 중에서 노무현 후보 지지율인 40%를 알아맞힐 수 있다는 것이다.

지지율이 40%인 상황에서 2000명을 '랜덤하게' 뽑는 경우를 컴퓨터로 시뮬레이션하면 〈히스토그램 1〉과 같다. 이 결과를 보면, 위의 말처럼 40%의 정답에서 ±2.19%를 넘을 정도로 지지자가 적게 또는 많이 뽑히게 되는 경우는 5% 정도이다. 그럴 때 우리는 유의수준 95(100-

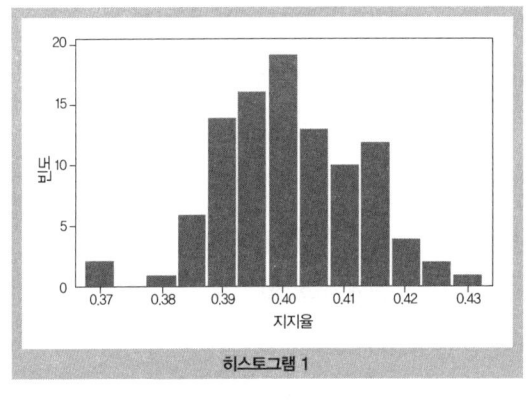

히스토그램 1

5)%에서 ±2.19%의 오차 한계를 가진다고 표현한다.

이 이상의 정밀도를 필요로 하는 상황은 그리 많지 않다. 적당한 수의 샘플을 통한 조사만으로도 전체 대상에 대해 알 수 있기 때문이다. 전체 대상에 대해서 모두 조사를 하는 경우를 생각해보자. 조사 비용과 조사 기간이 과다하게 소요되는 것도 문제이지만, 장기간에 많은 조사원이 조사를 한다면 이의 관리가 오히려 오차를 만들 수 있다. 또한, 조사대상이 되는 사람들 중 많은 수는 조사를 거부할 수도 있는데 이것도 오차를 만들 수 있다. 예를 들어 1999년도에 경기도 성남시에서 백궁·정자지구 용도 변경 찬반 여론조사를 93,000명의 시민에 대해서 실시한 결과를 발표하였으나, 여론조사에서 찬성을 했다는 8명의 주민을 무작위로 선정, 서명 사실 여부를 질문한 결과 그중 1명만이 찬성 서명하였다고 확인되었고, 1명은 서명한 사실이 없다고 말했고, 2명은 기억이 안 난다고 답했고, 4명은 확인이 안 된 것으로 나타났다(《동아일보》, 2001년 10월 28일자). 거의 정확하게 빠른 시일 안에 조사할 수 있는 방법인 표본 조사●에 비해서 전수조사●는 비용 외에도 시행 상에서 더 많은 오류와 관리 상의 문제를 낳을 수 있다.

표본 조사(sampling survey): 조사 대상 중 일부만을 뽑아서 조사하는 방법
전수 조사(census): 인구통계조사처럼 조사 대상 전부를 조사하는 방법

국의 간을 맞추기 위해
국 모두를 마실 필요는 없다

국의 간을 보는 과정을 생각해 보자.

우리가 간을 보기 위해서 모든 솥 안의 국을 맛보는 것은 절대 아니다. 우리는 보통 국을 끓이면서 간을 볼 때, 국자를 사용하여 국 전체를 휙휙 휘저은 후 국자로 국을 조금 떠서 간을 본다.

> 모집단(population): 자료 분석의 대상이 되는 집단, 표본(Sample)이란 모집단에 대한 정보를 얻기 위해 얻은 일부분 또는 전체의 집단.

표본을 뽑아서 표본에 대해서만 조사를 함으로써 전체를 판단하는 것도 국의 간을 맞추는 것과 비슷하다. 우리는 모집단*(솥 전체의 간)을 알기 위해 표본(국자의 간)을 뽑아서, 모집단을 추측하게 된다. 여기서 국의 간을 정확하게 알기 위해서는 모집단과 표본이 서로 달라서는 안 된다. 그래서 우리는 국자로 국을 휙휙 휘저어 줌으로써 모집단과 표본 간에 차이가 없도록 하는 것이다. 우리는 표본을 선정하고, 여기에서 수집된 자료만을 분석한다. 하지만, 우리가 수집 및 분석 과정에서 파악하고자 하는 것은 모집단이지, 표본 자체만은 아니라는 것을 잊지 말아야 한다.

예전에 한 코미디 프로에서 개그맨이 바보가 국의 간을 맞추는 일을 꽁트 형식으로 보여주는 것을 본 적이 있는데, 그 꽁트에서 개그맨은 솥의 국에서 국자로 국을 뜬 다음 간을 보고나서 '음, 싱겁군' 하더니 솥에 소금을 넣고, 다시 그 국자에 담겨 있는 국의 간을 보고 '음, 싱겁군' 하

모집단과 표본이 분리되어서는 안 된다

면서 계속해서 솥에 소금을 넣는 것이었다. 여기서 문제는 솥의 국을 국자로 뜨는 것을 딱 한 번 하고, 소금을 넣은 후에도 여전히 기존의 국자의 간을 본다는 것이다. 그냥 웃고 넘길 콩트이지만 모집단과 표본의 관계를 다루는 일을 풍자적으로 보여주는 사례이다. 모집단과 표본의 관계는 위 콩트에서처럼 분리되어서는 안 되며 모집단과 분리된 표본은 의미가 없다.

모집단과 표본

우리가 조사하고, 파악하고자 하는 모집단의 특성 그리고 실제 조사 대상으로 선정되는 표본의 관계를 보여주는 사례들을 들어보면 다음과 같다.

사례	모집단	표본
국의 간 맞추기	솥 전체의 간 정도	휙휙 휘저은 뒤 국자에 담긴 국의 간 정도
대통령 후보에 대한 유권자들의 선호도 조사	한국의 모든 유권자	각 지역 시도별로 200명씩 선정된 전화 설문 대상자
새로운 치료법에 대한 임상연구 대상 선발 및 적용	새로운 치료법을 적용 받을 수 있는 해당 특정 질병을 앓고 있는 모든 환자	새로운 치료법을 적용 받을 수 있는 특정 질병을 앓고 있는 환자들 중 임상 연구의 조건에 따른 81명의 환자
공정에서 생산되는 부품의 품질 검사	공정에서 생산할 수 있는 모든 부품	무작위로 추출한 25개의 부품

우리가 알고자 하는 모집단이 크다고 하더라도 이를 잘 대표할 수 있는 표본을 선정하고, 이 표본이 일정 수 이상만 되면 우리는 이 표본만으로도 충분히 모집단을 잘 예측할 수 있다. 우리가 신문에서 보는 선거 관련 또는 정책에 대한 지지 여부 등의 설문조사 결과에서 조사 인

원수를 보면 대부분이 1000명 이내 또는 많아야 2000명 이하이다. 이 정도의 인원수로도 충분히 알 수 있다는 점을 이제 독자들은 이해할 수 있을 것이다.

그런데 이런 의문이 생길 수 있다. 우리나라에서 선거 결과에 대한 각 언론들의 예측보도를 보면 대통령 선거에서는 비교적 정확한 예측을 하는 반면, 국회의원 선거의 각 정당별 의석수 예측에서는 오차가 발생하는 경우를 많이 보게 된다. 이런 오차가 발생하는 이유는 무엇일까?

대통령 선거에서는 2000명 정도의 여론조사로 알 수 있는 반면에, 국회의원 선거에서는 각 선거구별로 여론조사를 실시할 경우 1000명에 대해 여론조사를 하더라도 273개 선거구×1000명으로 무려 27만 명에 대해서 조사를 해야 한다. 각 지역구별로 정확한 개별적인 예측을 위해서는 적정 대상을 조사해야 하는데 이는 조사 기관의 입장에서는 비용면에서 부담이 크다. 때문에 국회의원 선거에서는 보통 적은 수를 조사하여 예측을 하는데, 이로 인해서 오차가 발생한 것이다.

2. 표본은 대표성이 있어야 한다

**배심원과
수박장수의 수박** 앞서 서론에서 〈데블스 에드버킷〉이라는 영화 이야기를 했었다. 그 영화의 주인공인 변호사가 배심원 중에서 자신에게 유리한 배심원을 선택하는 과정을 생각해보자. 배심원은 전체 시민을 대표한 사람들인데, 변호사는 1차로 선정된 배심원들을 세심하게 관찰하고 자신의 의뢰인에게 불리한 의견을 제시할 가능성이 높은 배심원을 제외한다. 그리고 재판에서 승리한다. 여기서는 전체 일반 시민이 '모집단'이 되고, 배심원이 일반 시민을 대표하는 '표본'이 되어 재판 결과를 결정한다. 여기서 알 수 있듯 표본의 선정은 중요한 문제다.

  표본을 통해 판정하는 비슷한 사례로 수박을 고르는 것을 생각해보자. 수박을 살 때 예전에는 수박을 삼각형으로 조그맣게 잘라서 그 부분이 잘 익었는가를 보고 수박을 골랐다. 그때 요령 있는 수박 장수들은 덜 익은 수박에서도 잘 익은 부분만을 골라서 그 부분에서 조각을 구해 팔기도 했는데, 이럴 때 구매자는 낭패를 보게 된다. 과일 상자에 든 과일을 살 때도 비슷하다. 가끔 과일 상자에서 맨 윗줄의 잘 익은 과일을 보고 샀으나, 아래 부분에는 이에 못 미치는 과일이 있는 것을 보고 실망하는 경우가 있다. 겉은 좋은 것이나, 밑의 부분에는 안 좋은 과일을 깔아서 파는 비양심적인 과일 상인들이 있기 때문이다.

  이런 사례들의 공통점은 무엇일까? 우리는 많은 경우에 전체 중의 일부를 뽑고 이들만을 관찰하여 전체를 판단한다. 수박을 고르기 위해서 수박을 반으로 쪼개서 보여 달라고 할 수는 없다. 작은 부분을 보고서 다른 부분도 그러려니 하고 생각하게 된다. 그러나 수박이 내부적으로 동일하지 않을 때는 낭패를 보게 된다.

  영화를 생각해보자. 배심원들은 전체 시민들을 대표해서 뽑힌 것이다. 많은 경우 전체 시민들은 특정 사안에 대해 동일하지 않은 의견을 가지고 있는 다양한 사람들로 구성되어 있다. 하지만 영화의 주인공은 자신에게 불리한 사람들을 배심원에서 제외하여 재판에서 이길 수 있었다.

비양심적인 수박장수들의 경우는 자신의 이익을 위해 정당하지 않은 방법을 사용한 경우이고, 변호사는 자신의 이익을 위해 자신의 권한 안에서 현명한 선택을 한 것이다. 이런 반면, 리터러리 다이제스트사는 자신들의 무지로 인해 이런 실수를 하고 말았다.

특정 지역에서만
대통령 후보 지지도를 조사한다면…   리터러리 다이제스트 사가 대선에 대해 예측했던 당시의 상황을 보자. 전체 유권자들 중에서 이 잡지사는 1000만 명의 유권자를 선정하여 설문지를 송부하였다. 유권자들 중에서 어떤 사람들이 1000만 명의 유권자로 선정되었을까? 이 잡지사는 우선 이 잡지의 정기구독자들을 대상으로 포함시켰다. 그리고 전화번호부, 자동차 등록부, 사설 클럽 회원명부, 그리고 대학동창회 명부 등에서 추가로 선정하였다고 한다.

이들의 공통점이 무엇일까? 이들 모두 당시 기준으로 부유층에 해당하는 사람들이라는 점이다. 1930년대 당시의 미국의 전화 보급률은 4분의 1정도였다. 그에 속하는 사람은 부유층이었을 것이다. 그리고 자동차를 보유하고 있는 사람, 사설 클럽회원인 사람, 대학동창회에 이름이 들어 있는 사람, 이 잡지를 정기 구독하는 사람들은 모두 당시 기준으로 상대적으로 부유한 사람들이었다.

여기서 눈여겨 볼 것은 어느 부분의 유권자들이 일정 비율로 후보를 지지한다고 조사되었다고 할 때, 전체의 모집단도 그러려니 하고 생각하면 안 된다는 것이다. 아주 단적인 예로, 지역주의 투표 경향이 가장 극심했던 1987년의 대통령 선거에서 노태우 후보의 지지율은 대구·경북 지역과 광주·전남지역에서 매우 큰 차이가 있다.

1936년의 미국의 경우도 비슷하다. 다만 우리나라 1987년과의 차이점은 지역이 아니라 경제적 지위에 의해서 지지 경향이 매우 달랐다는 점이다. 당시의 정치경제적 상황을 잠깐 살펴보면, 미국은 1929년의 대공황의 여파로 경제적 불황이 심한 시기였다. 뉴딜정책이라는 공공사업을 추진하기 위한 재원 마련을 위해 민주당은 세금을 많이 걷고자 하는 정책을 펴고 있던 반면, 공화당은 무거운 세금에 불만을 품고 있던 부유층 지지기반을 위해 소비지향적인 경제 정책을 시도하였다. 그래서 소득이 낮은 계층은 민주당을, 높은 계층은 공화당을 특히 선호하였고, 계층 간의 지지도 차이가 컸다. 따라서 리터러리 다이제스트가 뽑은 '부유층 위주의' 표본 속에는 루스벨트 후보 지지자가 상대적으로 적었기 때문에 루스벨트가 지는 것으로 조사되었다. 이런 상황에서 부유한 사람들에게만 물어보아서 공화당을 많이 지지한다고 하여 전체 유권자들이 그러리라고 예측한다는 것은 어리석은 일이다. 마치 1987년 당시에 호남지역 또는 경남지역에서만 설문조사를 한 후, 전국적으로 그러려니 하고 '김대중 후보'나 '김영삼 후보'가 당선되리라고 예측하는 것과 비슷한 오류이다.

이 실수는 짧은 선거 여론조사의 역사 속에서 가장 유명한 실수로 기록되고 있고 리터러리 다이제스트 잡지사는 그 후 폐간의 길로 접어들었다. 대표성이 없는 표본은 그 크기가 아무리 크더라도 모집단의 특성을 올바르게 예측할 수 없다.

이에 반해 갤럽은 할당추출법●Quota Sampling이라는 방식에 의해 표본을 구성하였다. 이는 이전의 센서스에서 얻은 인구 통계학적 자료를 바탕으로 표본의 구성을 모집단과 최대한 닮도록 할당하는 방식이다. 과일 상자의 예를 든다면 3

모집단을 몇 개의 집단으로 나눈 후 각 집단에서 할당된 수에 따라 표본을 추출하는 샘플링 방법이다.

단으로 과일이 쌓여있는 과일 상자의 맨 위에서 하나, 중간에서 하나, 밑바닥에서 하나를 꺼내어 그것으로 과일상자의 품질을 판단하는 방식이다. 그 결과 갤럽은 5만 명의 유권자들에 대한 설문조사를 통해 다음의 표와 같이 다이제스트 사의 240만 명의 조사보다 우수한 예측을 해내었다(6% 차이가 작은 것은 아니다. 이에 대한 보완은 이후에 설명될 1948년의 크나큰 예측 실수 뒤에야 잡혀진다).

	루스벨트	랜던	크기
다이제스트의 예측	43%	57%	240만
갤럽의 선거결과 예측	56%	44%	5만
실제 선거결과	62%	38%	4570만

사전 정보 파악이 없는 설문조사는
장님 코끼리 만지기

만약 당신이 다음과 같은 조사를 실시한다고 생각해보자. 어느 고등학교에 가서 특정 인터넷 강의의 활용 여부를 물어보았다. 그 결과 34명 중에 6명이 그렇다고 대답하였다. 그래서 고작 18%만이 활용하고 있다고 당신은 발표하였다. 그런데 다른 사람이 다른 학교에 가서 물어보았다. 그 결과 33명 중에 20명이 그렇다고 발표하였다. 약 61%이다. 당신은 당신의 18%라는 조사결과에 대해서 믿을 수 있겠는가? 다른 사람에게 어떻게 18%라는 수치가 옳다고 설득할 수 있겠는가?

위 내용은 최근 TV시사프로에서 나왔던 내용이다. 조사대상에 대한 정보가 없는 상태의 설문조사는 장님이 코끼리 만지는 것과 다를 바 없다는 것을 보여주는 사례이다. 모 취재팀이 어느 고등학교 한 학급을 찾아가, 최근 3개월 이내에 EBS의 수능 인터넷 온라인 강의를 이용한 사람에 대해 거수를 통해 확인한 결과 34명 중 6명이 그렇다고 응답하였다. 즉, 34명 중 6명 약 18%만이 수능 온라인 교육을 들어보았다고 조사되었다. 이에 대한 반론으로 EBS에서는 비슷한 방식으로 3곳의 고등학교를 찾아가서 직접 EBS 인터넷 강의 이용 여부를 학생들에게 물었다. 제작진은 "한 학급 33명 가운데 20명이 넘는 학생들이 EBS 인터넷 강의를 이용한 경험이 있다고 손을 들었다"라며 "〈추적 60분〉이 확인한 결과와는 상반된 것"이라고 밝혔다.

다행히 위의 경우들은 양측이 모두 '표본 조사가 적절하지 않다'는 단서를 달고서 제시한 사례들이다. 18%의 수치 제시 후 〈추적 60분〉은 사례가 부족할 수 있다는 판단에 따라 유사한 내용을 조사 전문가를 동원하여 전체 2000여 명의 대규모 조사를 실시하고, 이 결과를 기준으로 이야기를 진행하였다. 하지만, 34명 중 6명이라는 수치는 미리 시청자들에게 제시한 후였다. 그리고 EBS측은 〈추적 60분〉의 사례가 적절하지 않음을 보이기 위한 반례로 위의 조사를 실시하고, 결과를 제시하였다.(하필이면 꼭 이렇게 온라인 강의를 많이 활용하는 학생들만 있는 곳을 점찍을 수 있었을까?)

통상 우리는 주위의 아는 사람 또는 아는 사람의 아는 사람의 사례로 정보를 얻게 된다. 여기서 자칫하면 일부분의 조사를 통해 얻은 결과를 마치 전체가 그럴 것이라고 일반화하여 판단하는 오류를 범하게 된다. '장님 코끼리 만지기'식의 오류 말이다. 위의 사례도 비슷한 오류를 범하고 있다.

그렇다면, 설문조사 조사자마다 그 결과가 다르다면, 설문조사를 믿기 어려운 것이 아닌가? 하는 생각이 들 수 있다. 그러나 그런 염려는 안 해도 좋다. EBS 강의 이용도 사례는 '전문가'가 아닌 사람들이 하는 일반적인 조사가 가질 수 있는 오류를 보여준다. 예전의 선거 사례들을 통해서 많은 조사방법의 개선이 이루어졌고, 이를 통해 보통의 전문 조사기관들은 이러한 함정들을 충분히 고려하여 전문적인 방법들을 활용한다.

그럼 어떻게 설문조사 대상을 선정해야 할까? 이러한 오류를 피하기 위해서 경험자들은 우선 모집단에 대한 사전 정보를 습득한 다음 사전 정보를 활용하여 표본을 선정한다.

위 사례의 경우를 생각해보자. EBS 수능방송의 청취 여부는 어떻게 결정이 될까? 한 학교 내에서 학생들의 성적, 취향 등에 따라 학생들의 개인적인 상황에 따라 결정이 될까? 아니면 그보다는 학교별로 학교의 방침(시험 문제 출제 여부 등), 주위 여건, 학부모들의 경제적 지원 수준 등에 따라 결정이 되어 학교 내에 학생들 간에는 거의 비슷하고 (즉, 80% 이상이 거의 다 듣거나 또는 20% 이하로 거의 안 듣거나) 학교 간에는 비율 차이가 크게 되는 형태일까? 학교별 편차가 클 경우에는 어느 한 학교에 대해서 전교생에게 물어보는 것보다는 여러 학교를 정하여 한 학급만을 대상으로 물어보는 것이 좀 더 정확한 시청률을 알 수 있다.

위의 사례를 보면 여러 학교를 조사한 결과 학교별로 18%와 61%라는 차이를 보인다. 이처럼 각 학교 별로 차이가 있을 것이라 예상되는 상황에서 어느 한 부분만을 집중 조사한 후(예를 들어 한 학교를 모두 조사한 후) 이 결과가 전체에 해당한다고 말한다는 것은 어리석은 일이다. 다른 사람이 다른 학교를 조사하여 다른 결과를 만들게 되면 추가 조사 없이는 누가 옳은지 알 수 없다.

주차장이 붐벼도
고객은 만족한다?

예전에 큰 식당을 운영하는 식음업 기업에서 컨설팅을 한 적이 있었다. 그 식당의 경우 손님들이 주차할 수 있는 공간이 제한적이었다. 손님이 많지 않은 주중은 주차 문제가 그리 심하게 발생하지 않겠지만 주말 저녁은 손님이 많아서 주차 문제가 생길 것이고 따라서 고객의 소리VOC: Voice of Customers 조사에서도 주말 주차 문제에 불만이 많으리라 짐작하였다. 그런데, 그 기업에서 한 고객들의 식당 이용 만족도에 대한 설문조사 결과를 확인해 보니, 주중과 주말 간에 주차 관련 만족도가 별 차이가 없이, 거의 대동소이하였다. 뭔가 이상하다는 생각이 들어서 VOC 담당자와 그 문제를 이야기해 보았다.

"이 설문지를 어느 시간에 어떻게 수집합니까?"

"각 식당의 책임자가 관리합니다."

"그럼 토요일 저녁에는 손님이 많고, 점심에는 손님이 적은데 손님들은 어느 시간에 이 설문지를 작성할까요?"

"글쎄요? 시간을 정하지는 않았으니, 아마 손님에게 불편이 덜 가는 점심시간에 하지 않을까요?"

"글쎄요, 손님들 편한 시간에 조사하지 않을까요?"

"그럼 주말 저녁에 주차장이 붐비는 시간에도 작성할까요?"

"글쎄요, 바빠서 안 하지 않을까요?"

"……"

이런 형태의 고객의 소리 설문조사는 그 기업에 별 도움이 되지 않고 조사비용만 낭비할 뿐이다. 고객이나 기업의 책임자로부터 평가를 받아야 하는 담당자의 입장에서는 고객 만족도가 높은 시간에 설문조사를 하여 좋은 만족도를 얻는 것이 더 유리할 것이다. 그러나 그런 식의 조사로는 많은 고객이 방문하는 주말 저녁 시간대에 고객의 주차장 관련 불만사항에 대해서 어떠한 정보도 얻을 수 없게 된다. 그러면 결국 고객 조사자료 자체의 가치가 없어지고, 원래의 조사 목적인 서비스 품질 유지와 개선에 아무 도움이 되지 않는다.

이 경우도 고객들이 불만을 느끼는 부분에 대해서 파악한다는 고객 설문조사의 초기 목적에 적합하도록 수집 방법이 결정되어야 한다. 고객 불만이 차이가 있으리라 생각되는 주중 점심/주중 저녁, 주말 점심/주말 저녁으로 구분하여 자료를 수집하는 것이 좋다. 그렇지 않고 이를 월 1회, 주 1회 등으로 수집 주기만을 대강 설정하면 수집자의 이해관계에 따라 수집자에 가장 유리하고, 편리한 시간에 데이터는 수집되고 만다. 이런 부분에 대해서 고객 서비스 책임자가 눈여겨보지 않으면 무가치한 자료를 만들고 아무 의미도 못 찾는 헛수고를 하게 된다. 중요한 부분에 대해서는 명확한 기준을 기획 단계에 수립해야 한다.

**조사대상자를
나누는 기준**   선거 기간 중 한 심야토론에서 각 정당의 대변인들이 패널로 참여하여 민심과 여론조사 결과에 대한 이야기를 하고 있었다. 토론 중 어느 보수당의 대변인이 당시의 여론조사는 엉터리라고 주장했다. 그는 그 근거로 소속당의 지지층은 장년, 노년층인데 여론을 조사하는 사람이 나이를 묻고서는 설문을 하지 않고 끊어버린다고 불평을 했다. 이에 대해 진행자는 토론에 불필요한 이야기라고 지적하고 그 대변인의 말을 저지하였는데, 이런 경우는 어떻게 이해해야 할까? 정말 조사자들이 조사를 편파적으로 한 것일까?

우리가 여론조사를 제대로 하기 위해 필요한 첫 번째 일은 표본 선정을 잘하는 것이다. 정당 지지도를 포함한 여론조사는 무작정 전화를 걸어 받는 사람에게 여러 사항을 물어보고 이를 합산하여 결과를 내지는 않는다. 역시 먼저 유권자들(모집단)의 특성을 알아보기 위해 표본 선정에 대한 큰 틀을 정하고 이에 맞추어 자료를 수집한다.

앞의 음식점 사례에서는 먼저 주중/주말, 점심/저녁의 기준에 따라 고객의 만족도가 다를 수 있다는 것을 파악하는 것이 중요하다. 리터러리 다이제스트 사의 미국 선거 여론조사가 실패한 것은 사람들이 경제적 계층에 따라 지지도가 다름에도 이를 무시하고 경제적으로 부자인 사람들 위주로 조사를 했기 때문이다. 두 사례의 공통점은 응답자들을 동일하게 구분할 수 있는 기준을 먼저 조사하고, 이에 따라 층을 나누어 층별로 적정수의 표본을 뽑아야 하는데 이를 무시하고 어느 한 층에서 많은 수의 표본을 선정하고, 이를 전체의 의사로 일반화했다는 것이다.

선거 여론조사에서도 어떤 기준에 의해서 사람들의 투표 성향이 다르게 나오느냐를 먼저 파악하는 것이 필요하다. 선정 기준은 보통 기존의 여론조사를 통해서 확인이 가능하다. 영국의 경우는 성, 나이, 사회등급 social grade에 의해서 표본을 선정한다. 하지만 우리나라는 나이, 성별, 지역을 기준으로 선정하는 것이 보통이다. 2002년 당시에 합의한 지역·성·연령 할당표집이 바로 그 예이다. 즉, 연령대에 따라, 남녀에 따라, 또 수도권/영남/충남/호남 등의 지역에 따라 정치적 지지성향이 달라지기 때문에 이를 기준으로 먼저 큰 틀을 설정한다.

전체 유권자들의 인구통계학적 비율에 따라서 각 성별, 나이대별, 지역별로 설문조사 인원을 할당하고 무작위로 그 지역에 전화를 걸어서 해당 그룹의 성별, 나이대별로 조사가 될 때까지 조사를 한다. 2002년의 단일화 표본에서도 위와 같은 방법을 통해 '공평하게' 인원을 할당한 후 조사하였다.

심야토론의 이슈에 대해 다시 살펴보자. 설문조사를 할 때 20대, 30대, 40대, 50대, 60대 이상으로 구분하여 각 연령대별 할당 인원수가 결정된다. 그리고 설문조사를 진행하면서 집에 주로 있는 연령대의 사람들이 먼저 응답을 하여 할당 인원수만큼 조사가 된다. 평일에 활발한 사회생활을 하는 20, 30, 40대에 대해서는 할당 인원수를 조사하기가 쉽지 않다. 연령대별로 할당된 인원수를 채우기 위해서 조사원이 밤까지 추가로 전화를 하고 있을 때, 노년층이 전화를 받는다면 이미 조사가 된 연령대이니 설문을 진행 안 하고 끊은 것이다. 이러한 구조를 대변인이 모를 리 없을 것이다. 생방송 중에 대변인이 이런 이야기를 하는 것을 진행자가 저지한 이유는 발언의 의도가 여론조사에 대한 무지라기보다는 시청자들을 현혹시키려는 의도라고 보고, 이를 차단한 것이다.

자발적 응답
―관심 있는 소수의 의견

예전에는 잡지 등에서 간단한 설문조사를 하곤 했다. 이런 조사는 대부분 참가자들이 자발적으로 설문에 응한다. 이런 설문조사의 결과는 어떻게 이해할 수 있을까? 미국의 사례를 들어보자. 어느 칼럼니스트가 방송에서 "만일, 여러분들이 자식을 다시 가질 수 있다면 그렇게 하시겠습니까?"라고 질문을 했다. 이 방송을 본 시청자들이 편지로 당시 질문에 응답하였고, 몇 주가 지난 후에 그 칼럼니스트는 질문에 응한 약 10,000명의 부모 중 70%가 "자식을 다시 갖지 않겠다"고 답했다고 발표했다. 30%만이 자식을 다시 가지겠다고 응답한 것이다.

하지만 몇 달 후에, 통계적으로 잘 계획된 여론조사의 결과는 달랐다. 그 결과에서는 미국 부모의 91%가 "자식을 다시 가질 것이다"라고 답한 것이다. 이런 30%와 91%라는 응답 결과의 차이는 왜 발생하였으며, 이를 어떻게 해석해야 할까? 이런 차이가 난 이유는 모집단을 대표하지 못하는 표본이 선정되었기 때문이다(김우철, 2006, 『일반통계학』, 영지문화사). 위의 경우를 간단한 그림으로 살펴보자.

후자의 조사 결과처럼 자식을 다시 가지겠다는 사람이 91%라고 가정하자. 이 중에 앞의 칼럼니스트의 방송 중 질문에 '자발적으로' 응답을 할 사람은 얼마나 될까?

그리고 나머지 9%를 생각해보자. 자식들 때문에 속앓이가 심한 이런 사람들은 이런 설문조사에 대해 적극적으로 공감을 표현하였다. 그림에서 왼쪽의 동그라미를 보면 9%에서 많은 부분을 차지하고, 91%에서는 작은 부분만 보인다. 이 동그라미 부분이 칼럼니스트의 설문에 응답한 사람에 해당하는 부분이다. 안의 동그라미만 생각한다면, "자식을 다시 갖

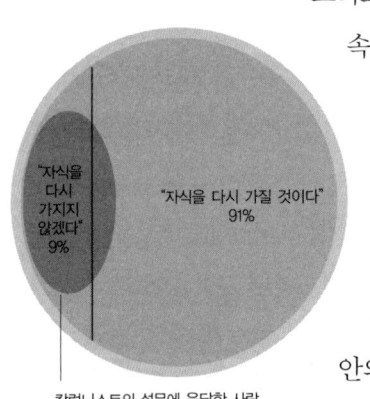

칼럼니스트의 설문에 응답한 사람

지 않겠다"는 응답이 더 많다. 첫 번째 설문조사에서는 이에 따라 70%가 다시 자식을 갖지 않겠다는 결과가 계산된다.

모집단이 전체 국민인 여론조사는 적정한 선정 기준에 따라 무작위로 일정한 수의 표본을 선정하여 하는 것이 일반적인 방식으로 되어 있다. 그러나 일반 잡지의 경우, 독자들에게 설문조사를 할 경우, 엽서를 작성하여 송부하는 적극적인 독자들의 의견만이 집계되도록 되어 있다. 이럴 경우 결과는 위의 사례에서처럼 적절하지 않게 된다.

이 사례는 '답을 보낸 적극적인 독자들 중' 이라는 단서 하에서 결과를 해석하는 기준이 필요하다. 그런데 이 기준을 적용하는 순간 이 70%라는 값의 의미는 현저하게 감소하게 된다.

이와 유사한 사례를 하나 더 들어보자. 1982년 1월호 〈플레이보이〉에서 133문항에 달하는 성에 관한 설문서를 잡지에 포함하였고, 총 89,324명이 응답을 하였다. 그 결과 21세 이하의 응답자 중 여성의 58퍼센트와 남성의 38퍼센트가 16세 이전에 성경험이 있다고 응답하여 여성이 남성보다 더 성적으로 개방되어 있다고 발표했다(성내경, 1995, 『정보시대, 그리고 통계』, 이대출판부). 이런 설문은 믿을 것이 못 된다. 위의 예처럼 잡지 독자 중에 일부만이 응답을 하였고, 이런 설문조사에 사실대로 이야기했다고 생각하기도 쉽지 않다.

〈플레이보이〉가 미국인들이 누구나 읽는 잡지일까? 그리고, 위 같은 133문항의 설문지에 응답을 적극적으로 하는 독자들 89,324명은 과연 보통의 성인 남녀들을 대표하는 사람들일까 아니면 특별히 성에 관심이 많은 사람들일까? 또 이런 설문지에 자신의 이야기를 사실대로 이야기할까? 과장 혹은 축소하거나 장난기로 진지하지 않게 답변하지 않을까? 이상의 질문들에 대해서 자문해본 후 이런 설문 결과를 이해하는 것이 필요할 것이다.

목소리 큰 소수
−"최고의 선수는 당연히 우리나라 선수"   얼마 전 모 영화제에서 인터넷 투표로만 시상자를 선정하는 방법을 도입하였다. 순도 백 퍼센트 대중에 의한 새로운 영화 시상식이라고 표방하였는데, 결국 10대 스타가수 그룹의 저평가 영화가 작품상 후보로 막판까지 박빙의 승부를 벌이는 현상이 벌어졌다. 이 영화제에서는 참여 네티즌에게 1인 1일 1표를 주어 투표하도록 한 다음 각 부문의 수상자를 뽑았다. 그 결과 10대 가수그룹이 팬클럽의 매일 투표라는 열광적인 성원 하에 대부분의 부문에서 1위를 차지하였고, 주최측은 막판 조정을 하여 이들을 제외할 수밖에 없었다.

이와 같이 인터넷의 포털에서는 자주 사회 이슈나 연예계 스타, 스포츠 선수에 관한 이슈에 대해 투표[예]를 실시한다. 가끔 우리나라 운동선수들이 전 세계 대상의 우수선수 선정 투표에서 1등을 차지하기도 하여, 한국 네티즌의 IP주소를 막기도 한다. 우리나라 네티즌들이 좀 더 적극적인 성향을 가지고 있고 인터넷 활성화가 많이 되어서 그런 것이다.

위의 사례들처럼 인터넷 투표는 화제성, 편리성, 참여 유도효과를 가지고 있어서 많이 활용되나 이는 전체 사람들의 의견을 반영하는 것이 아니다. 왜냐하면 인터넷 투표는 이러한 투표에 참여하고자 하는 적극성을 가진 일부 사람들의 의견만이 반영되는 것이기 때문이다. 그래서 일반 국민 또는 인터넷 이용자의 성향을 그대로 반영한다고 볼 수 없고, 또 이 와중에 특정 집단이 이를 적극적으로 자신의 의도대로 이용하기도 한다.

그래서 인터넷 투표는 '이승엽 선수의 요미우리 자이언츠 장기계약에 대한 의견' 등 흥미성 위주의 이슈 등의 의견을 구할 때 보통 사용하거나, 또는 '프로야구 올스타 선정' 등 참여 유도형 홍보 이벤트에 주로 활용된다. 때문에 민감한 정치적·정책적 이슈에 대한 의견을 인터넷 투표에서 묻더라도 이를 TV 토론 등의 공식적인 자리에서는 사용하지 않는 것이 원칙이다. 소수의 적극적인 참여자의 의견이 전체 사람들의 의견인 것처럼 과장하려는 사람들이 있고, 또 그런 왜곡을 사실로 오해하는 사람들이 있기 때문이다.

정보시스템을 개발하는 업무를 필자가 담당할 때의 일이다. 새로운 시스템이 개발·적용되고 나면 품평회를 통해 추가 개선 요구사항을 수집하게 된다. 그럴 경우 보통 기존 시스템과 비교하여 새로운 시스템의 단점만을 주로 이야기하는 방식으로 품평회가 진행되고, 이때 현업 담당자나 개발자들은 속이 탄다. 특히, 상대적으로 사소한 문제를 목소리가 큰 소수가 중요한 문제라며 개선을 강하게 요구하면 더더욱 그러하다. 이런 상황의 대처 방법으로는 개선 내용을 객관적인 수치로 평가한 것을 준비해야 한다. 이와 함께 설문조사를 통해 '침묵하는 다수'의 의견을 폭넓게 들은 자료를 미리 가지고 있으면 도움이 된다. 그렇지 않으면 '목소리 큰 소수'에게 잘못 휘둘려서 결국 엉뚱한 결론이 나거나 주요 결정이 지연될 수 있다. 당신이 어떤 의견을 들었을 때 또는 사람들의 의견이라는 조사 결과의 수치를 보았을 때, 그것이 사람들의 의견을 적정하게 반영한 대표성이 있는 것인지 아니면 목소리가 큰 소수만의 의견만이 아닌지에 대해서 검토하는 것이 필요하다. 그렇지 않으면 귀가 얇은 사람이 되거나 또는 소수의 의견에 속아서 사실에 눈감은 사람이 될 수 있다.

3. 무작위 선정방법과 무응답

"듀이가 트루먼을 누르다"
―1948년 미국 대통령 선거의 교훈

앞서 할당추출법을 통해 속도, 정확성 측면에서 여론조사의 혁신을 이루었던 갤럽의 조사를 소개한 바 있다. 하지만 당시의 조사 결과는 실제 결과와 6% 정도의 차이를 냈다. 갤럽의 조사 결과는 리터러리 다이제스트 사의 예측을 뒤집는 데는 성공했고, 또 좋은 평가를 받았지만 여전히 실제 결과와는 6%p라는 적지 않은 오차가 발생했던 것이다. 이런 오차가 크나큰 실수를 낳아 할당추출법에 대한 전면적 제고까지 이르게 한 사건이 바로 1948년 미국 대통령 선거였다.

1948년 미국 대통령 선거에서 갤럽이나 로퍼 등 유수한 여론조사 기관은 모두 공화당 후보인 듀이의 승리를 예측했다. 그러나 실제 선거에서는 민주당 후보인 트루먼이 대통령으로 당선되었고 갤럽 등 유수의 여론조사 기관은 그 명예가 실추되고 말았다.

왜 이런 오류가 있었을까? 당시 갤럽 등 여론조사 기관들은 설문조사 중에 할당추출법을 사용했다. 이를테면, 여론조사원에게 어느 아파트 단지에 가서 20대 고졸의 남자와 30대 대졸의 여자, 그리고 40대 무학의 여자를 조사하라는 지시만 내리고, 실제 표본의 선택은 전적으로 조사원에게 맡기는 형식을 취하였다. 이 경우, 선정되는 표본은 조사원의 주관적 판단 하에 선택된 것이기 때문에 무작위로 선정된 임의

	트루먼	듀이
크로슬리	45%	50%
갤럽	44%	50%
로퍼	38%	53%
실제 결과	50%	45%

표본으로 생각할 수 없다. 조사원들의 경우에는 아무래도 편하게 응답을 하는 사람을 고를 가능성이 많다. 당시는 공화당 지지자들이 민주당 지지자들에 비해 경제적 형편이 좋았기 때문에 공화당 지지자들이 조사원들에게 편하게 접근할 수 있는 인상을 주었을 것이고, 결과적으로 공화당 지지자들이 좀 더 많이 편중되게 조사를 받았을 것이다. 물론 선거 투표장에서는 이런 경향은 없다. 이런 이유로 실제 결과와 많은 차이가 나는 조사 결과가 나왔던 것이다.

트루먼 당선자가 선거 직후 듀이의 승리를 보도한 〈시카고 트리뷴〉지를 머리 위에 들고 찍은 사진은 선거 여론조사에서 가장 유명한 사진으로 기억되고 있다.

1948년 선거 이후 미국에서의 모든 여론조사는 표본의 선정까지를 미리 지정하는, 즉 사람까지를 회사에서 미리 선정하는, 임의추출 방식 Random Sampling으로 전환하였고, 이후에는 대통령 선거에서 예측 오차가 2% 이내일 정도로 정확해졌다.

우리나라의 여론조사의 경우도 할당추출법과 임의추출법의 장점이 포함된 방식이다. 즉, 먼저 인구비례에 따라 지역별/연령별/성별로 인원수를 할당하고, 각 지역에서 전화번호를 랜덤하게 임의로 선택하여 전화를 걸어서 각 연령별/성별로 할당된 인원이 조사될 때까지 조사하는 방식이다. '할당'과 '임의 선정'라는 두 원칙이 잘 이루어지면 조사는 대표성을 가지게 된다.

누가 설문조사에
응하나?

2002년 대선 당시 노무현 후보와 정몽준 후보의 단일화를 위한 여론조사를 지켜본 한 여론조사 전문가는 "당시 조사 기간을 주말 이틀로 잡았는데 화이트칼라 고학력층이 집에 있는 기간이란 점에서 그 계층의 지지율이 높았던 노 후보에게 매우 유리했다"(《동아일보》, 2007년 6월 30일자)고 평가하였다. 지금까지 표본 선정의 기준으로 삼은 것은 나이, 성별 그리고 지역이었다. 그런데 여기서 여론조사 전문가는 '화이트칼라 고학력층'이라는 새로운 기준을 들여와서 이들이 노 후보에게 좀 더 지지를 보냈다고 해석하였다.

만약 고학력층이라는 새로운 범주의 사람들이 특정 후보를 지지한다면, 즉 학력이 조사 결과에 영향을 미친다면 이 학력이라는 범주를 표본 선정의 기준으로 설정하는 것이 어떨까 하고 생각해 볼 수 있다. 우선 학력이 표본 선정의 기준으로 적절한지 판단하기 이전에 이 기준을 가지고 설문조사가 가능할까를 생각해보자. 예를 들어 당신이 설문조사 전화를 받았다. 그런데 학력을 묻더니 저학력이라고 전화를 끊는다면 당신은 몹시 기분이 안 좋을 것이다. 또 나이, 성별과는 달리 학력에 대해서 묻는 전화에 대해서는 응답자들이 꼭 정답을 이야기한다기보다는 보편타당한 평균 또는 그 이상으로 속여서 이야기할 수 있기 때문에 조사 결과에서 신뢰도가 떨어지게 마련이다. 또 새로운 기준이 추가되면 그만큼 비용과 시간을 더 필요로 하게 된다. 이런 저런 이유 때문에 이런 경우 학력은 표본 선정의 기준으로 활용할 수 없게 되고, 다만 부수적으로 조사되어 이를 기준으로 좀 더 상세한 분석에 도움이 된다.

조사 대상자를 나이, 지역, 성별 등으로 할당해서 선정해 조사를 진행한다고 해도 내부적인 차이는 있다. 단적으로 이 글을 읽는 독자들 중 여론조사를 하는 전화를 받아본 적이 있는 사람은 그리 많지 않을 것이다. 만약 보통의 직장인이고, 평일에 집에 있는 일이 없다면 여론조사를 하는 전화를 받을 기회는 적었을 것이다. 따라서 당신의 의견은 여론조사에서 제외될 가능성이 높다. 조사 대상의 범주로 따지자면 '30대', '서울 거주', '남자'에 속하는 필자의 경우 이제까지 단 한 번도 여론조사 기관의 정치 관련 설문조사를 받은 적이 없다. 만약 독자들이 필자와 같은 경우라면 당신 그리고 당신과 비슷한 상황의 사람들은 이제까지 여론조사에서 의견이 과소평가된 경우라고 할 수 있다. 왜냐하면 보통의 여론조사는 평일에 하는 경우가 많고, 직장이 아닌 집으로만 전화하여 물어보기 때문이다.

그렇다면 누가 설문조사에 응할까 하는 의문이 든다. 우리나라의 경우 대체로 가정집을 대상으로 설문조사를 시행하므로, 주로 집에서 일하는 자영업자나 주부일 가능성이 높다. 이는 분명 조사 결과에서 중요한 변수로 작용할 것이다. 과연 조사에서 이런 요소가 어떤 차이를 만들어낼까?

2002년 대선 당시 정 후보와 노 후보의 단일화를 위한 중차대한 여론조사는 토요일도 아니고 일요일 오후에 실시되었다. 그런 점에서 직장

왜 나만 자주 물어보지?

에 다니는 사람들이 집에 있을 가능성이 평일과 달리 매우 높은 시간이었다. 이때의 여론조사 결과는 평소와는 다른 경향을 띠게 될 것이다. 이 차이가 얼마나 될지, 그 정확한 값은 알 수 없으나 어느 정도는 있을 것이고, 특히 이 경우처럼 박빙의 승부에서는 양측 모두에게 민감한 사항이었을 것이다.

각 후보자들은 이 미묘한 차이에 대해서도 민감하게 대응하였다. 물론 여론조사에 합의한 정몽준 후보 측도 이를 알고 있었다고 한다. 그래서 후보자 선정방식의 협상 중에 정 후보는 여론조사를 TV토론 직후인 토요일 낮 1시부터 실시할 것을 협상단에 요청하였고 이를 양측이 합의하였다고 한다. 하지만 조사 의뢰를 1차적으로 받은 여론조사 기관들이 '너무 부담이 크다'고 난색을 표하는 바람에, 다른 기관들과 협의하여 재선정하는 과정에서 일정이 지연되어 결국 조사 일자도 일요일로 연기되었다고 한다.

당시는 주 5일제 근무 초기 단계였다. 토요일 오후 1시면 직장인들은 대부분 직장에 나가 없고 주부들이 주로 있는 시간이라 정 후보에게 상대적으로 유리했을 것이다. 이처럼 조사시점과 관련된 내용이 특정 지지층의 조사대상 포함 여부에 영향을 줄 수도 있다. 이와 같이 중요하고 어느 정도 경향성이 있다고 보이는 것이 때로는 2002년의 경우처럼 어쩔 수 없이 덮어지는 경우도 있고, 또는 무지로 인해 결국 조사 결과를 망쳐버리는 경우도 있다. 후자의 경우가 바로 1948년 미국 대통령 선거였다.

난 응답하지 않을래!
−무응답

여론조사를 하는 사람들의 머리를 가장 아

프게 하는 것은 설문조사자들을 '공평하고 랜덤하게' 선정한 후에 조사하는 과정에서 발생한다. 실제 조사의 실행 과정에서 이 '랜덤하게' 라는 원칙이 어그러지는 상황이 발생하는 것이다. 바로 선정 대상자들의 '무응답'이라는 조사거부이다. 통상 정치적 설문조사의 경우 사람들이 정치적 입장 또는 특정 후보에 대한 지지 성향을 밝히기 꺼리는 경우가 많다. 어느 날 갑자기 걸려온 전화에 "나는 누구누구를 지지합니다."라고 성실하게 답하는 것이 찜찜할 수 있다.

문제가 그것 한 가지만은 아니었겠지만, 1936년의 리터러리 다이제스트의 사례에서 중요한 문제 중 하나는 그 설문 결과가 단지 23%의 사람들의 응답을 토대로 작성되었다는 사실이다. 응답하지 않은 나머지 77%의 사람들은 응답한 23%의 사람들과 다른 성향의 의견을 가지고 있을 수 있다. 응답자들은 응답하지 않은 사람들보다 대통령 선거 결과에 대해서 강한 확신이나 소망을 가지고 있었을 것이다. 게다가 리터러리 다이제스트의 설문지에 응답할 정도로 충분한 확신을 가지고 있었던 유권자들은 대개 랜던을 좋아하는 사람들이었을 것이다. 바로 이 사람들이 리터러리 다이제스트가 예측의 근거로 제시한 지극히 편의된biased 표본이었다(마일즈 홀랜더, 1995, 『통계마인드 길들이기』, 새날).

무응답을 줄여라

이런 무응답의 경우는 어떤 조치가 필요할까? 무응답을 해결하기 위해 우선은 설문대상인 모집단에 대해서 공평하게 조사를 하려는 마음가짐이 필요하다. 조사하기 쉬운 대상에 대해서만 조사하기보다 조사가 필요한 대상에 대해서 공평하게 조사하는 것이 필요하다는 것을 먼저 알아야 한다. 그리고 조사기관들이 '절차에 따라' 조사를 하는 것이 필요하다. 선진국에서는 최소한 2회 이상 전화를 걸어 선정된 샘플의 의견을 듣는 원칙을 준수한다. 이를 통해 '임의 선정'이라는 중요한 원칙이 좀 더 지켜진다. 하지만, 우리나라의 여론조사 기관들은 한 번 전화를 걸어 안 받으면 다시 전화하지 않고, 샘플을 바꿔버린다. 설문조사 단가의 저비용과 시일의 급박성이 주원인이라고 한다. 그 결과 선진국의 40~50%의 응답률에 비해 우리나라의 응답률은 10~20%대로 임의 추출의 장점이 사라지고 '정치적 적극층'의 의견이 과도하게 반영되게 된다. 일반 여론조사 결과를 볼 때 응답률에 따라 그 조사의 신뢰도를 평가할 수 있다. 어떤 경우에는 고작 7%의 응답률을 보인 조사도 볼 수 있다.

정치 여론조사가 아닌 일반 조사의 경우는 어떠할까? 필자가 경험한 사례를 가지고 무응답을 어떤 식으로 대처해야 하는지 이야기해보자. A라는 회사에서는 고객들에 대해 우편을 이용하여 만족도 조사를 하고 있었다. 하지만 만족도에 대한 조사 결과를 보니 회사의 서비스에 대해 불만족하는 고객이 거의 없었다. 개별적인 사항에 대해 고객들의 불만이 많다고 알려져 있는 상황이어서 뭔가 이상한 조사 결과라고 생각하였다.

담당자에게 고객 중 조사 내용을 우편으로 답신하는 응답률이 얼마나 되느냐고 물어 보니, 고작 5%도 안됐다. 보통의 고객들은 이용 당시에는 어느 사항에 대해 강한 불만이 있었더라도 몇 달 뒤에 그에 대해서 불만을 이야기할 만큼의 적극성을 보이지 않는다. 특히 작성 후에 직접 우체통을 찾아서 넣는 수고를 하는 고객은 답변 참여시 제공하는 경품에 관심이 있는 고객들일 수 있다. 더군다나 경품에 관심을 가진다면 불만을 직접적으로 말하기를 꺼릴 수도 있다. 때문에 5% 이하의 응답률에서 얻어지는 수치로는 '대다수의' 고객이 만족하고 있는지 어느 부분에서 불만을 가지고 있는지를 알 수 가 없다.

담당자와 의논하여 이용객이 가지고 있는 불만 사항을 즉시 조사하여 응답률을 높일 수 있도록 조사방식을 바꾸었다. 즉, 고객이 요금을 정산하는 30분 정도의 시간을 활용하기로 하였다. 짧은 시간 안에 작성할 수 있도록 하는 설문지를 '간략하고 고급스럽게' 만들어서 많은 고객으로부터 서비스 불만 사항을 수집하였다. 이를 통해 고객이 가지는 불만을 많이, 그리고 폭넓게 수집할 수 있는 체계를 만들었다. 무응답률을 줄일 수 있는 방법은 수집방법의 개선을 통해서 가능하다.

군민의 51.1%가 찬성?

선거에서는 무응답의 경우 무효 투표로 처리하고 참여자만을 유효 투표로 보고 결정한다. 국회 등 소수 의결권자들이 결정하는 모임에서는 참여율이 어느 선 이상인 경우에만 투표결과를 인정한다. 국회에서 과반수 참석이 안 되면 의결을 못하는 것이 그런 예이다. 그러나 여론조사의 경우는 이런 부분이 애매하다. 다음의 경우를 유효한 조사로 보아야 할까? 아니면 여론의 왜곡으로 보아야 할까? 이 사례에 이 장에서 이야기한 것들이 모두 있다.

2007년 어느 지방에서 지역의 공원 이름을 결정하는 과정에서 지역 주민들 사이에 예민하게 대립한 사안이 있다. 자치단체측은 설문조사를 실시하여 51.1%가 찬성하였으므로 '주민의 뜻에 따른 결정'이라고 발표하며 '전직 대통령'의 호를 딴 자치단체의 안을 집행하였다. 51.1%면 충분하다고 생각되지 않는가?

이에 대해 반대 측에서는 다음과 같은 부분에서 이것이 주민의 뜻을 대변하지 못하는 왜곡된 것이라고 반론을 제기하였다. 이를 해당 군수가 출연한 한 라디오 방송(〈손석희의 시선집중〉, 2007년 1월 26일 방송)의 내용을 중심으로 알아보자.

1. 누가 결정권을 가지는가?
   찬성자측: 마을 이장, 새마을 지도자, 도의원, 군위원 등의 군 내 대표자들에게 설문한 것이다.
   반대자측: 설문 대상이 찬성 측에 가까운 사람만을 대상으로 하여서 전체 군민을 대변하지 못한다.

이는 이 책에서 계속 이야기한 표본의 할당 추출에 관한 부분이다. 군청 측이 군내의 '장'에 해당하는 유력자들 위주로 설문조사를 한 것에 대해 반대하는 측은 설문대상자들이 이 사안에 대해 전체 군민을 대표하는 사람들이 아니라고 주장한다.

특정 사안에 대해서만 다수의 사람들에게 의견을 물어본다. 가장 대표적인 것이 선거제도이다. 그렇지만 통상 행정적인 의사결정은 법의 규정에 따라 이렇게 책임자, 담당자들 위주로 결정된다. 이 경우는 어디에 해당하는 것일까? 사안에 따라 다르겠지만, 이렇게 내부에서 이슈가 되고 있는 상황에서는 군내 사람들의 전체적인 의견을 물어 다수결로 결정하는 것이 바람직한 방향이라고 필자는 생각한다. 양측의 의견이 충돌하고 합의가 나지 않는 사항에서 일부 사람들에게만 묻고 그것이 전체 군민의 의견이라고 주장한다면 반대 측에서 수긍하지 않고 앙금이 남아 계속적인 충돌이 발생한다. 이 사안의 경우도 아직도 전직 대통령에 대한 기사가 날 때마다 신문에 보도될 정도의 충돌이 발생하고 있다.

2. 참석률이 낮다면 어떻게?

찬성자측: 설문조사 대상 1364명 중에 591명이 응답을 하고, 이 중 302명이 찬성을 하여서 찬성률 51.1%로 통과한 것이다.

반대자측: 응답하지 않은 사람들이 57%이다. 응답하지 않은 사람들을 제외하고, 응답한 사람들만을 계산하여 591명 중 302명 찬성인 상황에서 찬성률 51.1%로 과반수 찬성이므로 정당성이 있다고 주장하는 것은 무리가 있다.

전체 1364명 중 591명만이 응답한 경우라면, 응답률 43%의 경우이다. 달리 생각하면 전체 1364명중 302명만이, 즉 22%만이 자치단체안에 대해 찬성한 경우이다. 나머지 78% 중 21%인 289명은 다른 의견을 가지고 있고, 57%인 773명은 응답하지 않았다. 선거에서는 투표율이 얼마이든 투표한 사람의 의견만을 들어서 결정한다. 하지만 국회에서의 의사 결정은 과반수 또는 2/3이상 참석 등의 제한규정을 두고, 이에 미달할 경우 회의 자체를 무효화한다. 이를 통해 소수 사람이 독단적으로 결정하는 것을 막는다.

이 경우는 어떨까? 모든 사람들에게 의견을 묻는 선거처럼 참여율을 제한하지 않고 그냥 인정하는 것이 좋을까 아니면 국회의 회의처럼 참석률 50% 미만이므로 다시 의사결정 절차를 받는 것이 합당할까? 자치단체 측에서 단순하게 찬성률 51.1% 통과라고 결정한 것은 선거와 국회의 회의 중에 자신에게 유리한 점만 (제한된 인원에게 묻기, 참석률 무시) 골라서 섞은 의사결정방식이다. 또다른 논쟁 거리가 생긴 것이다.

EBS 수능 강의를 듣는 사람은 누구인가? – 운영 정의

> 여러분이 거론하고 있는 것을 계측할 수 있고 숫자로 표시할 수 있을 때라야 그에 관해 뭔가를 알고 있다고 나는 말한다. 그것을 계측할 수 없을 때, 그리하여 그것을 숫자로 표시할 수 없을 때 여러분의 지식은 빈약하고 만족스럽지 못한 것이라고 할 수 있다. – 윌리엄 톰슨 켈빈 경

1. 정의를 잘해야 오해가 없다

목표는 없고, 목적만 있는 과제는 실패한다 목적Goal과 목표Objectives를 구분하지 않고 혼동하여 쓰는 경우가 많다. 과제 담당자에게 과제의 목표를 물었을 때, 목적 위주로 이야기를 하는 경우가 있는데, 과제의 필요성이 구체적으로 조사되지 않은 경우가 대다수이다. 그래서 구체적인 항목으로 목표를 설정할 것을 요구하고 같이 조사하다보면, 과제에 대해서 더 잘 파악하게 되고, 어떤 경우는 과제를 수행할 필요가 없다는 것을 알게 되기도 한다. 목적은 두루뭉술하게 설정되지만, 목표는 구체적으로 설정되는데, 이 부분에 장점이 있다.

예를 들어 당신이 영어 공부를 한다면 목표 설정이란 영어 실력을 수치로 환산할 수 있는 항목을 설정하고 이 항목의 향상 목표를 결정하는

것이다. TOEIC 점수를 현재의 700점에서 900점으로 높이겠다는 것은 당신의 영어공부의 목표가 구체적으로 표현된 것이다. 그런 반면 목적은 이보다는 좀 더 추상적인 것으로 일의 '의의'나 '필요성'을 표현한 것이다. 그래서 목적은 두루뭉술하게 '자기계발 또는 영어 능력 향상' 정도로 결정된다.

회사 입사 초기에 필자를 포함한 많은 사람들이 목적과 목표를 구별하지 못한다는 지적을 받은 것은 미국의 대학에서 학부부터 공부한 외국 박사로부터였다. 그 뒤부터는 필자가 관여하는 업무에는 추상적인 목적 대신 구체적인 목표를 세우는 노력을 하였다. 개인적 경험으로는 프로젝트의 목적 란에 '생산성 제고' 등 추상적인 목적만으로 출발하는 경우, 과제 수행 중에 배가 산으로 가는 식으로 과제의 내용이 바뀌거나, 용두사미 격으로 과제의 범위가 매우 축소되거나 변경되어 제한된 성과만 내고 끝나는 경우를 많이 보았다. 과제 시작 시점에 명확하고 구체적인 목표를 정하지 못한다는 것은 과제의 필요성과 효과에 대해서 제대로 파악하지 않았기 때문이다.

당신이 어떤 일에 관심이 있는 것을 정확히 파악하고 이를 관계인들과 명확하고 오해 없이 공유한다는 것은 매우 중요한 일이다. 사실을 파악하기 위해, 그리고 제대로 공유하기 위해 좋은 방법은 이를 계량화하여 숫자로 표현하는 것이다. 여기에서는 2가지 사례를 통해 이런 내용에 대해 설명한다.

임신 여성의 흡연율은 얼마나 될까?

철수와 영희, 지훈은 정부 당국의 보건복지부 담당자로 임산부와 신생아들의 건강 증진에 책임을 가지고, 정책을 수립하는 사람들이다. 이 셋은 태아의 건강에 많은 영향을 준다고 알려져 있는 임신 여성의 흡연 문제에 대해 알아보려 한다. 이들은 최근 증가한 여성의 흡연율에 관심을 기울이고 있었던 터였고, 그래서 임신 중에도 흡연을 하는 여성들이 있을 것으로 생각하고 있었다.

이들이 맨 먼저 해야 할 일은 무엇일까? 철수와 영희, 지훈은 우선 우리나라의 임신 여성들의 흡연율에 대해서 현재의 수준을 먼저 알아야 한다고 합의하고 조사하기로 하였다. 만약 임신 여성의 흡연율에 대해서 조사해서 흡연율이 과다하다고 판별될 경우에는 이에 대한 대책을 세워야 할 것이다. 그렇지만 흡연율이 매우 낮은 수준이고, 그래서 신생아의 건강과 관련한 다른 여러 문제들에 비해 심각하지 않다면, 흡연 문제가 아닌 다른 과제로 관심을 돌리는 게 나을 것이다.

이에 철수와 영희 그리고 지훈은 '신생아의 건강 증진을 위한 임신 여성의 흡연율 감소'라는 과제를 프로젝트로 진행하기로 잠정적으로 결정하였다. 먼저 임신 여성의 흡연율을 알 수 있는 방법으로는 어떤 것이 있을까에 대해서 이 셋은 각자 고민한 바를 이야기하였다.

철수: "전체 신생아 신고를 할 때 여백에 산모의 흡연 여부를 기입하는 란을 만들어서 쓰게 하는 게 어떨까?"

영희: "그건 좋지 않은 방법이야. 흡연 산모들이 자신이 흡연을 하고도 흡연하지 않았다고 적을 가능성이 높아. 그러면 그 조사 결과에 대해서 신뢰할 수가 없잖아."

지훈: "나도 영희의 의견에 동의해. 또 문제가 되는 것은 우리처럼 공공 기관에서 나와서 설문조사를 한다고 했을 때 조사 대상자들이 정직하게 쓸지 의문이 들어."

철수: "공공문서에 기록을 하는 것은 작성자에게 정직해야 할 어떤 필요성이 있을 때만, 예를 들어 사실이 아닐 경우 벌금을 부과하는 등의 강제성이 있을 경우에만, 그 자료의 작성 내용에 대해 신뢰할 수 있는데, 이 경우는 해당되지 않잖아."

지훈: "그런 셈이지. 또 임신 여성의 흡연율의 경우는 사생활에 해당하는 것으로 국민의 병역, 납세 등의 의무와는 다른 것이어서 그렇게 조사할 수 없을 것 같아. 또 사안이 사안이니 만큼 조사 대상자들에게 흡연 문제는 매우 예민할 거야. 그래서 설문에 솔직하게 응하지 않을 확률이 높고 그러면 조사 결과가 신뢰성이 떨어질 가능성이 높지."

영희: "결국 임신 당시 흡연을 하였더라도 그렇지 않다고 답변을 하는 사람이 많아서 아마 조사 결과는 흡연율이 매우 낮은 수치로 나올 것 같아. 때문에 흡연에 대한 사후 확인이 가능하거나 거짓말을 못 하는 객관적인 방법이 필요하다고 생각해."

지훈: "다른 문제점 중의 하나는 간접흡연의 경우야. 가정에서 또는 직장에서도 옆에서 흡연하는 사람이 있다면 신생아에 나쁜 영향을 줄 수 있지. 임신 여성이 흡연을 안 하더라도 말이야."

철수: "그러면 설문조사 외에 다른 방법을 마련해야 하는데……. 흡연 여부를 알 수 있는 소변검사 같은 것은 어떨까?"

이런 논의 끝에 이 팀은 설문조사와 소변검사를 통해 임신 여성들의 흡연율을 조사하기로 결정하였다. 철수와 영희, 지훈은 건강증진기금의 연구비를 지원받아 한 병원의 산부인과 연구팀과 함께 전국 30개 산부인과 병원에서 임신 여성을 무작위 표본 추출해 조사하기로 했다. 이 연구팀은 설문조사와 소변검사를 실시하여 각각 1,090명과 1,057명에 대해 흡연율 조사 결과를 얻었다(2007년 4월 27일자 〈연합뉴스〉의 기사를 토대로 작성한 것이다). 소변검사는 담배를 피우면 발생하는 니코틴 대사 물질인 코티닌의 농도를 측정하는 방식으로, 설문조사는 임신 여성이 스스로 표기하도록 하는 자기 기입식으로 이뤄졌다. 소변검사에서 연구팀은 코티닌 농도가 100ng/ml(나노그램 퍼 밀리리터) 이상이면 현재 흡연자로, 40~100ng/ml이면 간접흡연에 노출, 40ng/ml 이하면 비흡연자로 판단했다.

그런데 설문조사에서는 약간의 혼란이 있었다. 어떤 기준으로 흡연여부를 판정하느냐의 문제였다. 고민 끝에 연구팀은 '현재 담배를 피우고 있는' 경우, '임신 기간 중에 조금이라도 흡연한 경우' 등으로 나누어서 상세하게 설문하기로 했다. 그리고 조사 결과는 다음과 같았다.

- 소변검사에서 흡연자로 분류할 수 있는 임신 여성은 3.03%(32명)
- 설문조사에서 현재 담배를 피우고 있다는 임신 여성은 0.55%(6명)
- 설문조사에서 임신 사실을 알고 난 뒤 담배를 끊었다고 대답한 경우는 7.16%(78명)
- 설문조사에서 전체 임신 기간 중에 조금이라도 흡연한 임신 여성은 7.71%(84명)

흡연하고 있다는 기준은?

위의 사례를 정리해 보면 임신 여성의 흡연율로 계산될 수 있는 종류의 값은 아래와 같이 3가지가 있다.

1. 설문조사 (대상 1천 90명)
   - 전체 임신 기간 중에 조금이라도 흡연한 임신 여성=7.71%(84명)

2. 소변검사 (대상 1천 57명)
- 발생하는 니코틴대사 물질인 코티닌의 농도를 측정, 40ng/㎖ 이상인 임신 여성=3.03%(32명)
3. 설문조사 (대상 1천 90명)
- 설문조사 결과 현재 담배를 피우고 있다고 대답한 임신 여성=0.55%(6명)

흡연율이라는 말은 쉽게 생각하면 전체 대상 중에 흡연을 하고 있는 사람의 비율이다. 흡연을 하고 있는 사람이란 정의는 간단한 듯 보이지만, 어느 기준이 타당한지 모호할 수 있다. 어떤 사람은 '현재 흡연하고 있다고 응답한 사람' 만으로, 다른 사람은 이에 '전체 임신 기간 중 한 번이라도 흡연한 사람' 도 흡연자로 정의할 수 있지만, 이보다 '흡연을 하지 않더라도 소변검사 결과가 흡연에 해당할 만큼의 니코틴 물질이 검출되어 나온 사람' 이 흡연자의 타당한 정의로 생각할 수 있다.

여기서 알 수 있는 것이지만 정의가 구체화됨에 따라 서로 다른 값을 가질 수 있고, 어떤 때는 매우 큰 값의 차이를 가질 수 있다. 하나의 관심 대상에 대해 어떤 방식으로 자료를 수집하고, 어떤 계산식에 따라 계산할 것이냐를 정의하는 것에 따라 결과 수치 값은 매우 달라진다. 그만

"나는 담배를 끊었어요" "남편이 담배를 많이 피워요"

노벨상 수상자인 P.W. 브리지먼이 『근대 물리학의 논리』라는 책에서 처음 사용한 것으로 "어떤 경우에 일정한 조작을 수행했을 때 일정한 결과가 나타난다면, 그리고 오직 그런 때에만, 그 개념은 그 경우에 타당하게 적용된다는 것을 진술하는 것"이다. 일부 사회과학자들은 어떤 중심 개념들에 대한 전통적 정의가 안고 있는 혼란과 불일치를 벗어나기 위해 이 개념을 사회과학에 도입하였다.

큼 수집 대상항목에 대한 정의를 어떻게 하느냐는 매우 중요한 문제이다. 이렇듯 수집 방식과 계산방식에 대해서 정의한 것을 운영 정의●Operational Definition라고 한다. 이 개념은 기술 분야 및 품질 분야 등에서는 "어떤 개념을 관찰이나 측정의 관점으로 변환하기 위해 정의된 약속으로, 같은 의미로 서로 간에 의사교류 가능하여야 한다"(에드워드 데밍, 1986, Out of Crisis, The MIT Press)고 정의되어 사용된다.

위에서 볼 수 있듯 '흡연율'이라는 단순한 정의에 대해서도 설문 문항의 답변을 어떻게 계산하느냐에 따라(현재 흡연 여부, 현재 흡연 + '임신 사실을 알고 난 뒤 담배를 끊었다' 포함 여부에 따라) 달라질 수 있고, 또 설문조사가 아닌 소변검사를 한 결과는 또 다른 결과를 나타낸다. 그 정의와 기준이 달라질 때마다 결과 값이 0.55%, 7.71%, 3.03%로 매우 다르다는 것을 눈여겨봐야 한다. 정의가 명확하게 설정되지 않은 대상은 편의에 따라 수시로 정의를 그때그때 다르게 하거나 또는 아주 나쁜 경우는 정치적인 이유로 자의적으로 설정할 수 있다. 먼저 대상에 대한 정의를 파악하고, 그 다음에 수치 자료의 의미를 검토해야만 오해를 피할 수 있다.

올바른 운영 정의에서
정확한 대책이 나온다

결과 수치에 따라서 세울 수 있는 향후 대책도 상당히 달라진다. 간단히 이 자료만을 기준으로 담당자의 입장에서 가상의 대책을 수립한다면, 다음 중의 하나가 선택될 것이다.

1. 설문조사(1천 90명)=7.71%(84명)
   - 가임 기간에 있는 여성이 임신을 알기 전에 또 그 후에도 흡연을 하는 경우가 현재 매우 높으므로(7.71%), 가임 가능 여성과 임산부에 대해 적극적인 금연 홍보를 하여 흡연의 위험성을 알리고 금연 캠페인을 해야 한다. 이 외에도 금연을 도울 수 있는 클리닉에 대한 지원을 늘려야 한다.

2. 소변검사(1천 57명)=3.03%(32명)
   - 현재 흡연을 하지 않고 있는 여성의 경우에 흡연자로 분류될 수 있는 경우는 과거에는 흡연자였으나 담배를 끊은 경우와 간접흡연의 경우이다. 설문에서 지금 흡연을 밝힌 6명과 이들 이외에 흡연에 해당하는 검사 결과를 나타낸 여성을 별도로 구분하여 사실을 확인하고, 이를 조사할 필요가 있다(설문과 소변검사를 동시에 실시한 사람이 있을 경우에만 가능하다). 만약 흡연 경험이 있고 금연 중임에도 검사 수치가 크게 나온 사람이 많다면, 흡연의 여파가 긴 것이므로 가임기간에 있는 여성에 대한 전체적인 금연 홍보가 필요할 것이다.
   - 이와 달리 흡연 경험이 없음에도 검사 수치가 나온 사람이 많다면, 사무실과 가정의 간접흡연 환경에 대해 조사할 필요가 있다. 이는 임신 여성이 있는 가정, 직장의 간접흡연의 위험성에 대한 홍보를 강화할 필요성으로 생각해야 한다.

3. 설문조사(1천90명)=0.55%(6명)
   - 임신 여성의 흡연은 매우 위험할 수 있으니, 흡연의 위험성을 많이 홍보하여 발생하지 않도록 해야 하지만, 현재 극히 드물게 발생하고 있으므로, 이와 관련한 과제를 수행할 필요성은 그리 크지 않다.

어느 대책을 필요로 하느냐에 따라 수치를 높일 필요가 당신에게 있다면, 수치와 관련된 정의를 바꾸면 된다. 이렇듯 운영 정의는 대책의 방향에 큰 영향을 주므로 정확한 정의가 필요하다.

후보 지표를 평가하자
—SMART

그렇다면 여러 대상 항목이 있을 때 적정의 대상항목을 선정하는 방법을 이야기해보자. 우리의 관심대상을 수치로 표현하는 항목을 선정하려면 우선 가능한 항목 후보들을 생각하고 조사한 후 이를 평가해야 한다. 여기서 여러 후보들이 있을 때, 어떤 방식으로 수집대상을 선정하는 것이 좋은지를 평가하는 기준에 대해서 이야기해보자.

6시그마 문제해결 과정 DMAIC$^{Define-Measure-Analyze-Improve-Control}$은 각 단계별로 주요 업무가 정해져 있다. 정의^{Define} 단계에서 과제의 목적을 설정하고, 측정^{Measure} 단계에서 과제 성과지표 항목$^{CTQ:\ Critical-to-quality}$을 선정하고 이를 조사한다. 또 정의 단계에서 고객의 의견을 듣기 위해 기존 자료를 수집하거나 기존 자료들을 사전 분석하는 과정에서도 어느 항목을 우선으로 생각하는가는 과제 성패를 가늠하는 매우 중요한 내용이다.

이때 과제의 성과를 대표할 수 있는 복수의 CTQ 후보들 중에서 적절한 항목을 선정하기 위해 후보들을 평가하는 데는 SMART 원칙이 적용된다. 즉 과제의 CTQ항목은 구체성^{Specific}–측정 가능성^{Measurable}–달성 가능성^{Attainable}–관련성^{Relevant}–적시성$^{Time-bounded}$의 5가지 지표에서 좋은 점수를 받아야 한다.

이 SMART 원칙은 초기에는 정치공약의 평가 목적에서 개발된 이후 일반 사회에도 확산되고 있고, 해당영역에 필요한 그 외의 다른 지표들을 추가하는 형태로 발전되고 있다.

이 중 개선 업무나 추진 목표, 정치 공약 등에 쓰이는 것이라면 기한과 달성 가능성을 통해 달성 가능성과 일정 시점 후의 달성 여부가 중요하다. 이와 달리 단지 현상 파악을 위한 자료 수집이라면 A 달성 가능성과 T 기한 명시의 항목은 중요성이 떨어진다. 그럼 이 SMART 기준 중 나머지 SMR 기준에 따라 흡연율 사례의 3개 측정항목을 평가해 보자.

	구체성	측정 가능성	타당성	종합 점수
설문조사 (현재 흡연 여부)	5	3	1	9
설문조사 (흡연경험 여부)	5	3	3	11
소변검사	5	5	5	15

위의 사항 중에 구체성 항목이 모두 점수가 좋은 것은 구체적이지 않은 항목을 연구팀이 이미 초기단계에서 제외하였기 때문이다. 실제로 사회나 일반 회사에서 이야기하는 항목들 중에는 그렇지 않은 항목들이 많다. 특히 선거공약에서는 구체성에서 좋지 않은 항목들이 많이 거론되어 SMART 기준이 처음 만들어졌다. 이 기준으로 공약을 평가하고, 관리하는 것이 매니페스토 운동이다.

측정 가능성에서 설문조사에 상대적으로 점수를 낮게 준 이유는 앞에서 밝혔듯이 설문 응답자의 응답 내용의 편향성 때문이다.

타당성에서는 '현재 흡연 여부' 보다 '흡연 경험 여부' 가 중요한데, 그 이유는 임신 초기의 흡연이 체내에 있는 아기에게 영향을 주었을 가능성이 있기 때문이다. 이보다 '소변검사' 가 좀 더 좋은 이유는 설문조사로 파악할 수 없는 간접흡연 등의 외적인 영향들도 반영할 수 있는 측정 항목이기 때문이다.

일반회사에서는 과제나 업무평가를 위해 주요 항목을 선정한 후, 운영 정의를 자세하게 구체화 하는 것을 원칙으로 한다. 필자의 경험으로 생각해보면 많은 과제의 수행 중에 이 단계에서 자주 시행착오를 겪었고 재수행을 필요로 했다. 운영 정의가 잘 정의되어 있지 않은 영역들이 회사 업무에도 많이 있고, 또 많은 부분에서 운영 정의를 잘 설정한다는 것이 쉽지 않은 것이라고 생각한다. 그럴 때 평가과정에서 많은 오해가 발생한다.

2. 운영 정의를 활용한 공방전

EBS수능교육은 얼마나 활용되고 있는가?

EBS 수능방송은 2004년 2월에 시작되었고, 이후 유사한 인터넷을 이용한 교육은 적극적으로 활용되고 있다. 무료 공영방송인 EBS 수능방송도 이후 다양한 내용으로 확대되었고, 이와 유사한 온라인 서비스를 하는 사교육 시장도 활성화되어, 유사한 사이트들이 많이 생기고 있다. 어느 유료 인터넷 사교육 회사의 경우는 주식시장에 상장되어 2007년 현재 시가총액이 1조 8천억에 이를 정도이다.

이 EBS 수능강의와 관련하여 교육부는 2007년 2월 EBS의 수능강의가 고교생들에게 많이 활용되고 있다고 발표하였다. 전체 고교생 중 약 68%의 학생들이 EBS의 수능방송을 활용하고 있고, 이를 통해 사교육의 경감 효과가 있다고 주장하였다.

이에 대해 민주노동당의 한 국회의원은 정부에 EBSi(EBS의 인터넷 서

	2004.11	2005.9	2006.9	평균
설문조사 결과	77.9%	64.7%	59.3%	68%

비스회사)의 접속자 현황 자료를 요청하여 분석한 결과 다음의 결과를 얻었다고 발표하였다.

	2004.04~2005.03	2005.04~2006.03	2006.04~2007.03	평균
자료 분석 결과	9.5%	11.8%	12.5%	11.3%

그 국회의원은 이 결과를 토대로 학생들이 인터넷 강의를 평균적으로는 11.3%만이 듣고 있다고 발표하였다. 이 결과는 교육부가 발표한 결과와 퍼센트 차이로 보면 56.7%로 약 6배가량의 차이가 난다. 여기에 더해 KBS의 〈추적 60분〉은 수능방송의 효과에 대해 요망 사항을 방송하였고, 이에 EBS는 특별 방송을 통해 대응하였다. 여기서는 이 이슈와 관련하여 교육인적자원부, 민주노동당 최순영 의원, KBS 〈추적60분〉, EBS 측의 공방 중에 수치와 관련된 부분을 살펴보고자 한다. 이를 통해 풍부한 통계자료를 자신에게 유리하게, 때로는 교묘하게 어떻게 활용하는지를 알 수 있다.

68%. vs. 11.3%,
수치의 비밀

먼저 국회의원의 보도자료를 보면, "2004년 4월 이후 2007년 3월까지 주당 한 번 이상 EBSi에 접속해 인터넷강의를 시청한 회원은 평균 14만 명 정도로 전체 고교생의 10분의 1수준"이며 "EBS 수능강의를 활용하는 학생 비율은 평균 68%'라는 교육부의 통계는 부풀려진 것"이라고 주장했다.

이에 대해 교육인적자원부는 자신들이 발표한 자료는 "연간 3회에 걸쳐 전문 조사 기관에 의뢰, 전국 인문계 고교생 약 1,000명을 표집하여" 조사했으며 "조사 시점 당시에 사용빈도에 관계없이 응답자가 EBS를 활용하고 있는가에 대한 응답(사용하고 있음: 사용하고 있음에 대한 답변에는 ① 개인별 vod(인터넷동영상) 시청, ② TV 시청, ③ 학교에서 단체 시청, ④ 비디오테이프 개별시청 등을 모두 포함된 것임)의 평균치"(민주노동당 최순영 의원 홈페이지 참조)라고 발표했다.

먼저 이와 관련된 논점을 살펴보기 전에 이런 수치를 볼 때 눈여겨봐야 하는 점 중의 하나가 몇 년간의 누계를 통해 평균을 사용할 때는 최근의 수치에 대한 추이도 봐야 한다는 점이다. 교육부의 발표내용은 계속 줄어들고 있는 추세이고, 그런 반면 국회의원이 발표한 수치는 계속 증가하고 있는 추세이다. 3년간의 평균을 발표할 것인가 아니면 지난해의 수치만을 발표할 것인가를 결정하는 것은 어느 수치가 발표자에게 유리한 것인가에 따라 보통 결정된다. 교육부 입장에서는 59.3%보다는 평균인 68.0%가 유리할 것이고, 국회의원 입장에서는 보조를 맞출 필요성도 있고 또 주장에 유리한 11.3%를 활용하였다. 거꾸로였다면 보통의 경우는 최근 수치 위주로 발표하였을 것이다.

그럼, 여기서 양측의 수치 차이가 발생하게 되는 중요점들을 정리해 보자. 이 여섯 배 차이의 의미를 알기 위해서 이 정부 브리핑 자료의 내용 중에 중요한 포인트를 2가지 발견할 수 있다. 모두 대상인 '수능 이용자'를 어떻게 정의할 것인가에 대한 부분이다. 이를 통해 우리는 여섯 배의 차이를 만들어 내게 되는 통계의 거짓말 또는 오해의 소지를 확인할 수 있다. 첫 번째는 응답(사용하고 있음)의 포함 범주이고, 두 번째는 사용빈도이다. 하나하나 살펴보자.

누가 EBS 수능 강의를 듣는가?

국회의원의 분석 자료의 '운영 정의'를 살펴보면, 우리에게 익숙하지 않은 '진성회원'이라는 용어가 등장한다. 국회의원이 정의한 '진성회원'은 '수능 사이트가 시작된 2004년 4월 이후 2007년 3월까지 주당 한 번 이상 EBSi에 접속해 인터넷 강의를 시청한 회원'이다. 이에 따르면 '주당 1회 이상 EBSi에 접속해서 인터넷강의를 시청한 회원'들만이 진성회원으로 EBS강의를 실제로 활용하고 있는 학생이 된다. 이때 EBSi의 접속 방식 외의 다른 방식으로 활용하고 있는 학생들은 대상에서 제외된다.

다른 방식으로 활용하고 있는 학생들을 확인하기 위해 교육개발원의 측정 항목을 보자.

① 개인별 vod(인터넷동영상) 시청   ② TV 시청
③ 학교에서 단체 시청   ④ 비디오테이프 개별 시청

구분 \ 활용방법	①	① & 기타	②또는③또는④	이용 안 하는 학생
교육부 구분	사용하고 있음			X
국회의원 구분	진성회원			X

위 표를 보면 '사용하고 있음'이라는 답변에 해당하는 학생 ①~④ 중에서 ①번을 활용하지 않고 ②③④를 위주로 활용하는 학생들은 국회의원의 진성회원 기준으로는 제외된다. '범주'에 대한 운영 정의의 차이는 서로 다른 숫자들을 만들 수밖에 없고, 이 과정에 오해를 낳게 된다.

또, 이외에 교재를 구입한 후 시청 없이 개별적으로 또는 과외/학교 수업/학원 강의를 위주로 활용하는 학생들도 국회의원의 판정 기준에서는 제외된다(사실 이런 학생들은 사교육비 절감이라는 EBS 수능방송의 효

과에 포함될 수 있는지는 논란의 대상이 될 수 있다).

진성회원?

또 우리에게 익숙하지 않은 '진성회원'이라는 용어가 적합한지에 대해서는 많은 논란이 있을 수 있다. 앞에서 국회의원이 정의한 진성회원이라는 용어에 대해 좀 더 논의를 진전시켜보자.

진성회원이라는 용어의 적정성을 살펴보기 위해 먼저 이에 해당되지 않는 학생이 어떤 경우가 있는가를 생각해 보자. 예를 들어 수학 1과목만을 EBSi를 활용하는 학생을 생각해 보자. 이 학생이 중간고사 등의 시험기간에 다른 참고서를 활용하여 수학과목을 공부하든가 또는 그 기간에는 수학과목을 EBSi를 통해 공부하지 않을 수 있다. 이럴 경우 이런 학생은 위의 집계 방식에 따르면 해당 주에는 진성회원이 아니게 된다. 이를 좀 더 구체적으로 보기 위해 다음과 같은 학생들을 생각해 보자.

	1주차	2주차	3주차	4주차	진성 회원 주-평균	EBS 설문결과
A	-	-	-	-	0	비활용
B	접속	접속	-	-	0.5	활용
C	접속(매일)	접속	접속	접속	1	활용
D	접속, 다운로드	-	-	-	0.25	활용
E	미접속 복사	-	-	-	0	활용

위의 표의 A학생은 전혀 EBSi의 수능방송을 활용하지 않는 학생이다. 이 학생이 다른 방식으로 EBSi를 활용하지 않고 있다면 이 학생은 2가지 방식 모두에서 비활용 학생으로 간주될 것이다. B학생은 필요한 강의가 있을 경우에 집중적으로 듣는 학생이다. 1,2 주차에는 수능에

접속하여 특정 과목들을 공부하는 데 EBSi를 활용하였고, 3,4주차에는 활용하지 않았다. 이런 학생의 경우 설문에는 EBSi를 활용한다고 응답하였을 것이나 진성회원 기준으로는 반밖에 이용하지 않는 반-진성회원이 된다.

C학생의 경우는 꼬박꼬박 이용하는 학생이다. 그러나 이 학생도 시험 기간 등의 특별한 사연이 있는 주차에 EBSi에 접속하지 않았다면 그 주수만큼 진성회원에서 제외될 것이다. D학생의 경우는 좀 더 고민이 필요하다. EBSi의 방송내용은 VOD를 통해 직접 연결해서 볼 수도 있지만, 다운로드를 통해서 개인의 PC 또는 PMP에 저장한 후 공부할 수도 있다. 이 학생의 경우, 만일 개인 PMP에 저장하고, 자주 활용하여 공부하였더라도 진성회원의 4분의 1에만 해당이 된다. E학생의 경우는 좀 더 극명하다. 이 학생은 D학생이 다운로드받은 것을 복사하여 공부하였지만, 전혀 접속을 하지 않았기 때문에 진성회원 기준으로는 '0'인 '비활용'에 해당한다.

이와 관련하여 다음의 표를 보자. 개인 다운로드란 위에서 예를 든 것처럼, 온라인 상태에서 VOD를 시청하는 것이 아니라 강의내용을 다운

시험 때만 EBS 강의를 보면 학생은 진성회원이 아니다?

VOD	hit	개인 다운로드
2004	2400	1000만
2005	4100	1200만
2006	4600	1600만

로드받아서 이를 개인의 PMP 등에서 활용하는 경우이다. 이 다운로드 수가 연도별로 매우 증가하여 2006년에는 1600만 회에 이르렀다. 이 개인 다운로드의 수와 이를 통한 반복적인 학습은 국회의원이 정의한 '진성회원'의 계산에는 일부만 반영된다(〈긴급 진단, EBS 수능 강의 왜 흔드나〉 2007년 4월 23일 EBS 방송).

    EBS 측의 설문조사 내용을 보자. 중요 포인트는 '사용빈도에 관계없이'라는 설문조사의 문항이다. 즉, 1학기에 어쩌다 한 번 교재를 보았거나, EBS 교육방송을 학교에서 틀어주었거나 어느 경우든지 활용하고 있으면 설문조사에서는 활용하고 있음의 범주에 포함된다. 즉, 위의 표의 사례 기준으로는 A학생을 제외한 B, C, D, E학생이 모두 사용하고 있음에 해당되어 80%의 이용 비율이 된다. 그런 반면, 국회의원이 발표한 진성회원의 계산방식으로 이용 비율을 조사하면 35%라는 이용 비율이 계산된다.

    국회의원이 분석한 자료는 다른 방식으로 진성회원을 구별한 것도 있다. 즉, 주 1회 이상 접속한 사람이 아니라, 월 1회 이상 접속한 사람으로 계산하는 방식이다. 주 1회보다 월 1회 기준이 좀 더 넓게 진성회원을 보는 기준이고, 그래서 숫자상으로도 크게 나타난다. 주당 기준으로는 12.5% 정도이고, 월당 기준으로는 17.7%로 계산되었다. 이 중 신문에 주로 보도되고 이후 주로 인용된 것은 좀 더 강렬한 '주당 접속' 기준이다.

三人三色
— 또 다른 조사 결과를 제시한 KBS

이에 반해 KBS의 〈추적 60분〉에서는 교육부와 비슷한 범위로 광범위하게 설문조사를 실시하였다. 이 방송은 전국적으로 인구 비례로 추출하여 고3학생 2037명에 대해 '최근 3개월간의 사교육 이용'을 조사했다.

이에 따르면 사교육 이용자 중 온라인 이용자는 42.7%이고 이 중 EBS를 활용하는 사람은 54.4%이다. 결과적으로 23.2%(=42.7%×54.4%)만이 최근 3개월 사이에 EBS를 활용하였다는 내용이다. 이는 국회의원이 발표한 숫자 중에 월간 기준으로 고3학생에 해당하는 12.0%에 비해서는 2배가량 높은 수치이고, 교육부가 발표한 최근의 59.3%의 2/5 정도에 해당하는 수치이다(교육부 자료에서는 학년별로 구분한 내용이 없다). '항목 정의'에 따라 숫자가 어떻게 달라지는가를 보기 위해 이 3개의 수치 차이를 자세히 보자.

12% (민주노동당: EBSi 실적 기준) 〈 23% (KBS 설문 기준) 〈 59% (교육부 설문 기준)

23% vs. 12%

이 두 수치의 차이는 PMP 등으로 EBSi에 접속하지 않고 수능 방송을 활용하는 학생들, 그리고 일반계가 아닌 학생들에 해당하거나 또는 가끔 활용하여 진성회원의 기

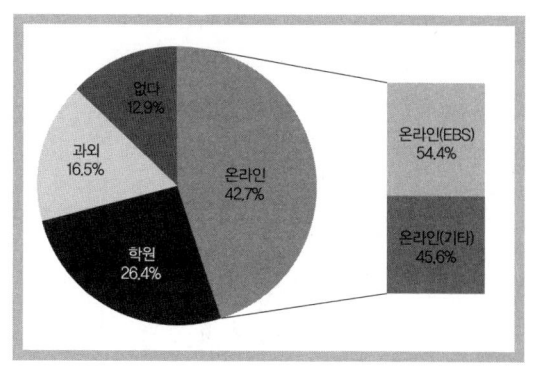

준에 못 미치는 학생에 해당하는 것으로 생각할 수 있다.

59% vs. 23%

어쩌다 한 번 들은 학생, 교재만 보는 학생 등에 해당하는 학생, 고3이 아닌 학생들이 많이 활용하는 데서 오는 차이로 추측할 수 있다.

어느 기준이 적정한 것인가? 국회의원의 계산 방식에 따르면 EBS 수능방송의 효과는 많은 수의 학생들이 "적어도 1주에 한 번은 직접 EBSi에 접속해서 VOD를 통해 수업을 보아야" EBS의 수능방송이 활용되고 있다고 보는 것이다. 그런 반면, 교육부의 집계방식은 어쩌다 한 번이라도, 즉 한 달에 한 번 한 과목이라도 수능교재를 보거나 학교에서 단체 방송을 시청하면 되는 것이다. 국회의원의 기준은 매우 각박한 기준인 반면 상대적으로 교육부의 집계방식은 매우 폭이 넓은 기준이다. 특히 '사용빈도와 관계없이'와 같이 매우 폭이 넓은 사용범주는 높은 이용수치가 나오도록 유도하는 설문 문항이다.

상황에 맞는 지표와 목표 설정

이제까지 EBS의 활용도에 대해 교육부와 국회의원의 주장을 살펴보았다. 대부분의 집단은 자신의 성과를 작게 말하지는 않는다. 성과가 구체화되어 성과를 수치로 표현할 때 되도록이면 어떻게 하면 좀 더 큰 수치로 만들 수 없나를 고민한다. 어느 성과를 수치로 표현했다면, 이 수치가 나오게 된 과정, 즉 수치의 운영정의가 합리적인가에 대해서 눈여겨보아야 한다. 특히 설문조사로 조사된 경우라면, 좀 더 눈여겨보아야 한다. 이때 설문의 문항에 대해서 구체적으로 공개하지 않았다면 위와 같이 작성자의 이해관계에 따른 매우 유연한 기준일 수 있다.

때로는 좀 더 세분화된 지표 개발이 필요하다. 고등학생들이 왜 EBS 수능강의를 들어야 하는가? 고교의 정규수업만으로는 안 되는가? 그리고, 비용에 대한 부담보다는 교육의 효율성만을 우선적으로 생각하는 부유층 집안의 학생의 경우 개인과외 또는 학원 등을 활용할 수 있을 텐데, 그 학생들도 EBS수능강의를 듣도록 정책을 수립하는 것이 바람직한 것일까? 그보다는 경제적으로 중산층 이하의 사교육비 부담을 줄이는 것에 집중하는 것이 바람직하지 않을까? 등등의 여러 고민에 대한 논의가 필요하고, 이런 논의를 바탕으로 적절한 항목이 개발되는 것이 바람직하다.

또 바람직한 수치가 어느 정도인가에 대해서 논의가 필요하다. 우리가 흡연율의 대소를 판단할 때도 그러하다. 물론 임신 여성의 흡연율에서는 신생아를 생각한다면 절대치인 0%가 가장 바람직한 것이겠지만 현실적으로 그렇게 될 수는 없다. 그렇다면 어느 정도의 흡연율까지가 과제로 설정하고 대책을 세우는 등의 노력을 해야 하는 수준인가에 대해서 많은 논의가 필요하다. 앞에서 0.55%, 3.03%, 7.71%일 경우 대책이 다를 것이라는 설명을 하였다. 현재 수준이 조사되었을 때, 목표 또는 당위 그리고 외국과의 비교를 통해 조치 필요 여부를 결정하게 되는 것이 합리적이다.

EBS방송의 이용률은 어느 정도가 적당할까? 모든 고등학생, 또는 인문계 고등학생은 EBS방송을 이용해야 할까? 만약 그렇다면, 100%가 목표일 것이다. 그러나 이는 일반계의 고등학생 모두가 대학교 입시에 집중해야 한다는 합의가 있을 때에만 성립한다. 위에서 이야기된 두개의 지표는 (EBS, 국회의원) 모든 일반계 고등학생들이 대학교 진학을 목표로 하고, 학교의 정규 수업 외에 EBS의 수능방송을 가끔 (사용빈도에 상관없이) 또는 일주일에 한번은 접속하여 이용하는 것이 바람직하다는 가정 하에 이야기되는 지표들이다. 20여 년 전에 필자가 고등학교를 다니고 대학을 진학할 때는 대학교 진학률이 40% 미만이었던 것으로 기억한다. 그럼에도 일부 학교에서는 모든 학생들이 아침 7시부터 밤 10시까지 학교에 있어야 했다(필자는 그런 학교를 다니지 않은 것을 매우 다행으로 생각한다). 대학교를 안 가거나 못 가는 학생들에게 필요한 교육과 훈련은 학교 내에서도 이루어지지 않았지만, 문제는 이를 학교 밖에서라도 습득할 수 있는 기회가 차단되어 있었다. 현재의 학생들에게도 대학 진학만이 아닌 교육 내용이 설정되고, 이에 따라 EBS의 수능방송 이용률의 목표도 달라져야 한다. 그리고 대학교를 가려고 하는 학생들만을 대상으로 평가하는 지표를 개발해야 한다.

이명박과 박근혜, 왜
설문 문항을 놓고 대립했나?—측정

> 기업의 측정기술 수준이 바로 그 기술 수준이다. – 다구치 겐이치(Taguchi Genichi)

1. 측정 표준을 지켜라

자료Data를 얻는 방법은 크게 관측observation, 조사survey 그리고 실험experiment 으로 나눌 수 있다. 관측은 진행되고 있는 상황에 대한 정보를 얻기 위해 관찰을 통해 자료를 얻는데 반해, 조사와 실험은 의도적으로 현황과 관계를 파악하기 위해 자료의 수집 대상, 조건 등을 계획하고 수행한다는 차이점을 가지고 있다.

어느 경우이든지 현상은 측정measurement이라는 과정을 거친 후에 자료의 형태로 우리에게 주어진다. 같은 대상을 관찰하는 데도 다른 측정 방식을 사용한다면 다른 값을 가지는 수치가 나온다. 같은 방식이어도 측정할때마다 다른 값이 측정된다면 신뢰성이 떨어진다. 측정의 신뢰성에 대해 알아보자.

**괄약근을
조이면…**

먼저 '측정'을 이해하는 흥미로운 사례를 하나 들어보자. 2007년 8월 초에 언론에 신종 병역기피 방법이 보도되어 세간의 화제가 되었다. 경찰의 발표에 따르면 신체 특정 부분에 힘을 주게 되면 순간적으로 혈압이 올라가게 되고, 이런 수법을 이용해서 신체검사에서 '비정상' 판정을 받아 현역 입영 대상자에서 빠진 사람들이 적발되었다고 한다. 경찰이 4급 판정을 받고 공익근무요원 대상인 김 모씨의 혈압을 재보았더니, 138에 85로 정상이었다. 하지만, 괄약근과 이두박근에 힘을 주고 다시 측정했더니 164에 113, 최고 혈압이 30가량 높게 측정되었다. 경찰 조사 결과 12명이 이런 수법으로 원인을 알 수 없는 이른바 '본태성 고혈압' 판정을 받고 현역 입영을 피한 것으로 밝혀졌고, 이런 병역기피를 막기 위해 병무청은 신체검사에서 본태성 고혈압 환자에 해당하는 대상자들에게는 추가로 '근전도 검사'를 실시하겠다고 밝혔다고 한다(SBS 뉴스, 2007년 8월 2일).

같은 사람에 대해서 '혈압 측정'을 하였는데 어떤 조건하에서는 138에 85, 다른 조건에서는 164에 113라는 다른 측정값이 나온 것이다. 조건에 따라 다른 측정값이 가능할 때, 측정값에 영향을 주는 조건에 대해

알지 못하거나 알아도 관리를 하지 않는다면, 그 측정값의 신뢰도는 매우 작아지고, 이 값에 따라서 내려지는 결정 또한 권위가 없어진다.

병무청에서 검사를 통해 판정하는 일을 천천히 살펴보자. 우선 입영 대상자를 대상으로 여러 검사를 하여 그 검사 값이 특정 기준에 걸릴 경우, 즉 위의 경우라면 혈압을 측정하여 일정 값 이상으로 측정이 되었을 경우, 병무청은 대상자를 '이상'으로 판정하여 현역 입영이 아닌 공익근무 또는 면제 판정을 내리게 된다.

여기에는 통계적 방법이 숨어 있는데, 첫째는 기준을 설정하는 부분이다. 사람들의 혈압은 개인별로 다 다르다. 이 중에서 어느 정도의 혈압 값이 현역 복무를 감당할 수 있는 기준선이 될까를 결정해야 하는데, 많은 사람들에 대한 혈압 측정을 통해 얻어진 통계수치를 활용하여 기준을 설정한다. 해당 나이의 사람들의 혈압에 대한 수치 측정 자료를 많이 모아서 표준에 해당하는 혈압의 범위를 정하고, 현역 복무에 적합하지 않은 사람들의 혈압이 정상인 사람들의 혈압에 비해 어느 정도로 차이가 나는지를 보고, 판정의 기준선을 정하게 된다.

둘째는 검사를 통해 대상자 개인별로 혈압 값을 구하는 과정인데, 여기에 '측정 표준'의 개념이 필요하다. 기준을 설정하는 과정에서 수치가 신뢰성이 있기 위해서는 측정 조건에 대한 기준을 정해야 한다. 예를 들어 100m 달리기를 전력질주한 후의 사람의 혈압을 측정해서는 안된다. 100m 달리기를 전력 질주한 후 혈압을 잰 것과 그렇지 않은 다른 사람의 혈압측정값과 비교를 하는 것은 적절하지 않다.

예전에는 신장에 관련한 수치나 또는 체중을 이용하는 사람들이 있었다. 갑자기 체중이 많이 불어난 사람으로 의심되는 경우에는 즉시 판정을 하지 않고 시간을 둔 후에 불시에 다시 검사를 하는 방식으로 요령꾼들을 잡아내는 것이다. 특정 약품을 복용하여 신장의 수치를 비정상으로 만들었던 경우도 있었는데, 많은 운동선수들이 무더기로 재조사를 받고 일부는 재판까지 받아 다시 복무를 했다.

여기서 문제가 된 편법 혈압 측정의 경우는 자신의 몸을 비정상적으로, 즉 100m를 뛴 것처럼 만드는 방법을 사용한 것이다. 그런데 위의 방법처럼 신체의 일부 부위에 힘을 주는 것은 검사하는 의사들이 알아차리기 힘든 방법이다. 그래서 새로운 측정 방법이 모색되기도 한다. 혈압 수치가 비정상적으로 나올 경우 비정상적인 방법이 활용된 것이 아닌가를 확인하기 위해서 추가 '근전도' 검사를 받도록 '측정 표준'을 병무청이 강화한 것이다.

측정은 표준에 따라
객관적으로 한다

측정을 하여 자료 수집을 할 때는 측정 표준이 정해져 있어야 한다. 학교 다닐 때 과학 시간에 비커의 물의 눈금을 읽는 방법을 배우는 이유는, 동일한 방법으로 눈금을 읽지 않는다면 사람들이 측정한 수치를 믿을 수 없게 되기 때문이다.

측정 표준을 정하는 이유는 측정하는 대상들에 대해서 동일한 조건을 만들어 주기 위함이다. 육상 경기를 생각하면 쉽다. 공식 육상 대회를 할 때는 당일의 기상 조건을 측정한다. 그래서 풍속이 과도할 경우에는 (현재의 공식 기준으로는 선수의 등 뒤에서 달리는 방향으로 측정된 평균 풍속이 초속 2m를 초과할 경우에는) 대회를 정상적으로 진행하고 시상도 하지만, 기록만은 공식기록으로 인정하지 않는다. 왜냐하면, 다른 대회의 기록과의 형평성 차원에서 문제가 생기기 때문이다. 만약 이런 규칙이 적용되지 않으면 어떻게 될까? 아마 공기의 저항이 작은 고원지대에서 치러진 경기의 기록만이 세계 기록의 1등에서 10등을 모두 차지할 것이다. 그러면 세계기록을 관리하는 의미가 없어진다. 이와 같이 동일한 대상에 대해 동일한 내용을 측정할 때 같은 수치가 나오도록 하려면, 측정의 조건을 같이 해주어야 된다. 이 조건을 같이 하는 방법을 정리한 것이 측정 표준이다. 즉 표준이 지켜지지 않은 상태에서 얻은 수치는 의미가 없어 이에 근거한 의사결정 또한 가치가 떨어진다.

음주운전 예를 들어보자. 운전자가 보기에는 측정기를 마구잡이로 들이대는 것 같지만 음주운전을 단속하는 경찰에게는 지켜야 할 단속 지침이라는 것이 있다. 이른바 '주취酒醉 운전 단속지침 및 음주측정기 사용관리지침' 이 그것이다. 이 지침에는 측정 경찰관이 반드시 지켜야 할 18가지 사항이 있다. 이 점을 노린 한 음주운전자가 음주운전으로 면허가 취소되자 법원에 소송을 낸 사건이 있었다(《동아일보》 2000년 7월 7일자). 운전자는 '경찰이 입안을 헹구게 하는 등의 조치를 취하지 않았다' 며 소송을 냈다. 음주운전과 관련해 '음주 후 20분도 안 돼 측정하는 것' 이나 '위드마크 공식(음주시점 기준 음주측정 공식)은 음주 후 혈중알코올 농도가 상승기일 경우에는 허용될 수 없다' 는 허점을 파고든 것이다. 재판부는 운전자의 주장에 손을 들어줬다.

'주취 운전 단속지침 및 음주측정기 사용관리지침' 을 준수하라는 이런 판결이 나오는 이유는 무엇일까? 지침을 지키지 않는다는 말은 때에 따라 조건이 다르게 측정한다는 말이 된다. 측정할 때의 조건에 따라 음주 판정의 기준이 되는 음주측정 수치가 많이 달라지기 때문이다. 이에 대한 것을 모아보면, 음주측정기 수치는 '음주 후 시간에 따라서', '입안을 헹구느냐 않느냐에 따라서', '혈중 알코올 농도가 상승기일 때, 하강기 일 때에 따라서' 달라진다. 이 지침이 지켜지지 않으면 어떻게 될까? 똑같은 음주운전을 해도 어떤 사람은 나쁜 조건에서 측정되어 면허 취소가 되고, 다른 사람은 정지 또는 그보다 낮은 처분을 받을 수 있다.

음주운전은 마땅히 지양되어야 하지만, 음주운전자는 각자의 혈중알코올 농도에 따라서 공평하고 적절하게 처벌받아야 한다. 만약 당신이 음주운전을 하다가(하면 절대로 안 되는 것이지만) 단속에 걸리게 되더라도, 당신에게는 당신이 만들어 내는 음주운전 수치에 대해서만은 객관성을 보장 받을 권리가 있다. 객관성을 위해서는 지침, 즉 측정 표준은 지켜져야 한다.

유리한 조사 결과를
만드는 방법

관찰뿐만 아니라 조사, 이를 테면 설문조사 방식에서도 조사 결과의 신뢰도와 자료의 가치를 높이기 위해서는 일정한 조사 '표준'을 지켜야 한다. 앞 장의 후보 여론조사 사례에서 보았듯이 조사 결과에 따라 중요한 의사결정이 내려지는 상황이라면, 설문을 명확하고 공정하게 진행하는 것이 필요하다. 그중에서도 특히 설문 문항 작성에는 주의해야 할 사항이 많다. 문항에 따라 결과가 많이 달라지기 때문이다. 예를 들어 다음의 비슷한 내용에 대한 설문 결과를 보자.

- 불가피한 경우 합법적 낙태에 찬성하십니까?
- 불가피한 경우라도 합법적 낙태에 반대하십니까?

이런 질문을 하였을 경우 미국 사람들의 합법적 낙태에 대한 찬성 비율은 어땠을까? 위의 추상적인 '불가피한 경우라는' 표현에 대해서 각각 다른 표현을 써서 조사하였을 때, 설문결과가 얼마나 달라지는가를 보자(조엘 베스트 지음, 2003, 『통계라는 이름의 거짓말』, 무우수).

건강이 임신에 의해 심각하게 위협을 받을 경우	92
강간을 당하고 임신을 한 경우	83
아기에게 심각한 장애의 가능성이 큰 경우	82
결혼한 여성으로 더 이상 자녀를 원하지 않는 경우	47
가족의 수입이 매우 적어서 더 이상 자녀를 부양할 수 없는 경우	47
미혼 여성으로 상대 남자와 결혼을 원하지 않는 경우	45
어떤 이유에서든 여성이 원하는 경우	45

(1996, 일반사회조사 자료, '미국 여론조사-1997년 발표')

결과를 보면 낙태에 대한 찬성 비율이 45%에서 92%로 매우 편차가 크다. 이 '불가피한 경우'에 해당하는 말을 조정함으로써 이만큼의 차이를 설문조사자는 만들어낼 수 있다. 이 내용을 좀 더 살펴보자. "건강이 임신에 의해 심각하게 위협을 받을 경우"라는 극단적인 경우에도 낙태를 반대하는 사람들이 있다. 그런 사람들은 8% 정도의 사람들이다. 그런 반면 45%의 사람은 어떤 이유에서라도 여성이 원할 경우에는 낙태가 가능하다고 생각한다. 이 8%와 45%에 해당하는 사람들은 설문의 표현이 어떻더라도 합법적 낙태 허용에 대해 각각 확실한 '반대'와 '찬성'의 소신을 가지고 있는 사람들이어서 설문의 어구에 영향을 받지 않는다.

여성이 원한다면 (45%)	상황에 따라 (47%)	절대 반대(8%)

그런 반면, 이들을 제외한 나머지 47%의 사람들은 상황에 따라서 찬성하기도 하고, 반대하기도 한다. 이런 사람들은 설문의 어구에 따라 찬성과 반대를 선택한다. 이 47%에 속하는 사람들을 적당히 자기의 주장

에 해당하는 쪽으로 끌어 들일 수 있는 어구를 만든다면, 유리한 조사 결과를 얻을 수 있다. 많은 경우에 극단의 사람들보다는 중간에 있는 사람들의 움직임에 따라서 결정이 된다.

이는 특히 사람들의 관심이 많은 후보 지지율 조사에서도 활용될 수 있을 것이다. 2007년 한나라당의 대선후보 여론조사에서 이명박 후보의 지지율이 4월 4일에는 47.8%에서, 4월 18일에는 34.1%로 무려 13.7%p가 하락하여 양측의 신경전이 벌어졌다. 이 하락의 원인 중의 하나가 설문 문항의 변경이다. 조사를 실시한 리서치사의 관계자는 "이전 시장 지지율에 일부 거품이 있다는 사실을 확인해보고자 하는 의도가 작용했고, 그 거품을 걷어낸 좀 더 정확한 지지율을 찾고자 함이었다"고 밝히며 각 날짜별 설문문항을 소개하였다(연합뉴스. 2007년 4월 19일자).

다음 대통령 후보로 누가 됐으면 좋은가"(4월 4일)
"만일 오늘이 대통령 선거일이라면 누구에게 투표하겠는가"(4월 18일)

예상과 다른 설문조사 결과가 나왔다면, 또는 첨예한 사안에 대한 설문조사 결과를 볼 때는 그 설문의 문구에 대해 점검하는 것이 필요하다.
위의 경우를 좀 더 알아보자.

이명박과 박근혜의
설문 문항을 둘러싼 신경전   위에서 보았듯 어구 차이가 결과 값의 차이를 크게 만드는 것이 바로 설문조사의 문항이다. 이런 이유로 인해 설문조사 문항의 문구는 때로 중요한 정치적 사안, 이를 테면 대통령 후보자 선출 등에서는 첨예한 줄다리기의 대상이 되기도 한다. 2007년

설문 문항의 문구 하나 차이가 조사 결과를 좌지우지한다

중반 한나라당의 대통령 후보 경선이 좋은 사례가 될 수 있다. 한나라당에서는 후보 선출 방식으로 여론조사를 포함하기로 결정하였다. 이명박—박근혜 후보는 박빙의 승부여서 여러 경선 규칙 결정에 매우 예민하였는데, 그 중에 하나가 설문 문항이었다. 이 후보 측은 "차기 대통령 후보로 누구를 더 선호하느냐"는 선호도 방식을, 박 후보 측은 "내일(혹은 오늘) 투표를 한다면 누구를 지지하겠느냐"는 지지도 방식을 주장하였다. 이 둘의 차이는 뭘까? 언뜻 대수롭지 않아 보이지만 양측은 이를 두고 매우 치열하게 경합하였다.

예를 들어, 어떤 후보의 적극적 지지자라면, 두 후보 중에 선호자와 지지자에 대한 물음에 같은 반응을 보인다. 그러나 어느 후보에 대해 적극적 지지자가 아닌 경우라면 이 문항 차이에 따라 응답이 달라진다. 이런 사람들은 이들 후보자 중에 누가 낫다고 생각하기는 하지만, 그렇다고 그 사람을 지지하지는 않는 사람들이기 때문이다. 이 사람들은 선호도를 질문할 경우에는 A후보를 선호한다고 대답하지만, 지지 여부를 질문할 경우에는 지지하는 후보가 없다는 '무응답'을 선택한다. 이런 사람들에 의한 차이가 3%p~5%p 정도라고 당시의 신문들은 보도했다.

설문내용 \ 설문 대상자	A후보 적극적 지지	A후보 소극적 지지
선호도 문항	A후보	A후보
지지도 문항	A후보	무응답

두 후보에 대한 지지도의 정도에 따라 사람들을 다음과 같이 구분해 보자.

	① 이 후보 적극 지지	② 이 후보 소극 지지	③ 기타	④ 박 후보 소극 지지	⑤ 박 후보 적극 지지
이후보안 (선호도)					
박후보안 (지지도)					

이 후보의 안은 ①과 ②에 해당하는 사람을 이 후보의 지지자로, ④와 ⑤에 해당하는 사람을 박 후보의 지지자로 계산하자는 것이다. 그런 반면, 박 후보의 안은 ①과 ⑤에 해당하는 사람들만 각각의 지지자로 계산하고, ②와 ④에 해당하는 사람은 ③기타와 같이 분류하자는 의견이다.

각각 다른 방식을 주장한 이유는 지지자의 성향 차이 때문이다. 박 후보 측의 지지자들은 적극적인 지지자가 많은, 즉 ①에 비해 ⑤가 많다고 알려져 있는 반면, 이 후보 측의 지지자들은 ②의 지지자가 ④에 비해 많다고 알려져 있다(앞의 4월의 지지율 하락 사례에서도 확인할 수 있다). 그래서 박 후보 측은 '적극 지지'만으로 계산하면 더 유리한 상황이었고, 그래서 '지지도'를 기준으로 여론조사를 하도록 설문문항을 만들려 한 것이다. '설문문항'에 따라서 상대방의 표를 줄이고 자신의 표를 늘리는 것이 가능하기 때문에, 설문문항의 결정 과정에서 자신이 유리하도록 양측은 노력한 것이다.

2. 측정의 일관성―측정 능력이 있는가?

앞에서 살펴본 부분은 측정 방식이 바뀜에 따라서 수치가 달라지므로 관찰 또는 측정을 할 때 정해진 표준에 따라야 된다는 것이었다. 여기서부터는 이 측정 표준의 준수 이전에 먼저 검토해야 할 측정 능력에 관한 부분이다. 표준을 준수하여도, 측정시스템의 능력이 안 될 경우는 측정수치의 신뢰성이 떨어지게 된다. 수능 논술 시험의 예를 들어 설명해 보자.

수능 논술 시험을 본 철수와 영희, 규리. 열심히 준비한 만큼 좋은 결과가 있기를 기대하고 있다. 하지만 문제의 난이도를 떠나서 자신들이 쓴 답안이 어떻게 평가받을지는 이 셋 모두 미심쩍은 마음을 가지고 있었다. 정답이 뚜렷한 객관식이야 걱정할 것이 없지만 수필 형식으로 쓰는 주관식 논술은 사람이 채점을 해야 하고 그런 만큼 많은 시험지를 채점하는 가운데 채점자들의 주관이나 채점 당시의 상황에 영향을 받지 않을까 하는 우려였다. 시험 채점에 일관성이 없다면, 또 채점 당시의 채점자 상황에 따라 달라진다면 대학의 당락을 좌우할 중대 문제가 너무 무방비 상태에 있는 것 아닌가? 셋은 모여서 이런 문제를 두고 대화를 나누었다.

철수: "논술 평가는 사람이 하는 것이고, 사람마다 점수를 후하게 주거나 박

하게 주는 것은 사람의 성격 차이도 있는 것 같아. 내 답안지를 평가한 교수에 비해서 다른 교수는 점수를 후하게 주지 않을까? 평가하는 사람들 간에 차이가 있어서 운이 없으면 다른 학생들에 비해 내가 불이익을 받지 않을까 하는 우려가 들어."

영희: "그래, 그럴지도 몰라. 사람들의 성격은 다 다르니까. 또 다른 요소도 있을 것 같아. 내 답안을 평가하는 교수가 하필 내 답안지를 평가할 때 피곤하거나 또는 다른 요인으로 인해 점수를 낮게 줄 수도 있을 것 같아. 사람은 그때그때 기분에 따라 다르게 행동하기도 하잖아."

규리: "내 답안지의 감점 요인을 다른 교수는 감점을 적게 하거나 감점 요인이 아니라고 생각할 수 있지 않을까?"

이들 셋의 우려처럼 측정과 평가에는 평가자의 주관적 감정, 상태나 조건 그리고 평가자들 사이의 방법 차이 등 여러 가지 요소가 복합적으로 작용한다. 이런 상황에서 평가의 객관성을 담보하는 것이 측정 결과의 신뢰성을 위해서 매우 중요하다. 먼저 객관적인 측정기계, 즉 계측기로 측정하는 경우부터 살펴보자.

혈중 알코올 농도가
측정할 때마다 다르다면…

앞서 나왔던 음주운전 사례를 또 들어보자. 음주운전은 절대 하지 말아야 할 것이지만, 여기서는 측정기기에 대한 좋은 사례라고 생각되어 사용하는 것일 뿐이다.

어떤 사람이(A씨) 승용차를 몰고 귀가하다 음주운전으로 적발되었다. 1차 음주측정 결과는 면허정지 기준(혈중 알코올농도 0.05%)을 넘어선 0.072%였고, 재측정을 요구해 2, 3차 측정 결과 각각 0.035%,

0.05%가 나왔다. 그는 검찰에서 "오차가 심해 측정기를 믿을 수 없다"고 항변해 결국 기소유예 처분을 받았다. 비슷한 사례로 또 다른 사람이 (B씨) 음주 측정치가 0.109%가 나오자 채혈을 요구, 0.09%로 나와 가까스로 면허 취소(0.1% 이상)가 아닌 면허 정지(0.05~0.1% 미만) 처분을 받는 데 그쳤다고 한다(이 사례들은 실제로 있었던 일들이다)(《동아일보》 2007년 7월 7일자).

이 경우를 살펴보자. 동일인(A씨)에 대해 여러 번 측정을 하여 다른 측정 결과가 나왔다. 동일인(B씨)에 대해 다른 측정기로 측정을 하니 다른 수치가 나왔다. 이런 경우에 우리는 측정방식에 대해 신뢰할 수 있을까? 아마 누구도 신뢰하기 힘들 것이다. 특히 처벌의 기준이 되는 판정 기준과 수치 차이가 작을 때는 더욱 문제가 된다. 즉, 기준(혈중 알코올 농도 0.05%)과 측정결과(1차=0.072%, 2차=0.035%, 3차=0.05%) 간에 차이가 작다면 그 차이의 근거가 되는 계측기는 더 일관성과 신뢰성이 필요하다.

다음과 같이 구체적으로 이를 적시한 사례가 있다. 혈중 알코올 농도 0.051%인 상태에서 승용차를 운전한 혐의(도로교통법 위반)로 기소된 C씨에게 법원은 무죄를 선고했다. 이 판결 내용을 보면 "측정 당시 피고인의 혈중 알코올 농도는 0.051%였으며 음주측정기의 편차율 5%를 감안하면 C씨의 측정치는 0.0484%~0.0535%까지 될 수 있는 가능성이 있다"고 적혀있다(《한국일보》 2003년 4월 17일자). 기준과 측정수치가 편차율보다 작다면 '법적으로는' 그 차이를 인정할 수 없다는 사례이다.

만약 보통의 고등학교 체력장 시험에서 사용하는 스톱워치 방식의 100m 속도 측정 시스템으로 세계 수영 선수권 대회의 시간 계측을 한다면 어떻게 될까? 다음과 같은 항목에서 문제가 발생할 것이다.

- 관측 단위의 조밀성(100분의 1초 단위 vs. 1000분의 1초 단위)→ 많은 선수들이 공동 1등이 될 것이다.
- 측정인 간의 일관성(여러 사람이 측정하였을 때 같은 결과인가?)→ A심판은 1번 선수가, B심판은 2번 선수가 1등이라고 말할 것이다.
- 측정인의 정밀성(측정하는 사람이 정확하게 '반복적으로' 같은 값으로 측정하는가?)→ 여러 번의 경주에서 A심판은 한 번은 1번 선수가 다음에는 2번 선수가 1등이라고 말할 수 있다.

위에 설명한 특성은 고등학교의 체력 측정에서는 문제가 되지 않겠지만, 1000분의 1초를 다투는 세계대회에서는 선수 간의 우열을 판정할 수 없는 치명적인 문제가 된다. 조밀성 부분을 위해서 값이 비싸더라도 정밀한 계측기를 구입해야 하고, 심판 간의 차이와 심판의 정밀성을 위해서는 능력 있는 사람을 심판으로 선정하여, 이들에 대해서 측정 방식에 관한 훈련이 필요할 것이다.

참고로 개인적인 이야기지만 필자가 제조회사에서 일할 때였다. 거의

측정기의 오차가 심하다면 결과를 신뢰할 수 없다

모든 제조회사가 그렇듯 그 회사도 QC^{Quality Control}부서가 있었다. 그 부서는 납품받는 원자재와 생산 제품의 품질을 측정하여 판정하는 역할을 한다. 업무상 측정 방법에 대해서 같이 이야기하게 되었고 그 와중에 필자가 직접 측정도 해보았다. 그런데 동일 제품에 대해서 필자가 측정하면 측정할 때마다 측정값이 들쭉날쭉하였고, 결과적으로는 검사의 주된 목적인 양품과 불량품을 구별할 수 없었다. 담당 간부가 필자를 '검사원으로는 채용해서는 안 되는 사람'으로 판정한 것은 당연한 일이다. 요사이는 보통의 사람이라도 교육과 훈련, 그리고 잘 정비된 표준과 좋은 측정시스템이 있으면 이런 종류의 업무수행이 가능하겠지만, 당시는 그보다는 사람의 능력에 비중이 있는 상황이었다. 하지만 그렇다고는 해도 요즘에도 꼼꼼하고 정밀한 검사를 하는 사람에게는 성격적으로 꼼꼼하고, 안정감이 있는 등 타고나는 부분이 있어야 한다.

측정에는
일관성이 필요하다 앞의 논술 시험을 치른 철수와 영희, 규리의 우려를 없앨 측정 방법은 어떤 것이 있을까? 다음은 한 대학이 측정의 객관성을 확립하기 위한 노력들에 대한 신문 대담(《서울신문》 2006년 1월 5일자) 내용을 항목 별로 정리한 것이다.

① 평가자 선정

1986년부터 논술을 시행해 오면서 나타난 시행착오를 보완해 왔다. 초기에는 채점 교수들이 공통적으로 보기에 '채점 수준이 안 된 교수' 들이 없잖아 있었다. 이 때문에 현재는 따로 100여 명 되는 채점 가용자원 교수 리스트와 채점 수준이 안 되는 교수들에 대한 블랙리스트를 만들고, 블랙리스트는 채점자에서 제외한다. 채점 교수들 나이도 45세 이하로 제한한다. 나이 드신 분은 채점 집중력이 떨어지는 측면도 있었다.

② 평가 환경 개선

하루 채점 학생 수도 300~360명 선에서 끊는다. 또 집중력이 떨어지는 문제 때문에 오후 5시 이후에는 채점하지 않는다. 채점장과 휴게실을 바로 옆에 배치해 채점하다 집중력이 떨어지면 바로 쉬게 한다. 과거에는 논술 채점 날짜가 5일 연속으로 이어질 때가 있었는데 이 때문에 채점을 하다 보면 멍해지는 교수들이 많았다. 채점은 사실 3일 이상하면 집중이 안 되기 때문에 빨리 끝내야 한다.

③ 평가 기준 설정

시험이 끝나면 출제 교수들이 실제 학생들의 답안을 보고 수준과 눈높이를 측정한 뒤에라야 모범 답안과 출제 의도, 채점 기준을 확정한다. 출제 교수들이 90점 수준에서 30~40점 수준의 다양한 답안지 20개 정도를 뽑아 가채점한 뒤에 채점 교수들에게 출제 의도와 문제 취지를 교육한다.

④ 평가 기준 통일

채점 교수들이 가채점을 하고, 채점 교수들의 점수와 출제 교수들의 점수를 비교해 본다. 편차가 크면 출제위원장이 점수에 따라 채점 기준을 다시 설명하고 영점 조준하고 가채점을 10장 추가로 한다. 그럼 어느 정도 기준이 잡힌다.

⑤ 평가의 편차 줄이기

채점은 3명의 교수가 한 팀이 되어 평가하고, 점수 편차가 10점 이상 나면 다시 채점한다. 지원한 단위에 속한 교수들이 채점한다. 즉 인문대학에 응시한 학생의 답안은 인문대학 논술 교수들만 채점한다. 형평성을 위한 조치다.

위의 내용을 토대로 이 대학의 공정성을 향한 개선 노력을 정확성, 반복성, 안정성, 재현성 등의 '측정능력 평가(MSA: Measurement System Analysis)'의 용어를 통해 풀어보면 다음과 같다.

① 평가자 선정
- 정확성: 블랙리스트의 교수들의 채점은 채점기준과 차이가 생긴다. 참값(채점기준)과 측정값(평가점수)의 차이가 작아야 한다.
- 반복성: 블랙리스트의 교수들은 쉬 피로해지거나 하여 동일 수준의 답안에 대해 차이가 생긴다. 반복되는 평가들 간에 차이가 발생할 경우 반복성이 부족하다고 표현한다.

② 평가 환경 개선
- 안정성: 이에 대해서는 다음의 기사를 보자. "점수가 짠 교수도 있고 후한 교수도 있는데, 채점 마지막 날이 되면 이들이 주는 점수가 비슷해진다. 처음에 점수를 짜게 준 교수들은 뒤로 갈수록 후하게 주고, 반대로 처음에 후하게 준 교수들은 점점 짜게 주기 때문이다. 채점자가 4~5일간 일관된 기준을 갖고 채점에 임하기는 어렵다"(《주간동아》, 2007년 3월 6일자).

③ 평가 기준 설정
- 정확성: 실제 학생들의 답안을 보고 출제 교수들이 채점 기준을 확정한다.

④ 평가 기준 통일
- 재현성: 평가자들 간에 차이가 없도록 한다. 각 모집 단위 내의 채점 교수들 간의 차이를 없애는 것도 어려운데, 다른 모집 단위, 즉 예를 들면 공대와 인문대 교수의 평가 교수들의 차이를 줄이기는 더 어려울 것이다. 각 모집 단위 내의 평가자들 간에만 일관성이 있으면 된다. 대학별 차이는 더군다나 문제되지 않는다.

⑤ **평가의 편차 줄이기** 평가자의 편차가 클 경우는 다음과 같은 경우로 구별할 수 있다.
- 특이한 답안지: 기존의 표준 답안에서 많이 차이 나는 답안인 경우는 기준을 따로 두어 별도 채점이 필요하다.
- 재현성: 평가자의 시각 또는 능력 차이 때문에 사람들 간의 점수 차이가 발생한다. 의견 교환을 통해 평가 기준을 재정비한다.

위의 토론 내용은 논술 채점에 많은 관심을 가지고 이를 개선하여 나가는 우수사례로 보인다. 다만 여기 사례에서 아쉬운 점은 각 채점자 간의 차이에 대한 평가이다. 점수 편차가 10점 이상일 경우 다시 평가한다고 하였는데, "10점이라는 기준이 적정한가?"이다. 1~2점에 의해서 인생이 좌우될 수 있는 시험인데 10점 이하의 차이에 대해서는 3명의 심사위원의 평균을 계산할 때 3점 이하로 될 것이기 때문에 별도의 조치 없이 진행하는 것이 적절한가에 대해서는 좀 더 검토가 필요하다. 이런 부분에 대해 통계학에서는 평가자들의 반복성, 재현성에 의한 점수 편차의 크기를 측정의 필요 정밀도와 비교하여 요구 수준까지 높이도록 노력한다.

이 외에 중요한 개념 중의 하나로 선형성^{linearity}이 있다. 즉, 측정 범위 전체에 있어 측정 시스템이 1차 직선의 경향성을 가져야 된다는 것이다. 예를 들어, 자동차 유량계가 웬만큼 기름이 있을 때는 F^{full}에 있는데, 탱크 양에 비해 3분의 1 이하가 되면 갑자기 바늘이 뚝 떨어지는 경우에 급히 주유소를 찾아야 한다. 이런 경우 유량계에 선형성이 없다고 표현한다. 논술 채점의 예를 든다면, 채점자가 작은 실수에는 1점, 2점 감점하다가 어느 작은 실수를 하나 더 보고 크게 5점을 깎아 버린다면 선형성이 부족하다고 표현한다. 작은 실수에는 작게, 큰 실수에는 크게 그에 비례하게 평가해야 공평하다. 비슷한 예로 필자가 쓰는 휴대폰의 경우, 배터리가 3칸 가득 있어서 안심하고 외출하였다가 5분 전화 통화 후에 하나도 안 남아서 통화가 안 되어서 낭패를 본 적이 있다. 선형성이 부족하면 예측이 곤란하게 되는데, 그런 경우이다.

사람은 주위 현상과 주변 대상에 대해 평가를 한다. 그것이 숫자로 표현될 경우든 아닌 경우에든 말이다. 당신의 평가가 객관적이라면, 다른 사람과의 의견 교환에서 문제가 적을 것이다. 그렇지 않은 경우라면, 당신의 평가에 영향을 주는 조건이 무엇인지에 대해 파악하고, 이의 변경 여부를 고민해야 한다. 그에 더하여 당신의 평가가 일관성이 있는가를 생각해보라. 당신의 기분에 따라 당신의 평가가 달라진다면 당신의 말에 대한 사람들의 신뢰가 약화될 것이다. 그리고 때에 따라서는 당신도 당신의 결정에 자신이 없어질 수 있다. 내일이면 바뀔 수 있으니까 말이다.

단지 한 통화 했을 뿐인데!

2부
다양성의 통찰

수집된 자료로 여러 데이터를 얻었다. 소비자 만족지수, 지지율, 시장 동향에 대한 기초자료를 구한 것이다. 분명 이 자료들은 다양한 값을 가지고 있을 것이다. 소비자의 계층별로, 지역별로, 참여 주체별로 이루 말할 수 없이 복잡하고 다양한 값이 변동을 가지며 우리 앞에 있을 것이다. 만약 값이 모두 동일하다면 데이터를 분석하는 통계학도 의미가 없어질 것이다. 이런 눈이 어지러울 정도로 복잡하고 수많은 데이터를 어떻게 파악하고 공유할까? 바로 2부의 주제다. 복잡한 데이터를 보기 좋게 요약하고 이해하는 방법을 다룬다. 전체 자료를 그래프로 표현하거나 다양한 값들을 적절히 요약한 대표값들은 어떤 장점, 특징을 가지는지 살펴본다. 또 특정 상황에서의 오용 사례를 통해 사용상의 주의사항도 중점적으로 살펴보자.

●
휴대전화 사용요금 1000원에 항공 마일리지 17마일을 준다.
그런데 왜 나는 받지 못하는 것일까?

●
3개월 사이에 전국 아파트 값이 24.7%가 떨어졌다고? 그런 아파트 눈 씻고 봐도 없다.
부동산 가격의 진실은?

'평균'의 시대가 가고 있다

> 남들은 자신이 보고 싶은 것을 보려고 한다. 그러나 나는 보고 싶지 않은 것도 보려고 한다.
> – 율리우스 카이사르

1. 현실은 다양한 논리와 대상들의 카오스 상태

**토론이 잘
이루어지려면**   많은 신문기사들에 대해서, 특히 정치 기사에 대해서 사람들이 가지고 있는 불만들 중의 하나는 사실과 의견이 구별되지 않고 뒤섞여 있다는 점이다. 사실은 사실 그대로 말해 주고, 그 다음에 이와 구분하여 언론사 또는 기자의 의견을 말해야 하는데, 특히 정치적인 이슈를 다루는 많은 기사의 경우 그 둘이 구별이 잘 안 된다.

사실과 의견의 구분은 비단 정치를 다루는 신문기사에만 필요한 것은 아니다. 회사에서 업무를 보고할 때에도 그렇고 대학에 입학하기 위한 시험 관문인 논술에서도 그렇다. 모든 토의에도 위의 논리가 적용된다. 먼저 사실에 대해 정보를 공유하고 그 이후에 이를 근거로 가치 판단 등에 따라 토의가 이루어지는 것이 효율적이다. 그럼에도 그렇게 진행되지 않는 이유는 각자 주장이 완고하기 때문만은 아니다. 그 가장 기본적인 원인은 토의를 하는 사람들뿐만 아니라 많은 사람들이 '사실을 있는 그대로 파악하는 것'을 잘하지 못하기 때문이다. 의견과 그 의견 공유의 기본은 바로 사실 파악에 있다. 여기서는 사실을 파악하고 공유하는 방법에 대해 이야기하고자 한다. 사실을 파악하고 공유하는 방법은 통계학에서 기술통계記述統計, Descriptive Statistics에 해당하는 부분으로 매우 중요하다.

끝없는 주장,
그 종류부터 알아보자 사람들이 토의를 벌이는 목적은 합의를 위한 것이다. 하지만 어떤가? 자신의 주장만을 관철하기 위해서 노력하지 않는가? 사회, 경제, 정치 문제에 대해 벌이는 TV의 심야토론이나 회사에서 업무 프로젝트를 놓고 벌이는 토론에서 자신의 주장이 어떤 것인지 고려하지 않고 목에 핏대만 세우지는 않는가? 그런 토론을 보다 보면 의외로 양측의 대화가 전혀 공유점을 찾지 못하고 공전하고 있는 것을 자주 볼 수 있을 것이다. 왜 토론은 진전 없이 공전하는 것일까? 그 이유를 '사실' 확인이라는 관점에서 살펴보자.

 TV의 심야토론이나 회사에서 업무와 관련된 토론에서 나오는 주장들을 꼼꼼히 보면 다음과 같이 3가지로 분류할 수 있다.

 첫째는 '규범적 주장'이다. 즉, 당위성 또는 정의正義에 관한 주장이다. "비정규직은 없애야 한다", "고용의 유연성은 보장되어야 한다"는 식의 주장이다. 이런 주장들의 경우는 어느 것이 옳다 그르다라기보다 현실적인 제약을 고려하여 합일점을 찾아야 한다. 만약 패널들이 비정규직을 없애는 것 외에 어떠한 대안도 수용하지 않으려는 입장이라면 토론은 효율적으로 진행될 수 없다.

규범적 주장과 구별되는 것이 '실증적 주장'이다. 실증적 주장은 2가지로 나뉜다. 실증적 주장 중 하나는 '뭐뭐하면 뭐뭐하다'라는 식으로 인과관계因果關係를 주장하는 것이다. 예를 들면, '교회가 세속화 되면 쇠퇴한다' 같은 주장이다. 즉, 어떤 원인에 의해서 특정 결과가 발생할 것이니, 원인에 해당하는 것을 하자 또는 해서는 안 된다는 주장이다. 토론에서는 이론의 현실적 타당성과 효과의 크기에 대한 논의가 이루어지고, 필요 시 이에 대한 보완 대책의 필요성 및 효과에 대해서도 다루어진다. 또 이론의 전제조건의 현실성에 대해서도 논의가 되기도 한다.

세 번째는 실증적 주장 중의 하나로 '현황現況의 파악'에 관한 부분이다. 예를 들면 '교회 세습이 있다/없다', '교회 재정이 투명하게 관리되고 있다/아니다' 등 현황에 대한 인식 부분이다. 이런 주장은 이론까지 가지는 않고 현실의 상태에 관한 인식의 문제를 다루고 있다.

각기 다른 종류의 주장이 서로의 영역을 벗어나서 충돌한다면, 그 토론은 효율적으로 진행될 수 없을 뿐만 아니라 합의에 이르지 못하고 산으로 가게 된다. 예를 들어 '최저임금제는 실업을 유발할 것이다'와 같

토론이 산으로 가지 않으려면…

은 인과관계에 대한 '실증적 주장'과 '사회정의를 위해 최저임금제를 보장해야 한다'는 '당위적 주장'은 직접적으로는 합의가 되기 어려운 서로 다른 주장들이다. 여기에서는 실증적 주장 중에 '현황의 파악'에 대한 부분을 다룰 것이다. 인과관계에 관한 실증적 주장은 3부에서 자세히 다룰 것이다.

성직자는
세금을 내야 하나

TV에서 본 심야토론의 논쟁 주제였던 '성직자의 수입 세무 신고'를 나름대로 재구성하면서 주장의 종류와 형식에 대해서 살펴보고자 한다. 논쟁은 세무 신고 찬성자 입장에서는 '성직자도 국민의 한 사람이므로 미국처럼 자영업자로 소득 신고를 해야 한다'는 주장이고 반대자 입장은 '그럴 필요 없다'는 식으로 진행되었다. 자, 그렇다면 입장의 논거가 되는 주장을 따라서 들어가 보자.

찬성자: "10년 전 정도부터 교회 세습이 세간에 화제로 등장했던 것으로 알고 있습니다. 그 이후에도 세습 사건이 계속 여기저기서 분란을 일으켜 왔더군요. 신도가 1천 명 이상인 곳을 중대형 교회라고 할 수 있는데, 국내에 526개가 있습니다. 이 대형 교회들의 수입은 엄청나지만 회계의 투명성이 거의 없습니다."

반대자: "신도가 1천 명 이상인 중대형 교회가 국내에 526개 있는 것은 맞습니다. 하지만 6만여 개 교회 중에 이들 중대형 교회는 극히 일부에 불과합니다. 이것을 한국 교회 전체로 보편화시키지 말아야 할 것입니다. 대형 교회가 대표성은 있지만 대표는 아니고 전체는 더더욱 아닙니다. 단지 눈에 띌 뿐입니다. 우리나라에는 면세점 이하의 소

득을 올리는 가난한 성직자들이 많이 있습니다."

찬성자: "가난한 교회들이 많이 있다지만, 그런 교회 세금 내라고 하는 이야기가 아닙니다. (강남 모교회의 회계장부 표지를 보여주며) 이 교회는 신자가 5만 명 정도이고, 1년에 270억 정도 예산을 쓰고 있습니다. 하지만 이 교회에서는 회계장부의 내용을 1년에 한 번 스크린으로 보여주고 말 뿐이고, 또 그 내용을 소각시켜버립니다."

반대자: "교회에 대해 부정적이고 이상한 소문만 들으셨는데, 그런 소문이 쉽게 그리고 멀리 퍼지는 법입니다. 제가 알기로는 대부분의 교회가 다 투명하고, 우리 교회도 투명하게 공개하고 있습니다. 또 교회 매매가 있다고 하는데, 대부분의 교회나 성직자들이 그렇게 하지는 않습니다. 다만 그런 사태에 대해서는 부끄러울 따름입니다."

찬성자: "미국 같은 경우는 종교인도 한 나라의 국민으로, 또 자영업자로 그 소득에 대한 신고가 필수적입니다."

반대자: "교회가 세속화가 되면 결과적으로 교회가 쇠퇴합니다. 신도들은 그런 성직자를 따르질 않을 것입니다. 그리고 그러면 교회가 가지고 있는 사회적 역할과 기능을 다 잃게 될 것입니다."

위의 내용에서 보면 이러한 현상에 대한 인식의 충돌은 2가지 이유로 증폭된다.

우리가 관심을 가지는 대부분의 대상은 흑백논리처럼 명확한 어떤 색깔을 띠는 것이 아니라, 다양한 색깔과 논리를 가지기 때문에 논란이 된다. 위의 토론에서처럼 "교회 세습이 있다"는 주장과 "교회 세습은 없다"는 주장이 충돌한다면, 세습이 있다고 주장하는 사람들이 교회 세습의 사례를 찾아낸다면 결론이 나올 것이다(이 경우도 1부에서 이야기한 운영 정의 다시 말해 '교회 세습'에 대한 '정의定義'가 문제가 될 수 있다). 그러나 "교회 세습이 많이 있다"는 주장과 "교회 세습은 극소수의 일부 교회이고, 대부분은 그렇지 않다"라고 한다면 교회 세습의 사례 1개를 찾아내는 것으로는 이 논쟁의 결론이 나지 않는다. 그럴 경우는 전체적인 모습 중에 어느 정도의 빈도로 발생하고 있는가를 보아야 한다.

논의가 진전이 안 되는 또 다른 이유는 자료가 불충분하다는 것에 있다. 양측은 전체 자료가 없거나 또는 이를 공개하지 않고, 자신들에게 도움이 되는 일부 사례만을 가져오게 되고, 자신의 조직에 불리한 자료의 경우는 보통 공개하지 않도록 하는 것이 상례이다(보통 조직에 불리한 자료는 내부 고발자에 의해서만 나오고, 내부 고발자는 조직에서 도태된다). 따라서 자료 공개가 의무화되어 있지 않는 곳에서는 자료를 추려서 그 중 유리한 것만을 공개하는 것이 보통이어서, 특별한 경우 외에는 자료가 불충분한 상태에서 토론이 진행되기 마련이다.

사람은 보고 싶은 것만 보고, 보여 주고 싶은 것만 말한다   위의 심야 토론의 경우에서 모든 성직자들에 대해서 생활비에 해당하는 자료를 모았다고 하자. 이에 대해 세무 신고를 주장하는 측은 "매우 많은 보수를 받고 있는 성직자가 있다"고 이야기하고 세무 신고에 반대하는 측은 "대다수의 성직자는 적게 받고 있고, 그 중 극히 일부 대형 교회의 성직자는 조금 많이 받지만, 이를 자신의 생활비가 아니라 사람들을 돕는 데 모르게 쓰는 경우가 많다"고 이야기한다. 같은 자료를 보고도 서로 다른 주장을 펴는 이유는 다른 데 있지 않다. 바로 사람들은 자신들이 보고자 하는 것만을 보는 경향이 있기 때문이다. 그렇다면 어떻게 주관적 사견을 넘어 설득이나 합의에 이르는 토론을 이끌어낼 수 있을까?

앞에서 이야기하였듯이 사실을 파악하는 데에는 전체 자료를 보는 것이 가장 확실한 방법이다. 하지만 우리가 전체 데이터를 평균으로 축약시키지 않고 전체 데이터를 이야기한다는 것은 몹시 비효율적인 일이다. 특히 신문 기사처럼 짧은 시간과 내용에 중요사항을 말해야 된다면, 대표값을 사용할 수밖에 없고, 그럴 경우는 평균이 가장 우수하다. 즉, '성직자들은 평균적으로 연 ○○정도의 금액을 생활비로 받고 있습니다' 라는 식의 정보가 사실을 판단하는 데 효율적이다.

어느 공장장이 다음과 같이 두 가지의 보고를 받는다면 어떤 보고에서 정확하게 현황을 파악할 수 있겠는가? 자료에 대해 경험이 많다면, 앞의 사람 A의 말에 대해 속지 않고, B처럼 보고하라고 지시할 것이다.

A) 오늘 생산한 100개 중에 특A급이 있었다.
　(사실은 1개만 특 A급, 나머지는 B, C급)
B) 오늘 생산한 100개는 평균 A급이다.

평균은 자료를 대표하는 값으로 유용하다

(특 A급 10개, A급 80개, B급 10개)

전체를 보여주지 않고 자신의 강점만을 주로 이야기하는 광고 등에서는 '보여주고 싶은 것만 보여주는' 데서 오는 왜곡이 더 많이 발생한다. 그래서 상대적으로 평균의 우수성이 더욱 드러난다. 평균 이외의 것으로, 즉 주로 유리한 것만으로 말을 하는 다음의 사례를 보자.

최대 50% 할인!
—평균을 무시하는 광고들   우리가 시장이나 백화점, 인터넷 쇼핑몰 등에서 많이 볼 수 있는 광고문구다. 여기에서 보면 '최대'란 용어가 소비자에게 혼동을 불러일으키고 있다. 상품을 할인 판매할 때, 판매자 측은 각 상품을 구분하여 할인율을 정하게 된다. 재고가 많이 남아 있는 상품은 할인 폭을 높일 것이고, 할인 폭이 작아도 판매에 문제가 없으리라 예상되는 상품에 대해서는 할인 폭을 작게 가져간다. 놀이공원의 경우도 그러하다. 손님이 충분히 있는 주말에는 작게, 그리고 손님이 주말 대비 반도 안 되는 주중, 특히 화요일, 수요일에는 할인 폭을 많이 가져간다. 그리고 유리한 말만 큰 글씨로 광고하거나 최대라는 말을 사용한다.

소비자들 입장에서는 자신들이 원하는 상품이 아니더라도 이런 광고에는 현혹되기 마련이다. 하지만 판매하는 입장에서는 소비자들에게 잘 팔리지 않거나, 또는 미끼 상품에 해당하는 상품에 대해서만 '최대'라는 표현과 함께 많은 할인율을 광고하는 것이 생리이다. 소비자는 이럴 때 '내가 원하는 상품은 무엇인데, 그것의 할인율은 얼마인가?'라고 판단하는 것이 현명할 것이다. 보통 주위에서 들어보면 할인 기간의 할인 상품에 대해서 이런 말을 한다. "내가 원하는 것은 언제나 할인 안 해서 못 샀어요."

1000원에 17마일?
— 고객 세분화 마케팅

비행기를 여러 번 타 본 사람은, 비행기를 탈 때 꼭 탑승 실적을 마일리지로 적립한다. 항공사의 마일리지를 쌓으면 공짜 비행기표나 공짜 좌석 승급이 되기 때문이다. 예를 들면 5000마일을 적립하였을 때는 국내노선의 항공권 1장을 가질 수 있을 만큼이 적립이 된다. 이 마일리지는 이용한 노선의 운항거리에 비례하는 만큼 적립된다. 비교적 거리가 짧은 국내선을 탔을 경우는 적은 마일리지가, 국제선을 타면 많은 마일리지가 쌓인다.

마일리지를 비행기를 타지 않고도 쌓는 방법이 있다. 보통 신용카드사에서 마케팅을 위해 많이 활용하는 방법인데, 항공사와 계약을 맺고 마일리지를 구매하여 고객들의 신용카드 사용 실적에 따라 1000원에 1마일에서 2마일 정도의 마일리지를 고객들에게 선물로 준다. 한 이동통신 업체가 항공사의 마일리지를 마케팅 수단으로 활용하여 많은 고객 유치 실적을 보였다고 한다. 그 통신업체는 다음과 같은 광고를 하였다.

"1000원에 17마일"

위에서 설명하였듯이 신용카드사에서는 보통 1000원에 1마일 정도의 마일리지를 주는 데 반해 이 이동통신사는 그에 17배 정도의 무척 많은 마일리지를 준다. 이 광고를 보고 사람들이 이를 위해 이동통신사를 많이 옮겼다고 한다. 그런데 한 사회단체에서 이 회사를 고소하였다. 그 이유가 광고의 내용으로는 17마일을 일률적으로 주는 것처럼 되어 있으나, 실제로는 이용요금을 여러 단계로 나누어 이용실적이 7만 원 이상인 경우에만 17마일을 준다는 것이었다. 그럼에도 광고상으로는 모든 이용자에게 주는 것처럼 광고를 하였다는 것이 고소 이유 중의 하나였다(다른 이유는 마일리지로 원하는 시기에 실제로 항공권을 얻기 어렵다는 것이었다).

이용요금별 차등 마일리지는 다음의 표와 같다. 기본료와 국내통화료의 합계가 3만원 미만인 고객은 마일리지 적립이 안 된다.

기본료+국내통화료	적립 마일리지(천원 당)	월 적립 마일리지 예시
3만 원 이상~5만 원 미만	10 마일	39,500원 사용 시 : 39,000/1,000×10=390 마일
5만 원 이상~7만 원 미만	15 마일	61,000원 사용 시 : 61,000/1,000×15=915 마일
7만 원 이상	17 마일	90,000원 사용 시 : 90,000/1,000×17=1,530 마일

이 업체가 광고를 통해 노린 점은 다음과 같다. 17마일이라는 파격적인 선물을 통해 매출을 올리고 싶은데, 이용 실적이 많은 사람들 위주로 고객을 더 끌어 모음으로써 또는 기존의 고객들이 좀 더 많이 이용하게 함으로써 매출 증대를 노린 것이다. 이 과정에서 기존에 적은 요금을 사용하던 고객들에게까지 항공사에게 마일리지 구매 비용을 들여가면서 '17마일이라는 많은' 선물을 하려는 의도는 없었을 것이다. 그렇지만 일부 사용량이 많은 고객에게 17마일을 주는 것은 사실이므로, 이를 보다 큰 글씨로 광고한 것이고, 이 글자 크기에 비해 별도로 설명한 상세 내용이 얼마나 잘 사람들에게 보였느냐가 '과대 광고'의 판정기준이 될 것이다.

예매율 순위 1위!
2006년도 4월 셋째 주 개봉작 중… 영화에 관심이 있는 독자들이라면 이런 광고들을 숱하게 봤을 것이다. 광고의 예매율 순위에 붙은 단서조항을 보자. 우선 2006년 하고도, 4월 또 셋째 주다. 이때 개봉하는 영화가 얼마나 될까? 1년에 보통 개봉 영화수가 200여 개, 그것을 52주로 나누면 평균 4개 정도이다. 4개 중에 1등이 그렇게 자랑할 만한 것일까? 꼼꼼히 따져보는 사람들도 있겠으나, 많은 사람들의 인상에는 예매율 순위 1위라는 말만 남는다.

혹시 비슷한 시기에 한국 영화가 하나뿐이고, 이 영화가 한국 영화라면 위의 단서조항은 모두 없어져도 된다. '4월 개봉 한국 영화 중'이라는 무척 강한 단서 조항 하나는 나머지 단서 조항을 필요 없게 만들어준다. 또는 '코미디 영화' 중이라는 단서도 꽤 강하다.

여기에 더해서 현재 마케팅에서 무척 약세인 영화라면, 앞에 다른 단서 조항이 붙기도 한다. '티켓링크, YES24, 인터파크, 맥스무비' 등과 같은 대형 예매 사이트들 중의 하나를 선정하여 괄호를 붙여서 앞에 '티켓링크 예매 순위'라는 단서 조항을 붙인다. 그리고 가끔 영화사에서 그런 사이트들에 단체 구매를 하기도 한다. 적은 투자로 작은 시장을 잠깐 왜곡시키고, 작은 시장임을 교묘한 말로 감추어서 광고 효과를 볼 수 있는 것이다. 이런 사례들은 평균을 무시하고 자신의 강점만을 부각시키는 광고의 사례이다.

강물에 빠져 죽은 병사들
―최대값이 중요한 경우 그런 반면 위에서 이야기한 전체가 아닌, 일부에 해당되는 최소값, 최대값이 중요할 때도 있다. 다음의 예는

평균이 생사람을 잡은 예이다. 1920년대 중국의 내전 중의 상황이었다고 한다. 병사들을 이끌고 적진을 향해 진격하고자 했던 한 장수가 눈앞에 큰 강을 만나게 되었다. 장수는 참모에게 강의 평균 수심이 얼마냐고 묻는다. 참모의 답변은 평균 수심이 1.4미터라고 한다. 장수는 평균수심이 1.4미터이고 병사의 평균키가 1.65미터이므로 걸어서 행군이 가능하다고 판단, 진격을 명한다. 그러나 강의 가운데의 수심은 병사의 키보다 훨씬 깊어서 모두 물에 빠져버렸다고 한다. 병사들의 평균키가 1.65미터라면 1.5미터 정도의 키 작은 병사는 1.4미터의 강을 건너는 데 매우 괴로울 것이다. 그러나 더 큰 문제는 강의 수심 1.4미터가 평균이라는 점이다. 평균이 1.4미터라면 어느 부분은 이보다 얕겠지만, 어느 부분은 깊어서 평균 수심 이상이게 된다. 그렇다면 수영을 못하는 병사는 건널 수가 없다.

일상생활 혹은 회사 업무에서도 최대값이 중요할 때가 있다. 예를 들어 은행, 인터넷의 포털 업체, 통신업체에서 새로운 운영시스템을 구축하는 경우를 생각해보자. 이 시스템을 사용하는 수많은 고객들의 이용은 시간대에 따라 심지어는 분, 초에 따라 그 편차가 매우 심하다. 특히 은행의 경우 월말의 마지막 날 또는 신용카드 처리 일에 매우 많은 이용객이 접속할 것이다. 통신업체의 경우라면 화이트 크리스마스 또는 신용카드 처리 일에 사람들의 통화가 폭주하고 따라서 회선에 과부하가 걸리게 된다. 하지만 평균의 개념을 이용하여 '평균적으로 10만 명이 이용한다'는 식의 기준을 가지고 시스템을 구축한다면, 이용객이 많은 시간에는 접속이 안 되는 경우가 많이 발생할 것이고 고객들의 항의가 빗발칠 것이다. 이런 경우에는 최대 이용객 수를 기준으로 여유 있게 시스템을 준비하는 것이 타당하다. 평소에는 비효율적으로 보이지만, 결과적으로는 그렇게 하는 것이 전체 운영 상에서 효과적이기 때문이다.

2. 데이터를 파악하는 기술

**소비사회와
평균 개념의 딜레마**   주어진 자료들을 대표하는 값으로 가장 유명하고 많이 활용되는 것은 평균이다. 한 집단을 평가할 때 또는 다른 집단과 비교할 때 평균은 유용한 수단이 된다. 그러나 평균이 대상을 잘 반영하는 대표값이라는 공감이 이루어지기 전까지는 전체 자료를 먼저 검토하는 것이 필요하다. 그렇지 않고 평균만으로 모든 것을 결정할 경우 여러 문제가 발생할 수 있다.

포드Ford주의 식의 소품종 대량생산의 시대에는 '평균'이 중요한 개념적 패러다임으로 자리 잡았고 많은 영향을 끼쳤다. 하지만 현대에는 그런 평균의 개념이 소비자들의 요구를 채워주지 못하는 경우가 많다. 미국의 경우를 예로 들어 설명해보자.

미국의 일반 가구당 평균 가족 수는 3.6명이라고 한다. 이런 통계적 평균에 맞추어 건축업자들은 평균 가구에 해당하는 3, 4명의 가족을 대상으로 하는 주택을 짓는다. 하지만 평균적 가족 수에서 벗어나는 가족도 상당수에 달한다. 통계에 의하면 미국에서는 3인이나 4인 가족이 전체의 45%에 불과하며 1인이나 2인 가족이 35%, 그리고 5인 이상 되는 가족이 20%에 달한다고 한다. 3~4인용 주택을 짓는 건축업자들이라고 해서 변명의 여지가 없는 것은 아니다. 그들은 "우리들은 평균적인 가족을 위한 평균적인 가옥을 짓는다"고 말할 것이다. 물론 발 빠른 건축업자들이 그런 현실을 강 건너 불구경 하듯 하지도 않을 테고, 또 '평균 주택' 만 양산한다는 것도 약간 어폐가 있기는 하다. 하지만 위의 사례는 평균의 개념이 어떤 단점이 있는지를 잘 설명하고 있다.

학생들의 평균 키에 맞추어 일률적 높이로 제작되는 책걸상이나 한국 주부들의 평균적 키에 맞춰서 일률적으로 만들어지는 싱크대(요즘에는 높이가 조절되는 싱크대가 나오기는 하지만) 등은 평균의 개념을 무리하게 적용한 사례들이라 할 수 있다. 이런 현상은 다양한 대상에 대해서 평균을 구한 뒤 모든 대상이 이 평균에 따라서 행동하라고 강요하는 것이다. 그리스 로마 신화에 나오는 프로크루스테스의 침대와 같은 것이다. 이 산도적은 통행인들을 침대에 누인 후 키가 작으면 발을 잡아 뽑고 키가 크면 발을 잘라서 죽였다고 한다. 예전의 군대에서 신발에 발을 맞추라는 이야기와 비슷하다. 평균은 대상의 요약값일 뿐 대상이 모두 그 값을 가진다는 것은 아니다.

위의 사례들에서 알 수 있듯이, 지금까지는 통상 평균치에 근접한 사람들에게는 유리한 측면이 있다. 그리고 상대적으로 가치판단과는 관계없는 항목에서도 평균과 차이가 나는 특성을 가진 사람은 불편함을 겪어 왔다. 건축업자들로서는 좀 더 평균에 가까운 주택이 분양 등에서 여러 유리한 점이 있었을 것이다. 그러나 생산 능력이 향상되면서 예전의 생산자 위주에서 소비자 위주로 세상이 바뀜에 따라 평균만을 위주로 생각하는 생산자에게는 그만큼의 기회가 적어지고 있다. 틈새시장, 특화시장 등의 말이 유행하는 것도 평균보다 개별적인 대상에도 관심을 가져야 하는 시대를 말해주는 것이다. 키가 크건 작건 모든 사람들이 사용할 수 있는 조절식 의자, 싱크대나 다양한 체형을 가진 사람들을 위해서 제작된 다양한 사이즈의 옷은 평균의 딜레마에서 벗어나 대상들 값의 차이에 따른 범주의 다변화를 의미한다.

**값의 크기에 따라
구분하여 보자**

평균 개념에 대한 재고나 보완은 비단 산업의 영역이나 사회적 영역에 한정되는 이야기는 아니다. 수집한 데이터의 특성을 파악할 때는 우선 평균 개념이 포착하지 못하는 부분까지 전체적으로 파악하는 것이 중요하다. 이를 테면 자료를 크기에 따라 적당한 범주로 구분하고 각 범주별로 빈도수나 값을 파악하는 것이다. 이를 위해 전체 자료를 값에 따라 구분하고, 각 그룹 내의 빈도수를 살펴보는 것이 의미가 있다. 앞의 성직자의 수입과 관련된 사례라면 성직자의 소득 정보를 구분하여 사례비를 정리하는 것이 토론을 하고 주장을 펼치는 데 도움이 될 것이다. 구체적으로 말하면, 1억 원 이상의 소득을 올리는 성직자 수가 100명으로 비율은 2.6%이며 4천만 원 이하의 성직자는 3,000명으로 전체에서 76.9%에 달한다는 식으로 전체 대상들을 적절한 범위로 구분하고 각 범위에 속한 사람들을 비율로 제시하는 것이다.

프로야구 선수의 연봉을 사례로 보자. 보통 팬들은 높은 연봉을 받는 선수들에게 주로 관심이 쏠릴 것이다. 프로야구 선수들을 꿈꾸는 학생들이거나 그 학생들을 뒷바라지하는 학부모들의 경우도 마찬가지다. 하지만 프로야구 선수들 중에는 최대 연봉이 7억 5천만 원인 선수도 있고 그와 현격하게 차이가 나는 선수도 있다. 실력 차이의 여부를 떠나서 각기 다른 연봉은 보통 평균 얼마 또는 고액 연봉자 위주로 언론이나 사람들의 대화에 나오게 되고 사람들은 그것을 곧이곧대로 여과 없이 받아들이게 된다.

구간	인원수(명)	비율(%)	금액(원)	비율(%)
3천만 원 미만	239	51%	5,062,700,000	16%
3천만 원 ~ 5천만 원 미만	74	16%	2,687,000,000	8%
5천만 원 ~ 1억 원 미만	74	16%	5,116,000,000	16%
1억 원 이상	82	17%	18,989,600,000	60%
합계	469	100%	31,855,300,000	100%

우상이나 편견은 현실을 제대로 바라보는 지점에서 깨진다. 통계는 가능하면 현실에 가까이 가고자 하는 방편을 마련하는 도구이자 학문이다. 일반적인 사람들이 알고 있는 고액 연봉을 받는 프로야구 선수에 대한 이미지는 통계의 기초적인 메스를 들이대면 사라진다. 앞서의 성직자 소득과 관련해 범주를 구분하고 그 범주의 빈도나 값을 제시한 것처럼 여기서도 똑같이 적용해보자. 프로야구선수협의회 관계자는 보통 팬들이 생각하는 것처럼 고액을 받는 프로야구 선수들은 얼마 되지 않는다고 주장한다. 그 스타성 고액연봉자의 그늘에 가린 다수의 저연봉 선수들이 많다면서 다음과 같은 말을 덧붙였다. "2006년 프로야구 선수들의 평균연봉은 전년 대비(6,238만 원) 약 8% 인상된 6,792만 원(총 469명, 용병 제외)"이다. 하지만 "연봉 3천만 원 미만인 선수가 239명(51%)"으로 전체의 절반이 넘는 선수들이 저연봉 상태다(한국프로야구선수협회. www.kpbpa.net 참조). 억대 연봉자 82명(189억 8,960만 원)이 전체 연봉 총액에서 차지하는 비중은 60%에 달할 만큼 저연봉 선수들과의 격차가 현격하게 두드러지고 있다는 것이다. 이런 주장은 꽤 설득력이 있어 보인다.

위의 선수협의회 주장에서 알 수 있는 것은 프로야구 선수들의 평균연봉은 6,792만 원으로 상당히 높은 금액이다. 하지만 많은 수인 51%

를 넘는 선수들이 평균 연봉의 44%선에 못 미치는 3,000만 원 미만이다. 또한 프로야구 선수들 중 상위 17%선인 82명의 고연봉자가 전체 총액의 60%의 비중을 가지며, 따라서 선수들 간의 연봉차이가 심한 업계라는 것이다.

앞서 이야기했듯 현실에서 눈이 가는 곳은 최고 연봉 등의 극단적인 경우이다. 하지만 자료를 전체적으로 파악하고자 할 때는 평균 이외의 다른 대표값들, 이를테면 최빈수(가장 높은 빈도의 선수들이 받는 연봉, 아래의 표의 경우는 3,000만 원 미만)나 중앙값(전체 선수들의 연봉을 순서대로 배치하였을 때 가장 중앙에 있는 선수의 연봉: 역시 3,000만 원 미만으로 3,000만 원에 근접할 것이다)을 살피는 것도 하나의 방법이다.

그림으로 보는 방법①
히스토그램

자료의 수가 많아지면, 보고 파악하는 데 힘이 든다. 따라서 복잡한 자료를 잘 요약, 정리하는 것은 매우 중요하다. 그 하나의 방법이 그림을 그리는 것이다. 처음 자료를 보았을 때는 먼저 그래프를 통해 전체의 분포를 보는 것이 효율적이다. 특히 처음 자료를 수집한 경우에는 전체 자료에 대해 히스토그램/상자 그림이라는 2개의 그림을 통해 자료의 전체적인 모양을 먼저 보면 유용하다.

히스토그램Histogram은 연속형 데이터의 분포를 그래프로 표현하는 데 널리 사용되는 방법으로, 자료를 동일한 범위에 따라 구분하고, 각 범위에 속한 자료의 수를 높이로 나타낸다. 이를 통해 전체 자료의 좌우 치우침 등의 모양과 평균, 중앙값 등의 중심 위치, 표준편차, 범위 등의 산포(퍼진 정도)에 대해 판단이 가능하다.

다음 표는 프로야구 삼성 라이온즈 야구단의 2007년 선수단 연봉 데

이름	역할(포지션)	연봉	FA	이름	역할(포지션)	연봉	FA
심정수	외야수	75000	FA	조현근	투수	2700	
박진만	내야수	55000	FA	김영복	포수	2600	
진갑용	포수	50000	FA	이태호	외야수	2400	
임창용	투수	50000	FA	권오원	투수	2400	
김한수	내야수	40000	FA	손승현	포수	2300	
양준혁	외야수	40000	FA	백준영	투수	2300	
배영수	투수	30000		김문수	투수	2300	
브라운	투수	28000	–	강유삼	투수	2300	
박한이	외야수	27000		유용목	내야수	2200	
박종호	내야수	22500	FA	양영동	외야수	2200	
전병호	투수	22500	FA	차우찬	투수	2100	
윌슨	투수	22500	–	김상수	투수	2100	
권오준	투수	19000		김기태	투수	2100	
김재걸	내야수	15000	FA	강희성	투수	2100	
오상민	투수	15000		모상기	내야수	2000	
조동찬	내야수	13000		김상준	외야수	2000	
김종훈	외야수	13000	FA	김종호	외야수	2000	
김창희	외야수	13000	FA	정대욱	외야수	2000	
오승환	투수	13000		곽동현	포수	2000	
김대익	외야수	10000	FA	김동명	포수	2000	
신명철	내야수	7500		현승민	포수	2000	
임동규	투수	7500		곽동현	포수	2000	
박정환	내야수	6500		추승민	투수	2000	
권혁	투수	5500		이종훈	투수	2000	
강봉규	외야수	5400		이병용	투수	2000	
이정식	포수	5000		이동걸	투수	2000	
안지만	투수	4875		백정현	투수	2000	
강명구	내야수	4500		김형근	투수	2000	
조영훈	내야수	4000		김상걸	투수	2000	
정흥준	투수	3200		곽동훈	투수	2000	
채형직	투수	3000					

(단위: 만원)

이터이다. 이것을 히스토그램으로 그리면 한눈에 전체적인 정보를 파악할 수 있다. 〈히스토그램 2〉에서 알 수 있는 것은 좌로 많이 치우친 형태로 저연봉의 선수가 많이 있고, 오른쪽 끝의 막대로부터 (1명) 7억 이상

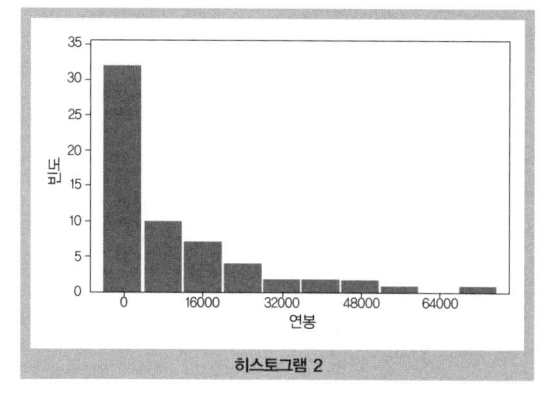

히스토그램 2

의 매우 큰 연봉을 받는 선수도 있다는 점이다(www.samsunglions.com). 표로 나타내면 복잡한 것을 그림은 매우 쉽게 표현해준다.

그림으로 보는 방법②
상자그림 Box-plot

아래의 〈상자그림 1〉은 위의 히스토그램을 왼쪽으로 90도 회전한 것으로 생각할 수 있다. 회전한 후 자료를 축약하여, 자료의 Q1(1사분위수, 25%)와 Q3(3사분위수, 75%)의 값으로 상자를 만들고, 50% 중앙값을 가운데 선으로 표시한다. 그리고 그 외의 값들에 대해 세로선과 ＊을 통해 표시한다. 이 상자그림은 전문 통계 프로그램에서만 그려지는데, 히스토그램은 보편적인 프로그램인 MS Excel에서도 구현 가능하니 이를 활용하는 것도 가능하다.

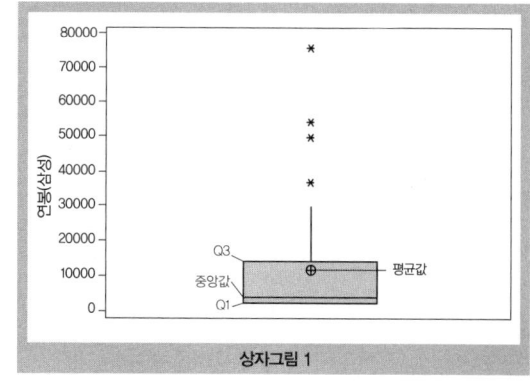

상자그림 1

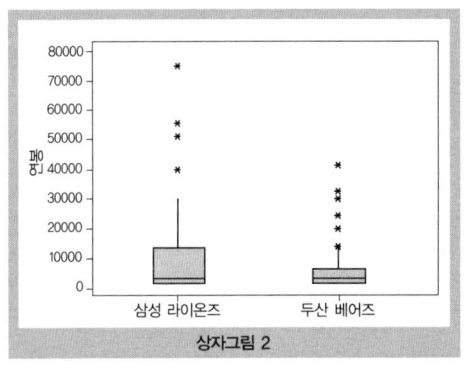

상자그림 2

	삼성 라이온즈	두산 베어스
선수 수	61	60
연봉 총합	694,575	387,200
평균	11,386	6,453
표준 편차	15,767	8,243
분산	248,607,574	67,951,684
Q1	2,000	2,000
중앙값	3,000	2,550
Q3	14,000	6,750
최대값	75,000	42,000

(단위: 만원)

상자그림은 여러 그룹의 자료를 비교하는 데도 효율적으로 사용될 수 있다. 〈상자그림 2〉는 두 야구단의 상자그림을 같이 그려 본 것이다(두산 베어스 연봉 자료의 출처: www.naver.com).

이렇게 시각적으로 비교해 주면 전체적인 그룹 간 비교가 용이하다. 두 구단의 연봉 현황을 위의 그림과 아래의 표를 통해 보면, 다음과 같은 것이 눈에 띈다.

- 삼성라이온즈의 고액 연봉자 4명(7.5억, 5.5억, 5억 2명)과 같은 선수가 두산베어스에는 없다.
- 왼쪽의 Q3 자체 값이 오른쪽에 비해 더 크다(상자의 윗선). 즉, 상위 25%의 연봉도 왼쪽이 오른 쪽 보다 높다는 것이 눈에 띈다 (14,000 vs. 6,750). 이는 삼성이 FA선수도 많고 하여 고연봉의 선수 비율이 높다는 것을 말한다.
- 중앙값(상자의 가운데 선), Q1(상자의 아랫선)의 값에서는 별다른 차이가 없어 보인다. 즉, 2,000만 원 이하의 저연봉의 선수가 50% 이상인 것은 양 구단이 비슷하다.

우선 연봉 총합을 보면, 69억과 38억으로 총예산에서 많은 차이가 보인다. 당연히 전체 명수는 비슷하므로, 선수 평균 연봉은 약 2배 차이가 난다. 이에 대해 Q1은 같고, 중앙값은 3,000과 2,550, Q3은 1억 4천과 6,750만 원으로 삼성라이온즈의 신인/비주전과 두산의 신인/비주전은 연봉이 비슷하나, 선수단의 상위 연봉 25%선 이상이 되면, 많은 연봉 차이가 난다.

예식장의 초과
하객 수 구성 비율

다음은 어느 예식장의 하객 수에 대한 데이터를 약간 변형한 자료이다. 고객들은 최저 보장 하객 수, 예측 수를 기준으로 예식장과 계약을 하게 되는데, 과거 1년간의 실적을 수집한 후 이를 상자그림을 통해 표현한 것이다. 〈상자그림 3〉은 실제 고객수와 계약 고객수의 차이를 보여주는 그림이다. 이를 통해 50% 이상의 예식에서 계약 수 대비 100명 이상의 초과 고객이 방문한다는 것을 알 수 있었다.

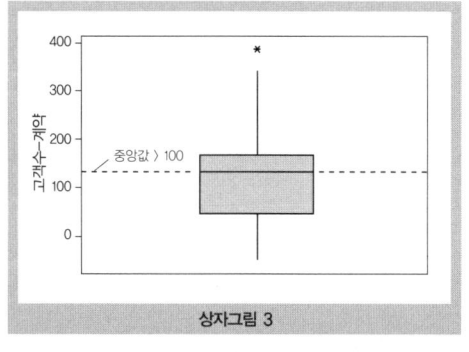

상자그림 3

〈상자그림 4〉는 실제로 계약수 대비 1.2배의 음식을 준비한다는 내부 규칙에 따라, 그렇게 많이 준비하였음에도 초과 고객이 얼마나 발생하는가를 나타낸 그래

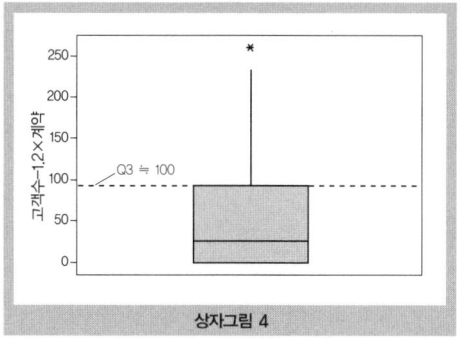

상자그림 4

프이다. 이를 통해 현재의 초과 하객수(고객수-1.2×계약)의 현황을 알수 있었다. 즉, 전체 예식 중에 계약 고객의 1.2배보다 100명이 넘는 하객이 방문하는 예식이 25%가량임을 상자의 윗선(Q3)을 통해서 알 수 있었고, 이를 바탕으로 고객 수 신속 파악 및 실시간 대처가 필요하다는 것을 설득력 있게 제시할 수 있어 관련부서 사람들에게 설명할 수 있었다.

위의 상자그림을 통해서 수집된 자료의 대강의 경향과 우리의 관심 수치를 (100명)기준으로 자료를 분할하여 구성 비율을 계산할 수 있다.

통계는 기본적으로
평균으로 표현

자료를 만드는 측과 자료를 활용하는 측이 자료의 활용 방법에 대해 어느 정도 공감대가 형성된다면, 자료 정리의 기준을 세울 수 있다. 이때 자료를 대상 전체에 대해 평균을 생각하는 것과 유리한 일부만을 이야기할 수 있는 것 중에 택일하라면 당연히 평균이 선택될 것이다. 그런 이유로 보통 평균이 전체 중심 경향치를 대표하는 대표값으로 많이 활용되고, 그래서 통계자료는 보통 평균으로 많이 표현된다.

예를 들어보자. 대통령 후보들 중에는 경제 성장을 목표로 삼는 후보도 있다. 경제 성장을 나타내는 요소들과 지표들 그리고 그런 지표들을 산출하기 위한 자료 수집, 활용방법 등은 어느 정도 공감대가 형성되어 있다. 잘 알듯 경제 성장의 지표로 많이 활용되는 것이 국민소득^{GNP}이다. 현재 우리나라는 국민소득이 2만 불 시대이고 그래서 다음 대통령을 바라는 후보는 경제 성장을 이뤄 3만 불 또는 4만 불을 공약하고 있는 것이다. 이 국민소득 지표는 기본적으로 국민 전체 총 소득을 국민 명수로 나눈 것으로 평균의 개념을 가지고 있다. 이 값이 커지면, 우리나라의 경제력이 커지고 나라가 부유해졌다는 단적인 증거가 될 것이다.

이렇듯 통계자료는 기본적으로 평균으로 표현된다. 그래서 자료의 평균 계산 원리에 대한 이해가 필요다. 그러나 평균도 잘못 활용되면 오해를 불러일으킨다.

기준이 달라지면
평균의 의미가 달라진다

다음은 필자가 실제로 업무 중에 본 사례이다. 이 사례도 평균이라는 개념을 활용하는 데 도움이 되리라 생각한다.

A회사에서 1,000,000명의 고객을 대상으로 통신 서비스를 한다고 하자. 이들이 각각 단말기(PC)를 가지고 A회사의 네트워크를 이용하여 인터넷서비스를 받고 있다. 각각의 단말기는 각각의 고유번호(아이디와 패스워드)를 가지고 있고, 이 고유번호를 가지고 각 통신망에 접속하여 적절한 인증에 통과하면 서비스를 받고, 안 되었을 경우는 실패로 기록된다. 어느 특정 고객의 고유번호가 미인증되거나 또는 이미 접속 중인 다른 고객의 고유번호와 중복될 경우이다.

보통의 경우 이 회사의 통신 서비스는 99% 이상의 접속서비스 성공률을 유지하나, 특정 월에는 몹시 안 좋아서 77% 정도의 낮은 연결률이 산출된다. 약 23% 정도의 인증 시도가 실패한다는 것이다. 이때 이것을 23%의 고객이 제대로 서비스를 못 받는다고 보아도 될까? 그렇지 않다.

이 이유는 미인증되었을 때 시스템의 처리 방식 때문이다. 즉, 연결이 되었을 경우는 1회의 시도가 성공한 것으로 끝나나, 인증에 통과하지 않았을 경우는 미인증된 단말기가 연결이 될 때까지 계속 초 단위로 계속 접속 시도를 하는 처리 구조로 되어 있다. 그래서 미인증된 단말기 1대가 매우 많은 인증 실패 건수를 만드는 구조로 되어 있다.

이를 표로 정리하면 다음과 같다.

	연결 고객	미연결 고객
고객 수	999,900	100
시도 수	999,900	300,000
평균 성공률 (고객수 기준)	999,900/1,000,000=99.99%	
평균 성공률 (시도수 기준)	(999,900)/(999,900+300,000)=76.92%	

이 경우에 어느 기준으로 관리하는 것이 옳을까? 시도 수 기준이라면 미연결 고객이 연결고객에 비해 3,000배의 가중치를 가진다는 의미이다. 그런 가중치는 과도하다. 만약 미연결 고객이 단말기를 on해두는 경우가 많을 때와 off했을 경우에 따라 시도 수 기준의 평균 성공률은 많이 변동을 가질 것이고, 이 변동을 우리가 이해하고 개선하기는 쉽지 않다. 그렇지만, 고객 기준으로 보면 수치를 이해할 수 있다.

당시 프로젝트는 우선 평균 성공률의 계산방식을 시도 수 기준에서 고객 수 기준으로 변경하였고, 그에 따라 해당 기간에 기록에 남아 있는 미연결 고객을 모두 찾아서, 사유별로 분류하고, 그 해당 사유별로 개선을 시도하였다.

비슷한 사례를 보자. 얼마 전 한 뉴스에서는 "형벌 기능 상실한 추징금 미납률 99.8%"라는 기사가 실렸다(《한겨레》 2007년 6월 24일자). 그렇다면, 즉 99.8%의 미납률이라면, 납부 대상자 1000명 중에 2명만이 납부를 했다는 뜻일까? (혹시 당신이 아는 사람이 착하게 납부한 2명일까?) 아니다. 여기서의 기준은 납부 금액 기준이다. 실제 지난해 추징 선고액은

24조 6376억 원인데, 이 가운데 24조 5950억 원이 추징되지 않았다고 한다. 이 가운데 23조 357억 원이 김우중 전 (주)대우 회장과 전직 임원들에게 부과된 것이다. 이중에서 관련 피고들이 납부한 돈은 얼마나 될까? 6천 6백만 원이라고 한다. 나머지 추징금이 아무리 실적이 좋더라도 이런 거대한 수치가 미납되었다면 전체 추징금에 대한 미납률을 극도로 나쁘게 만든다. 이런 경우라면 미납률을 평가하기 위해서는 추징 건수와 추징금 두 가지 기준을 동시에 보는 것이 타당하다.

평균을 쓰면 안 되는 경우

다양성을 가지고 있는 대상에 대해 다양성의 모양에 대한 고려 없이 평균을 취한다면 오해를 낳게 된다. 아래의 그림을 보면, 좌측의 대칭적인 분포에서는 평균, 최빈, 중앙값이 일치하거나 거의 유사하여 평균을 사용하였을 때 오해가 작다. 그에 반해 오른쪽 꼬리 분포를 보면, 오른쪽 큰 값들의 크기와 빈도에 따라 최빈Mode-중앙Median-평균값이 차이가 나게 된다. 이때 특히 오해가 발생할 수 있다. 오른쪽 꼬리 분포를 가지는 것은 소득, 재산 등의 자료 등에서 발생한다. 이런

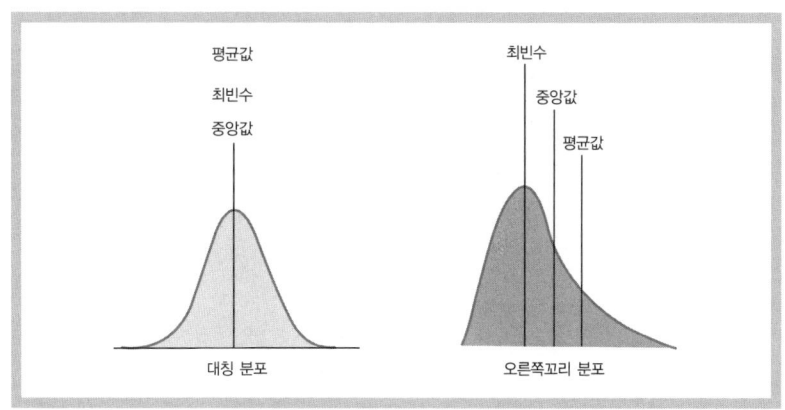

자료에서는 평균값을 사용하면 오해가 발생한다는 것이다.

현대 계동 사옥에 근무하는
사람들의 평균 재산은?   통계에 대해 기업에서 강의를 하면서 평균이 가지고 있는 단점을 이야기할 때 종종 필자는 다음과 같은 질문을 던지곤 한다.

"1992년도에 현대 계동 사옥에 편의상 3,000명이 근무하고 있었다고 하면, 현대 임직원들의 평균 재산은 얼마쯤 되겠습니까?"

지금과 1992년과의 현금의 가치에 대해서 약간의 혼동이 있어도 수강생의 대답은 보통 1억, 많아야 2억을 넘지 않는다. 그러나 이때 평균이라는 수식을 그대로 적용하면 이 문제의 정답은 '적어도 10억 이상'이 된다. 여기서 역시 대기업이 대단하구나 하는 생각을 하고 넘어가면 평균에 속은 것이 된다. 좀 더 자세히 살펴보자.

1992년 당시는 정주영 회장이 대통령 선거에 출마하였던 때였고, 당시 본인이 밝힌 재산이 국세청 산출 기준으로 3조였다고 한다. 정주영 회장 외의 다른 2,999명이 모두 재산이 한 푼도 없는 무일푼이어도, 이 문제의 답은 '정주영 회장을 포함한 현대 계동 사옥에 근무하는 3,000명의 평균 재산은 10억'이라는 계산 결과가 나오게 된다. 히스토그램을 그리게 되면 〈히스토그램 3〉과 같다. 워낙 큰 값이 다른 값들의 차이를 보이지 않게 만들어 버린다. 이때 필자는 수업 중에 칠판에 가로축 1m 정도의 히스토그램을 그리고서, 정주영 회장은 3km 밖에 한 점으로 존재한다고 표현한다.

사람들이 대부분 모여 있는 0~10억보다 3,000배 떨어져 있는 단 한 점이 평균을 무려 10억으로 만들어 버린다. 그 사이에 30억, 300억의 재산가가 근무하더라도, 이 그래프에서는 보이지도 않고, 나머지 2,999명의

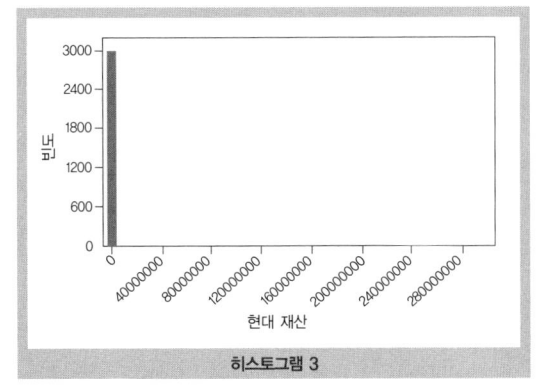

히스토그램 3

차이는 위의 그림처럼 거의 무시된다.

이때 우리가 기본적으로 평균 또는 대표적인 값이라고 생각하는 것과 여기에 적용된 산술 평균과의 인식 차이가 발생한다. 우리가 생각하는 대표값 또는 평균이라는 것은 보통의 임직원들의 재산을 말하는 것으로, 우리나라에서 가장 재산이 많은 사람의 재산을 그 외의 모든 사람에게 (산술수식 상에서) 나누어 준 형태로 계산되는 것은 바람직하다고 할 수 없다. 여기서 계산된 10억이라는 수치의 의미는 무엇일까? 아무 의미가 없는 수치이다.

이 경우는 산술평균을 활용하는 것이 잘못된 적용 예가 된다. 자료가 극단적인 큰 값을 가지는 경우에는 평균을 사용하는 것이 적절하지 않게 된다. 평균은 소수의 특별히 큰 자료에 의해 많은 영향을 받기 때문이다. 이럴 경우는 보통 중앙값 또는 앞의 연봉의 예처럼 최빈값을 활용하는 것이 보통이다.

올림픽 체조 경기에서도 7명의 심판이 평점을 부여할 때, 평균을 쓴다면 라이벌 선수와 같은 국적의 심판이 다른 심판들과 다른 아주 낮은 점수를 주고, 자국 선수에게는 매우 높은 점수를 줄 수 있다. 이럴 경우

평점의 신뢰성에 문제가 생긴다. 그래서 이를 미연에 방지하기 위하여 절사평균Trimmed Mean 방식을 쓴다. 즉, 평점 중에 가장 낮은 점수와 가장 높은 점수를 제외하고 나머지 점수들만의 평균으로 점수를 계산한다.

회사의 고객 서비스 요청 처리 사례

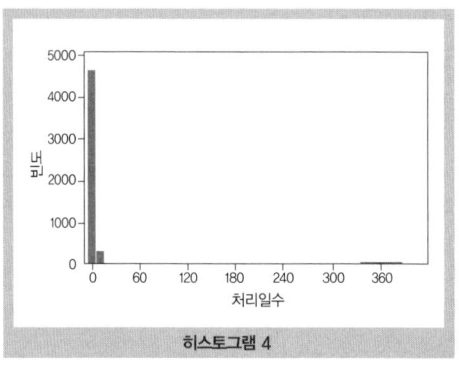
히스토그램 4

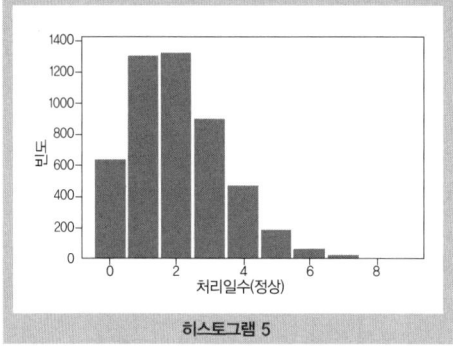
히스토그램 5

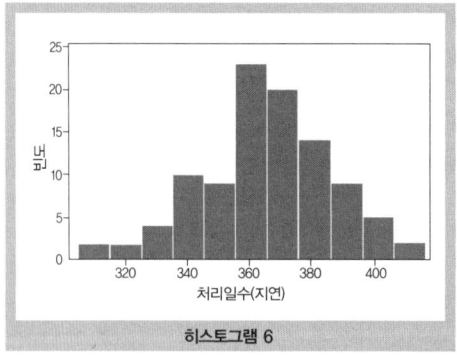
히스토그램 6

다음은 어느 회사에서 고객 요청 처리일 수에 관한 자료를 간략하게 변형한 자료이다. 대부분의 고객 요청들이 5일 이내에 처리되고, 가끔 늦게 처리되지만 특이하게 365일 근처의 자료들이 많이 있는 것을 알 수 있다(가로축이 400까지 있는 것은 자료가 있기 때문이다).

365일 근처의 자료가 많은 이유는 고객의 요청이 (서비스 불가 지역 등의 이유로) 적절하게 처리되지 않을 경우 고객이 이를 별도로 전화를 통해 취소를 하지 않으면 내부에서는 이를 완결 처리하지 못하기 때문에 지연된다. 이를

365일이 지난 후에야 완료 처리가 가능하도록 한 내부업무 처리규정이 만든 결과이다. 그래서 전체 총 자료가 이렇게 쌍봉bimodal 형태라면, 이를 별도로 구분하여 보는 것이 필요하다. 〈히스토그램 5, 6〉은 왼쪽의 자료와 오른쪽의 자료를 별도로 그려본 것이다.

처리일수	점수
당일	+1
3일 이내	0
7일 이내	−1
7일 초과	−3

이때 평균 처리일 수를 기준으로 각 단위 조직들이 평가를 받는다면, 전체 처리건 수 가운데 365일 이후에 처리되는 건수의 비율에 의해서 많은 영향을 받을 것이다. 서비스 불가 지역이 많은 '농촌' 등은 '평균 처리일수'가 늦을 수밖에 없다. 평균 처리일수가 각 단위 조직의 성과를 대표하기에는 365일 근방의 값들의 가중치가 너무 많다. 그래서 평균이 아니라 다음과 같이 간단한 표 형식으로 정리하는 것이 더 효율적이다. 현재의 평균 방식은 365일 근방의 것에 대해 아래의 점수에 비해서 수십 배의 페널티를 주는 것이다. '예외적인 것'과 '정상적인 것'을 구분하고, 평소에는 '정상적인' 경우에만 관심을 두는 것이 합리적이다.

3. 다양한 개별 값들에 대한 관심-산포

다소 과장되고 우스운 이야기이지만, 어떤 사람이 왼손은 영하 30도의 냉동실에 넣고 오른손은 70도나 되는 뜨거운 오븐 속에 집어넣었다고 하자. 이때 평균이 20도라 해서 이 사람이 아주 편안한 기분을 유지하고 있다고 생각한다면, 우리는 뭔가 '비정상'이라고 생각할 것이다. 통계학자들이 평균을 많이 사용하는 데에 대한 우스갯소리지만, 통계를 다루는 사람들은 평균 이외에도 여러 대표값들을 동시에 고려해야만 한다는 것을 우회적으로 보여주는 사례이다.

데이터의 범위를 보자
-일교차와 연교차

연간 평균 기온 25도인 나라를 생각해보자. 이런 나라는 기온 상으로 살기 좋은 나라일까? 우리나라는 4계절이 뚜렷한 나라이다(그래서 좋은 나라라고 학교에서 배웠다). 겨울에는 영하 10도 이하가 되기도 하고, 여름에는 38도 이상의 고온이 여러 날 지속되기도 한다. 때문에 우리나라 사람들은 각 계절별로 많은 옷을 가지고 있어야 한다. 그에 반해 미국 남부 지역은 평균 기온이 연간 거의 변동 없이 유지된다고 한다. 그래서 보통의 경우는 반팔 옷으로 대부분의 시간을 살 수 있다. 이때 미국 남부 지역 사람이 우리나라의 평균 기온이 연평균으로는 25도라는 말만을 들었다면 어떤 생각을 할까? 자신이 사는 지역이랑 비슷하다고 생각하지 않을까? 우리나라는 연교차가 큰 나라이다. 즉, 겨울과 여름에 기온차가 심하다. 이를 평균만으로는 알 수 없다. 해당 월의 평균 기온을 알아야 한다.

	1월	2월	3월	4월	5월	6월	7월	8월	9월	10월	11월	12월
서울평균기온	-3.4	-1.1	4.5	11.8	17.4	21.5	24.6	25.4	20.6	14.3	6.6	-0.4

그럼 월별 평균기온만으로 충분할까? 그렇지 않을 수 있다. 우리나라에서는 환절기에 감기가 많이 걸린다. 그 이유는 낮과 밤의 기온차인 일교차가 심하기 때문이다. 그래서 우리가 보통 여행을 갈 때도 해당

지역, 해당 기간의 평균 기온만이 아니라 하루의 최고/최저 기온을 알아야 한다. 호주라면 일교차가 큰 날에는 여러 벌의 옷이 필요하다.

GNP와 지니계수

국민소득을 높이겠다는 대통령 후보들의 주장은 경제의 평균적인 성장도를 높이겠다는 말이다. 하지만 그에 못지않게 경제적 평등, 양극화 해소 등이 중요한 쟁점으로 부각되기도 한다. 실제로 우리나라는 외환위기 이후 양극화, 빈곤화를 경험하고 있다. 앞서 이야기했듯 GNP는 나라의 경제 수준을 이야기할 때 자주 활용되는 '평균'의 개념을 활용한 지표이다. 하지만 전반적인 경향이나 경제 성장에 초점을 맞춘 국민소득은 경제적 불평등이나 빈곤을 해결하는 대책이 나오는 데에는 부족하다. 통상 소득 균형을 이야기할 때는 '지니계수'와 '소득 5분위배수'라는 지표를 활용한다.● 참고로 평균 개념인 GNP가 증가한 것으로 나타나는 IMF 이후 한국 경제의 불평등 정도를 나타내는 지니계수와 소득 5분위배수를 살펴보면 큰 수치로 상승한 것을 알 수 있다.●

평균 외에 자료의 퍼진 정도를 나타내는 산포가 더 중요할 때가 있다. 어느 후보가 국민소득 4만 불을 주장하는 것은 경제 성장을 통해 평균, 즉 총생산을 높이겠다는 이야기이다. 또, 계층 간 불평등을 줄이겠다고 이야기하는 것은 위의 지니계수나 소득 5분위배수와 같은 수치를 줄이겠다는 말로, 소득격차를 즉 소득간의 산포를 줄이겠다는 이야기이다. 평균에 못지않게 산포는 중요하다.

● 소득5분위배수는 하위계층 20%에 대한 상위계층 20%의 소득배수이고 지니계수는 소득분포의 불평등도를 나타내는 지표로서 완전 평등일 때는 0이고, 불평등도가 높아질수록 1에 근접한다.
● 2003년 전국 가구의 5분위배수는 7.23배였는데 2004년 7.35배, 2005년 7.56배, 2006년 7.64배로 지속적으로 높아져 2007년 1/4분기에는 8.40배를 기록했다.

산포를 줄이는 공정 조건을 찾아라
―다구치 이야기

품질의 대가로 유명한 다구치 박사가 제품의 품질들 간의 산포를 놓고 행한 실험은 유명하다. 새로운 화로^{kiln}를 구입한 회사에서 타일을 생산해 보니, 아래 그림처럼 화로 내부의 온도 편차로 인한 타일 품질에 변동이 발생한다. 이 경우 생산된 타일의 평균값이 규격에 맞는다는 것은 의미가 없다. 고객의 눈으로는 개별적인 각각의 타일이 규격에 맞아야지만 타일이 쓸모가 있기 때문이다.

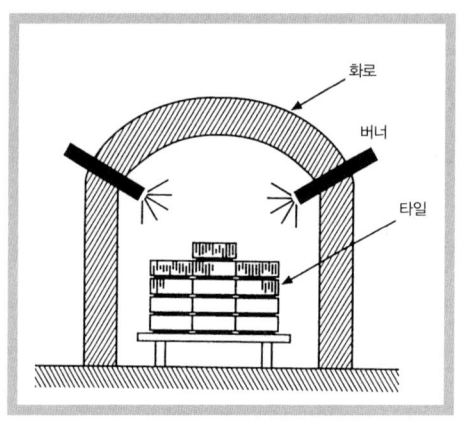

이에 대한 해결 방법으로 회사는 내부 온도의 미세한 조정이 가능한 고가의 화로를 새로 구입하려 하였다. 이때 다구치 박사는 제품 간의 평균과 산포를 동시에 고려한 SN비$_{\text{Signal-to-Noise}}$라는 변수를 결과 값으로 하여, 여러 변수들을 바꾸어서 실험한 결과, 재료 배합 비율을 1%에서 5%로 변경하는 해결책을 찾아냈다. 그 결과 불량률이 30%에서 1% 이하로 감소하였다. 이 성공사례는 기존의 평균값에 치우쳤던 사람들의 관심을 산포로 돌리게 만드는 중요한 계기가 되었다. 이 SN비(SN비=10log(평균^2/분산))라는 공식을 보면 평균에 해당하는 분자와 산포에 해당하는 분모로 이루어져 있고, 그 중 산포에 강조점을 두고 있다.

개별 값을 볼 때는
산포를 생각하자

이제까지 살펴본 흡연율, 연봉, 예식별 초과 인원수 등등의 데이터를 생각해보자. 자료들을 보면 세상의 많은 사람과 사물들은 다들 개별적인 사연을 가지고 있고, 이 자료들을 데이터로 정리할 때 우리는 각각의 사연을 산포와 변동이라는 이름으로 느끼게 된다. 평균과 차이가 나는 것은 당연한 것이다. 이 평균과의 차이를 이해하고, 줄여야 할 부분은 줄이고 키워야 할 부분은 키우도록 해야 한다.

게젤의 '표준 성숙이론'이라는 것이 있다. 유명한 유아심리학 및 소아과의 권위자인 게젤이 발표한 것으로, 쉽게 표현하면 '나이별로 어떤 행동을 하는 것이 보통이다 또는 표준이다' 정도의 이야기이다. 그런데 상업적인 목적을 가진 사람들이 이를 악용할 수 있다. 여기서 나온 기준을 보여주고, 이를 못 맞추면 표준적인 즉 정상적인 아이가 아니므로, 어떤 조치가 필요하다는 것이다. 여기에 표준값 또는 평균치 외에 산포라는 개념을 함께 이야기한다면, 아이들이 성장하면서 약간 늦는 것인지 아니면 정말로 늦어 조치가 필요한 것인지 부모들이 판정할 수 있다.

필자의 첫아이가 유치원에서 노는 것에도 피곤해 하고, 키도 약간 작은 듯해 한의원에 가서 보약을 문의한 적이 있다. 그 한의원에 근무하는 사람은 "아이가 현재 키 작은 순서로 23% 정도입니다"고 이야기했다. 필자는 23%면 약간 작은 편이지만, 늦게 크는 아이도 있다고 생각하였다. 그런데 추가로 한 다음 말에는 숫자로 사람들을 현혹시키려는 의도를 느낄 수 있었다. "그런데 이 아이가 이대로 가면 초등학교에서 7% 정도가 됩니다." 숫자로 먹고 사는 사람인 필자는 다음과 같은 질문을 하였다. "그럼 7%와 23% 사이의 16%의 아이들은 어디로 가나요?" 아무런 대답도 듣지 못한 필자는 그 한의원의 보약의 약효에 대해서도 신뢰가 가지 않아서, 그날 저녁에 절약한 보약값으로 아이와 비싸고 맛있는 고기 집에 갔다. 다행히 필자의 첫 아이는 현재 중간 정도의 키를 유지하고 있다. 수치 차이가 있더라도 조치가 필요한지 여부는 산포를 고려해야 한다. 또는 등수 퍼센트를 고려하는 것이 적절하다. 즉 너무 극단적인 경우(3% 또는 5%)가 아니라면 민감할 필요는 없다.

어느 정도의 차이에 대해서 대처하는 방법은 우선 산포가 있을 수 있다는 것을 먼저 인정하고, 이 산포를 고려하여 자신이 특이 사항이 아닌가 하는 부분을 검토하는 것이다. 조치가 필요한 상황과 그렇지 않은 상황을 구별하기 위해서는 정상적인 상황에서 어느 정도의 차이가 발생할 수 있는 것인가를 판단해야 한다. 특정 표준이나 평균에 민감할 필요는 없다. 표준에 관련한 수치의 근거가 명확하지 않은 경우가 너무 많다. IQ 숫자가 대표적인 수치로 요사이는 많은 사람들이 신뢰하지 않고 있다. 예를 들어 예전에는 100이면 보통이라고 하였는데 필자가 고등학교에 다닐 때 동급생들의 평균은 115가 넘었던 것으로 기억한다. 그럼, 120인 사람은 얼마나 우수한 것일까? 수치를 보는 법에 익숙하지 않으면 너무 자주 조바심을 내다가, 숫자를 적극적으로 활용하여 자신의 이익을 높이려는 사람들에게 이용당할 수도 있다.

아파트 값에 얽힌 **패러독스**
—세분화

> 1805년 12월 2일 아우스트리츠 전투에서 나폴레옹이 사용한 전략으로 나폴레옹은 연합군의 중앙부로 쳐들어가 연합군을 둘로 나누고, 나뉜 연합군을 한 부분씩 정복하였다. – 분할 정복(Divide and Conquer)

1. 나누면 새로운 것이 보인다

**유보율은 높은데
임금 지불 능력이 없다?**   6시그마 과제를 지도할 때 강조하는 말이 두 가지가 있다. 하나는 현장 확인이고, 두 번째는 세분화이다. 세분화란 파악하고자 하는 대상을 잘게 나누어서 보는 것이다. 우리는 대상을 잘게 쪼개어 볼 때 좀 더 자세한 정보를 얻을 수 있을 뿐만 아니라 전반적으로 설득력 있는 논거를 만들 수 있다. 한창 사회적 이슈가 되고 있는 비정규직 문제에 대해 철수와 규리가 토론을 벌이고 있다. 둘은 유보율과 관련하여 다른 견해를 갖고 있는데, 이것이 토론의 핵심 논점인 것처럼 보인다. 철수의 말을 들어보자.

철수: "유보율이 2002년도에 230%였다가 2006년도에 616%가 됐다고 2007

년 7월에 대한상공회의소에서 발표했어. 쉽게 말하면 자기의 재산, 기업의 재산이 불과 4년 사이에 3배가 늘어난 것이지. 이런 상태에서도 비정규직이 늘어난 것에 임금 지불 능력이 없다고 주장하는 것을 누가 납득할 수 있냐는 거지."

규리: "유보율이 높은 것은 사실이야. 하지만 그 돈은 연구 개발을 하거나 신규 투자를 하거나 설비 투자하거나 적대적인 M&A에 대비하기 위해서 내부적으로 유보된 돈이기 때문에 그것은 주주들의 몫이라고 할 수 있어. 또 그렇게 높은 유보율도 대기업들의 경우지, 비정규직 근로자의 63%가 몰려있는 중소기업은 그런 유보율도 없는 실정이야."

이런 토론을 벌이고 있다면 '유보율' 관련한 위의 두 주장 중에서 누구의 의견이 설득력을 가지는가? 철수는 유보율이라는 관점에서 우리나라 기업 전체에 대해서 유보율이 급격하게 증가하였으므로, 우리나라 기업들이 최근 돈을 잘 벌었다. 그런데 임금 지불 능력이 없어서 비정규직을 계속 써야 한다면 그것은 합리적이지 않다고 주장하고 있다.

	납입자 원금	잉여금 + 자본능력	유보율
전체	100원	660원	660%

그런 반면 규리는 전체를 '통째로' 보지 않고, 세분화를 하여 주장한다. 즉, 전체 기업들을 대기업과 중소기업으로 분류하고, 각 대기업과 중소기업은 다른 상황이므로 구분해서 보아야 한다는 것이다. 기업들의 유보율이 평균 616%로 많기는 하지만, 이는 중소기업에는 해당되지 않는, 주로 대기업에 해당되는 이야기이다. 비정규직 근로자는 중소기업에 63%가 몰려있어서 비정규직 문제를 이야기하려면 중소기업을 중점

적으로 이야기해야 한다. 대기업들에 의해서 평균적으로 높아진 유보율 수치는 중소기업을 중점적으로 이야기해야 하는 상황에서는 타당하지 않다는 주장이다. 예를 들어 다음과 같은 수치의 상황이라고 생각해보자. 전체 평균 660%라는 유보율 수치는 중소기업들과는 관련이 없는 수치이다.

	납입자 원금	잉여금 + 자본 능력	유보율
대기업	60원	630원	1050%
중소기업	40원	30원	75%

위의 경우에서는 세분화를 통해 자신의 주장을 펼친 '규리'가 필자 생각에는 설득력이 있다. 그럼 철수는 다음 토론에서 어떤 자료를 준비해야 할까? 세분화한 상태에서의 정보를 추가로 입수하는 것이 효과적이다. 대기업의 유보율과 중소기업의 유보율을 따로 정보를 얻어야 하고, 그래서 각 개별 기업군 내에서의 유보율과 비정규직 비율을 준비하여야 다음 토론에서 "유보율이 높은 기업들에서도 비정규직이 많이 발생하고 있다. 이런 기업이 임금 지불 능력이 부족하다는 주장은 타당하지 않다"라고 자신의 주장을 펼칠 수 있다.

성격이 다르고, 주어진 상황이 다른 대상들을 모두 묶어서 전체적인 총합이나 대표값으로 뭉뚱그려 대상들을 이야기할 때 공허한 주장에 머무를 소지가 많다.

마케팅의 연금술,
바로 세분화에 있다

물은 수소와 산소로 이루어진다. 수소와 산소는 개별적으로 물이라는 것과 특질을 공유하는 것이 거의 없다고 해도 과언이 아니다. 하지만 둘이 만나 화학적으로 융화되어 물이라는 새로운 존재를 만들어낸다. 부분이 모여 전체를 이루면 그 성질이 달라진다. 화학적 마법이 이루어진다.

앞에서 이야기한 17 마일리지 사례를 생각해 보자. 이동통신사는 마일리지라는 인센티브를 통해 매출을 올리려고 한다. 그런데 회사의 수익에 좀 더 많은 도움이 되는 사람들은 휴대폰 이용 실적이 많은 사람들이다. 따라서 회사 입장에서는 이런 사람들을 위주로 고객을 더 끌어 모음으로써 또는 기존의 고객들이 좀 더 이용을 하게 함으로써 매출 증대를 꾀할 것이고 이런 노력이 17 마일리지 마케팅으로 표현되었을 것이다. 하지만 이 과정에서 기존에 적은 요금을 사용하던 고객들에게까지 항공사에게 마일리지 구매 비용을 들여가면서 '17마일이라는 많은' 선물을 하려는 의도는 없었을 것이다. 이에 대한 절충안이 사용 실적에 따른 세분화이다. 휴대폰을 많이 사용을 하는 사람에게는 17마일이라는 적절한 유인책을 쓰되, 적은 요금을 쓰는 고객에게는 그만큼을 안 줘도 되도록 한 것이다.

고객별 세분화는 마케팅의 주요 방법으로 자리 잡고 있다. 고객들의 성향과 기호 등이 매우 다양하기 때문에 그 성향에 따라 고객들을 분류하고 거기에 맞는 적절한 유인책들을 달리 제시함으로써(세분화시킴으로써) 매출 확대 및 비용 절감이라는 동시적인 목표를 추구하고 있는 것이다. 다양한 대상에 대해 동일한 유인책을 적용하는 것은 효율적이지 않다.

이런 세분화가 기업들의 마케팅에만 유효한 것은 아니다. 다양한 대상들을 특질에 따라 나누어 보는 방법은 통계학에서도 매우 유용하다. 지금까지 우리는 주어진 데이터를 히스토그램이나 상자 그림을 통해 전체적인 모양을 살피거나 자료의 크기에 따라 나누는 법을 살펴보았다. 여기서는 적절한 범주를 이용하여 자료를 세분화해서 보는 법을 이야기할 것이다. 데이터도 각자 그 구성 요소들이 있고, 그 구성 요소들을 성격이나 특질에 따라 적절히 나누어서 파악하면 전체를 좀 더 합리적이고 잘 파악할 수 있게 된다.

어떻게 나눌 것인가?
—세분화의 방법

전체를 세분화하여 보는 방법은 대략 2가지가 있다. 대상을 나누어서 보는 방법과 과정을 분해해 보는 방법이다. 좀 더 쉽게 설명하기 위해 한 가지 가정을 해보자. 한 공장에서 두 개의 생산 라인에서 하나의 제품을 생산한다. 물론 생산 라인은 그 제조 과정이 서로 다르다. 각각의 라인은 제품에 들어가는 원료에서부터 제품을 생산하는 기술 및 노하우, 생산 방식이 다르다. 당연히 제품을 만드는 데 필요한 인건비나 고정비, 재료비도 다르고 제품의 매출이나 이익률도 다를 수밖에 없다. 이럴 경우 우리는 어떻게 세분화를 할 수 있을까? 먼저 대상을 세분화하는 방법을 보자. 물론 최종 결과물인 제품을 기준으로 하는 것이다.

❶ 대상 세분화

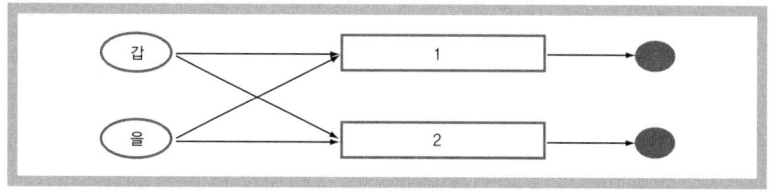

세분화의 기준이 될 수 있는 것들을 나열해 보면, ① 어느 라인을 통과했느냐? ② 어느 날에 생산했느냐? ③ 어느 재료를 써서 생산했느냐?

등 기존의 경험 및 기술이 제품의 품질에 영향을 줄 수 있다고 알려져 있는 기준에 따라 생산 제품을 분류하여 살펴보는 것이 있을 것이다. 그리고 다음으로는 생산된 제품을 기준으로 ① 1라인이냐 2라인이냐, ② A조 생산이냐 B조 생산이냐, ③ 갑甲사 원료냐 을乙사 원료냐로 구분하고 나누어 볼 수 있다.

두 번째로 결과물이 합合의 구조라면 그 결과물을 분해해서 볼 수 있다. 예를 들어 경상이익=매출액-생산비의 구조일 때, 검토 대상을 경상 이익의 범주가 아니라, 매출액 또는 생산비를 범주로 볼 수 있다. 더불어 각 요소들을 더 세분화하여 이를 테면 생산비를 구성하는 인건비, 고정비, 재료비의 범주로 세분화하여 검토할 수 있다.

세 번째는 내용 분해에 더하여 대상 세분화를 적용할 수 있다. 매출액을 제품별 매출액, 지역별 매출액 또는 월별/분기별 금액을 비교할 수도 있고 다른 항목도 같은 방식으로 세분화할 수 있다.

❷ 내용 세분화

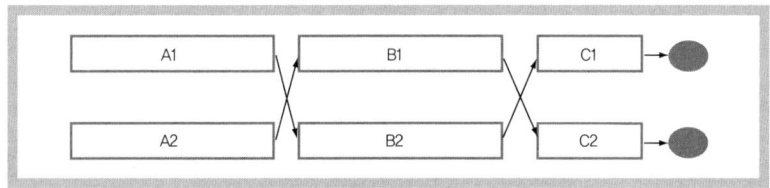

위에서처럼 대상을 세분화하는 법도 있지만 내용이나 과정을 세분화해 볼 수 있다. 다시 말해 각 라인에서 생산한 제품을 그림에서처럼 A, B, C라는 세부 프로세스로 구분해 보는 것이다. 1라인과 2라인을 통째로 비교하는 것보다 동일한 제품을 생산하는 데 1라인과 2라인이 왜 차이가 나는가를 세분화해서 보면 더 효과적으로 각 라인의 장단을 평가할 수 있다. 이런 세분화를 위한 방법으로는 우선 공정 흐름도나 프로세스 맵Process Map을 그려 보는 방법이 있다. 프로세스 맵은 제품을 생산하기 위해 거쳐야 하는 각 공정의 흐름이나 각 공정별로 중요한 표준, 프로세스를 구성하는 단계들이나 이벤트 및 운영을 그림으로 나타낸 것이다. 이런 프로세스 맵은 최종 결과물을 비교하고 분석하는 데 각 단계를 쪼개 볼 수 있도록 해줘 매우 유용하다. 때문에 각 공정별로 제대로 역할을 수행했는지를 각각 확인할 수 있고, A1의 결과와 A2의 결과를 비교하여 직접적으로 A1과 A2의 공정을 비교 평가하는 것이 가능하다.

전체는 부분과 다른 특질을 가지고 있다. 그래서 마케팅에서는 그런 장점을 이용하기도 하지만, 엄밀하게 대상을 분석하고 해석해야 하는 입장에서는 전체가 가지고 있는 이미지를 한 꺼풀 벗겨내는 작업이 필요하다. 데이터를 해석하는 입장에서는 바로 후자가 적합하다. 전체 자료가 줄 수 있는 오류와 허상을 벗겨내는 길은 그 대상 전체를 세분화하는 것에 있다.

구조를 보라
―삼성전자와 한국은행 연봉비교 "2005년 평균 연봉 삼성전자 5,070만원" "2005년 평균 연봉 한국은행 7,463만원"

이 말을 듣고 약간 의아할 사람도 있을 것이다. 2005년 기준 우리나라의 대표적 제조업체인 삼성전자와 국책 은행인 한국은행 간의 평균 연봉에서 민간기업인 삼성전자에 비해서 한국은행의 연봉이 많은 것은 왜일까? 2007년 현재 IT 업종의 상황이 악화되고 있다는 이야기도 있지만, 삼성전자는 굴지의 대기업이다. 삼성전자의 경우 PS Profit Sharing (이익 분배)등의 제도를 통해 연봉의 최대 50%의 보너스를 줄 정도로, 돈을 많이 주는 직장으로 많은 직장인들의 부러움을 사고 있는 조직이고, 일부 대학에서는 입사를 위한 스터디 모임도 구성되어 있을 정도로 대학생의 경우 입사 희망 상위권인 회사이다.

자신의 통념과 다른 현실의 결과가 나왔다면 이는 자신의 통념이 틀렸거나 아니면 결과가 어떤 사연이 있는 경우거나 둘 중 하나이다. 이 사례의 경우 생각할 수 있는 것은 구성원의 근속 년수 차이이다. 삼성전자는 입사 10년 미만, 10년~20년, 20년 이상의 경우로 임직원들을 구분할 경우 10년 미만의 구성비가 특히 많다. 이런 반면에 한국은행과 같은 경우 40대 이후의 10년 이상 근무자의 수가 월등히 많다(삼성전자 평균 근속연수: 6.4년, 한국은행: 18.0년, 2005년 기준).

이는 90년대 말의 IMF 위기 시 민간 기업의 구조조정과 2000년대 초반부터 지금까지의 회사의 극적인 호황으로 신규사원을 많이 뽑은 것, 그리고 IT 업종의 성격상 재직 중에 창업 등의 개인 사유로 인한 퇴직, 타 관련업체의 스카우트 제의, 구조조정 등의 사유로 중간 퇴직이 많이 이루어진다는 업종 성격에 기인한다. 그런 반면에 한국은행의 경우 공무원이라는 고용 보장과 이직이 적은 금융권의 특징, 그리고 2000년대 이후에 신규채용이 적었던 점 등을 높은 연봉의 이유로 들 수 있다.

우리가 평균 연봉을 계산할 경우 '전체 직원에 대한 지급 보수의 총합'을 '전체 직원 수'로 나누어서 계산하게 되는데, 이때 구조적으로 신입사원의 인원수가 많은 조직이 적은 조직에 비해 평균 연봉은 적게 나오게 될 것이다. 서로 다른 연봉 상황을 가진 10년차 미만 직원, 20년차 미만 직원, 20년 이상의 직원들의 구성비가 다른 조직들에 대해서 평균을 비교하는 것은 무리가 있다. 평균 연봉은 이처럼 구성원의 구성 구조에 따라 달라지기 때문이다. 물론, 평균 연봉보다는 장기근속이 가능하다는 것이 직장 선택의 중요 기준이라고 다른 관점으로는 생각할 수 있다. 즉, 구조 자체가 주된 관심 사항이 될 수 있다. 그렇지만, 이는 별도로 근속년수 등의 다른 정보로 해석하는 것이 바람직하다. 결과 수치가 제시되었을 때는 먼저 수치를 낳은 구조를 먼저 생각해보는 것이 필요하다. 바로 구조는 결과 수치를 만들기 때문이다.

우리가 몰랐던 새로운 정보가
눈에 쏙쏙 들어온다

당신 앞에 물이 한 잔 있다고 하자. 매일 당신은 물을 마시고 있으며 하루라도 물을 마시지 않으면 안 된다. 하지만 당신이 매일 물을 마시고 접한다고 해서 물의 구성분자인 수소와 산소라는 화학적 세계를 아는 것은 아니다. 우리에게 너무도 익숙한 데이터라고 해도 그것을 나누고 세분화 하면 우리가 알려고 하지 않았던, 알 필요도 없었던 그런 새로운 정보의 세계를 볼 수 있다. 야구의 예를 들어보자. 앞에서 우리는 프로야구 삼성 라이온즈의 연봉 자료를 살펴보았다. 총 61명 전체 선수들을 별다른 구분 없이 모두 뭉쳐서 총액, 평균 등을 본 것이다. 이렇게 61명에 대해 전체적으로 보는 방법 말고 적당한 변수에 의해서 구분해서 본다면 이전에는 볼 수 없었던 자세한 정보들이 보인다. 즉, 적당한 변수를 설정하고 이 변수들에 의해 구분한 뒤 개별적 대상들을 살펴보면 좀 더 많은 유익한 정보를 얻을 수 있다. 역할(포지션)과 자유계약선수(FA) 여부라는 2개의 구분자로 프로야구 선수들의 연봉 자료를 뜯어보자.

〈상자그림 5〉를 보면, 역할에 따라 구분한 그림은 각 역할별로 각각의 상자 간에 큰 차이는 없어 보이나 세부사항을 보면 재미있는 것을 알

역할	명수	평균	합	최소값	Q1	중앙값	Q3	최대값	범위
내야수	11	15,655	72,200	2,000	4,000	7,500	22,500	55,000	53,000
외야수	12	16,167	194,000	2,000	2,050	7,700	23,500	75,000	73,000
투수	30	8,683	260,475	2,000	2,000	2,350	13,500	50,000	48,000
포수	8	8,488	67,900	2,000	2,000	2,150	4,400	50,000	48,000

수 있다. 내야수, 외야수의 경우는 중앙값이 7,000만 원대이고, 그에 비해 투수, 포수는 중앙값이 2,000만 원대이다(상자의 가운데 선이 밑선과 붙어 있다. 중앙값=Q$_1$=2,000). 왜 그럴까? 이는 각 역할별 경기당 필요 인원수와 현재의 선수 수를 비교해 보면 이해가 가능하다.

내야수 4명, 외야수 3명, 지명타자 등 한 경기에 필요한 내외야수는 8명인데, 이 선수들은 보통 계속 출장을 한다. 즉, 1군에 있는 경우가 많다. 그래서 이들 8명 외에 간혹 뛰는 선수들(백업 및 대타 요원) 5~6명을 합한 13~14명이 전체 인원수 23명(11+12)의 반 이상에 해당한다. 이 때문에 내야수와 외야수는 주전급에 해당하는 선수들이 반을 차지하므로 중앙값이 크다.

이 반면에 투수는 보통 5명 정도의 선발 투수, 4~5명 정도의 중간 계투, 1명의 마무리 전문 선수, 도합 10명으로 주전들이 구성된다. 하지만 전체 선수의 숫자는 30명이다. 즉, 가능성을 보고 키우는 20명의 신인급 선수들이 다수를 차지하므로 중앙값은 2,350만 원이다. 포수의 경우는 좀 더

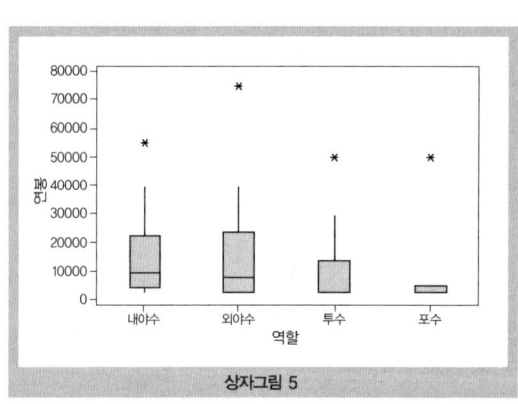

상자그림 5

계약 유형	명 수	평균	합	최소값	Q1	중앙값	Q3	최대값	범위
외국인	2	25,250	50,500	22,500	*	25,250	*	28,000	5,500
FA	12	33,833	406,000	10,000	13,500	31,250	50,000	75,000	65,000
Not-FA	47	5,065	238,075	2,000	2,000	2,300	5,000	30,000	28,000

심해서 1명의 주전이 대다수의 게임에 출전을 하고, 2명 정도의 백업 요원이 10%~20% 정도의 게임에 출전하는 것이 보통이다. 그래서 주전 1명 외의 다른 선수들의 비중이 작고, 그 결과 연봉의 중앙값이 2,150으로 가장 작다.

이런 차원에서 생각해보면 투수와 포수는 야구단에 들어가서 저연봉으로 생활하는 선수가 많은 반면, 야수의 경우는 입단해서 자리 차지하기는 쉽지 않지만, 인정을 받으면 계속 선수생활을 안정적으로 오래 1군에서 할 수 있는 것이 아닐까 생각이 든다. 그래도 투수는 8명 이상이 13,500만 원 이상의 연봉을 받으니 포수에 비해 자리가 많은 편이다.

다른 방법으로 FA Free Agent(자유계약선수) 여부에 따라 선수들을 구분하여 보자. 이 경우는 역할별 구분에 비해 그룹 간의 연봉 차이가 좀 더 확연하게 차이가 난다.

외국인 선수들을 제외하고 내국인 선수들의 경우, FA선수들과 Not-FA선수들 간의 차이는 극명해 보인다. 중앙값(31,250 vs. 2,300), 평균값(33,833 vs. 5,065)로 각

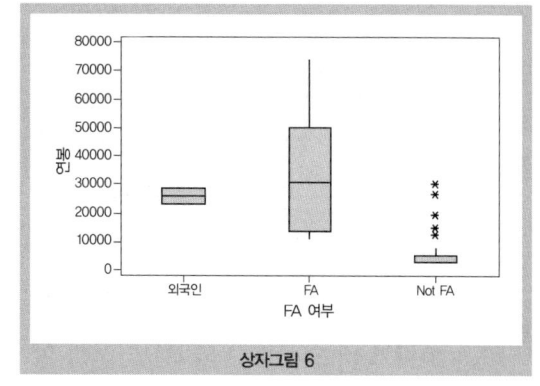

상자그림 6

각 12배, 6배가량의 차이가 나고, 총합에서도 12명이 406,000, 나머지 47명이 238,075로 많이 차이가 난다(Not-FA에서 연봉이 많은, 즉 〈상자그림 6〉의 * 에 해당하는 6명을 뺀 나머지 41명의 평균 연봉은 2,953만 원에 지나지 않는다).

 FA가 된다는 것은 프로야구에서 꾸준히 활약하고, 뛰어난 활약을 보인 선수들이 자격이 갖춰졌을 때 원하는 구단이 많을 경우에 가능한 것인데, 이에 대해 많은 금전적 보상이 이루어지고 있다. 특히 FA가 많은 편인 삼성 라이온즈이어서 위와 같은 결과가 더욱 두드러진다.

2. 하나의 기준으로만 나누면 이상한 결과가 보인다
―심슨의 패러독스

**남녀 차별을
한 것일까?** 부분이 크다고 해서 전체적인 것 또한 크지는 않다는 '역설'이 있다. 이런 역설을 집중적으로 연구한 사람이 있었으니, 바로 영국의 수학자 심슨$^{\text{E. H. Simpson}}$이었고, 이런 역설을 그의 이름을 따서 '심슨의 패러독스'라고 부른다. 이런 역설을 설명할 수 있는 좋은 사례를 한 번 들어보자.

 미국에서 일어난 일이다. 어느 대학의 대학원 신입 입학생 자료를 수집한 사람은 아래의 자료를 제시하면서 남녀 간의 합격률 차이가 있으니, 이는 성별에 따른 차별로 시정되어야 한다는 주장을 하였다. 아래 표를 보면 남자와 여자 신입생의 합격률이 각각 52%와 39%로, 13%의 차이가 나고 있다. 이를 보면 신입 입학생을 선발하는 데 충분히 남녀

	불합격자	합격자	합격률
남자	1291	1400	52%
여자	1113	722	39%

차별을 했다고 주장하는 것이 충분히 의미 있지 않을까?

그렇다고 생각한다면 바로 역설에 빠지게 된다. 이는 합격/불합격이라는 결과에 영향을 주는 또 다른 변수를 무시하고 남녀 구분이라는 하나의 변수만으로 부분합을 구한 데서 오는 착각일 뿐이다. 우리가 자료 분석을 할 때 언제나 놓치지 않아야 하는 부분은 우리가 주장의 비교 기준인 변수(즉, 이 경우는 성별=남녀) 외에 결과 변수에 영향을 주는 다른 설명 변수가 존재하지 않느냐를 확인하는 것이다. 결과 변수에 영향력을 미치는 다른 변수가 존재할 때, 이 변수를 고려하지 않고, 우리가 관심 있는 변수만을 고려하여 분석한다면, 우리는 잘못된 분석결과를 얻게 된다.

먼저 우리는 질문을 던져야 한다. 위의 버클리 대학의 사례라면 다음과 같은 질문이 가능하겠다. 총 4,526명이라는 지원자 중에서 남자 2,691명, 여자 1,835명은 각각 내부적으로 모두 동일하다고 말할 수 있을까? 2,691명, 1,835명이 모두 동등한 성적은 아닐 것이고, 또 동일한 학과에 지원한 것은 더군다나 아닐 것이다. 대학의 선발 기준에는 다양한 기준이 있을 것이고, 이 변수들을 포함하여 남녀 성별 차이가 있는가를 우리는 살펴야 한다. 즉, 동일한 조건의 남녀에 대해 성별 차이가 당락에 영향을 주었다면 문제이지만, 기타 정해진 요강에 따라 판정한 경우라면 문제가 되지 않는다.

수집된 데이터를 좀 더 세분화해보자. 지원자들을 각각의 지원학과별로 구분하면 (A~F) 다음과 같은 세분화된 표가 가능하다.

분야별 합격률	A	B	C	D	E	F	총합
남자-지원자	825	560	325	417	191	373	2,691
여자-지원자	108	25	593	375	393	341	1,835
남자-합격자	512	353	120	138	53	224	1,400
여자-합격자	89	17	202	131	94	239	772
남자-합격률	62.1%	63.0%	36.9%	33.1%	27.7%	60.1%	52%
여자-합격률	82.4%	68.0%	34.1%	34.9%	23.9%	70.1%	39%
합격률(전체)	64%	63%	35%	34%	25%	65%	

전체 데이터의 결과와는 다른 결과가 보인다. 각 학과별 합격률을 보면, A, B, F 학과의 경우는 여자가 합격률이 우세하고, 남자가 우세한 C, D, E 학과의 경우도 14%의 차이를 나타낼 만큼의 차이가 보이지 않는다. 각각 2.8%, 1.8%, 3.8%의 차이일 뿐이다(〈그래프 1〉 참조). 그런데 왜 이런 결과가 나왔을까?

이 현상을 설명하기 위해 다음의 〈그래프 2〉를 보자. y축에 각 학과별 남녀 지원자의 수를 배치하고, x축에 해당되는 학과의 합격률을 점찍어서 산점도의 형태로 만든 것이다.

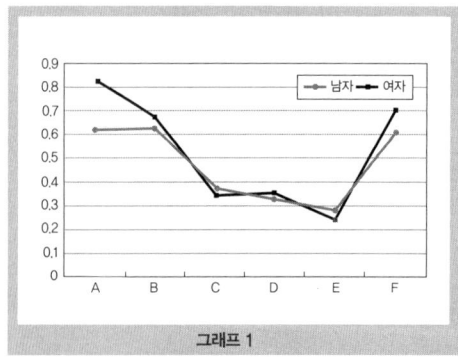

그래프 1

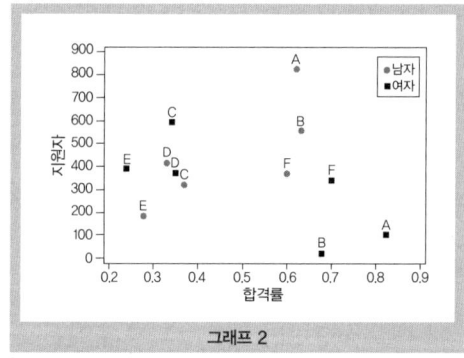

그래프 2

먼저 여자의 경우를 보면, 합격률이 좋은 A, B, F의 경우는 모든 과에서 남자보다 합격률이 좋지만, 남자보다 지원자 수가 적다(B-25:560, A-108:825, F-341:373). 그에 반해, 합격률이 30% 근처인 C, D, E 학과의 경우 지원자 수가 각각 400명~600명 정도로 남자들과 엇비슷한 지원자 규모이다. 이런 이유로 여자의 총 합격률은 나빠진다. 그에 비해 남자의 경우는 합격률이 A, B, F 학과의 경우 여자에 비해 각각 합격률이 저조하지만 이들 학과에 지원자수가 많고, 여자와 합격률이 비슷한 C, D, E 학과의 경우 지원자 수가 적다.

독자들의 편의를 위해 성격이 같은 C, D, E학과와 A, B, F학과를 합쳐보면 다음과 같다. 즉, 합격률이 낮은 (남자 여자 차이가 작은) CDE학과는 여성이 많이 지원한 반면(933 vs. 1361), 합격률이 높은 ABF학과는 여성들의 지원이 적다(1758 vs. 474). 즉, 남자들은 각각의 학과에서 여자들에 비해 특별히 합격률이 좋지는 않았다. 오히려 남자의 합격률이 나쁘지만, 합격률이 좋은 학과에(A, B, F) 많은 지원을 많이 하였고, 그 결과 전체 합격률은 좋은 결과를 나타냈다. 이 경우도 역시 각 그룹별 자료의 숫자 차이에서 나온 가중평균의 결과이다.

	CDE	ABF
남자-지원자	933	1758
여자-지원자	1361	474
남자-합격자	311	1089
여자-합격자	427	345
합격률(전체)	32%	64%
합격률(남자)	33%	62%
합격률(여자)	31%	73%

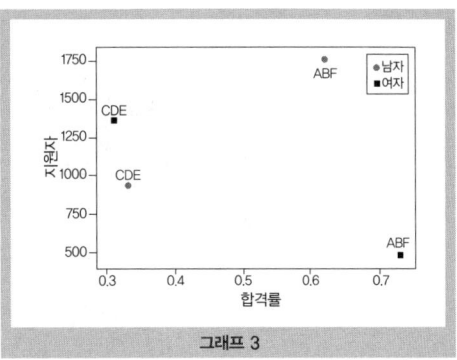

그래프 3

위의 사례에서 우리는 다음을 알 수 있다. 우리가 어느 변수를 기준으로 비교하려 할 때에, 이 변수 이외에 결과에 영향을 주는 결정적인 변수가 있다면, 그것을 고려하여 분석해야 한다는 것이다. 이 사례로 다시 설명하면 각각의 학과는 정해진 정원이 있고, 지원자의 수에 따라 합격률은 큰 차이가 있을 수 있다. 그렇다면 각 학과 구분은 우선 합격률에 지대한 영향을 주는 변수로 미리 고려해야 하는 중요한 변수이다. 이 '학과 구분'이라는 변수를 먼저 기준으로 보면, 각 학과에서는 오히려 특정 과에서는 남녀 합격률이 역전되어 있었다. 우리가 관심이 있는 남녀 간의 총합격률 차이는 남녀 간의 차별이 아니라, 남녀 간의 학과별 지원 선호도 차이로 인해서 생겼음을 알 수 있다. 이렇게 결정적인 영향을 주는 변수가 있을 때에 이를 무시하고 우리가 관심이 있는 구분자, 즉 남녀별로만 평균(합격률)을 계산하여 비교하는 것은 잘못이다.

여학생들의 입학률을 높이기 위해서 필요한 것은 학교의 남녀 차별 시정이 아니라, 여학생의 학과 지원 방향에 대한 검토이다. 즉, 여자 고등학교라면 진학 담당 선생님은 왜 대학교의 각 과에 정원수가 대소 차이가 있는지, 또 왜 과별로 경쟁률이 차이가 있는지를 보고 이에 따른 진학지도를 하는 것이 필요할 것이다. 또는 대학교 입장에서는 여학생

들이 선호하는 A, B, F 학과의 정원 확대에 대한 검토가 필요할 수도 있다. 현재로서는 입학 절차상에서는 남녀차별의 근거는 자료에서 확인할 수 없다. 현재 각 과에서는 남녀차별이 있었다는 근거는 아무것도 없으므로, 총합격률로 보아서 남녀차별이 있었다는 주장은 잘못된 것이다.

여러 제품을 생산하는 회사의 불량률은?

위와 같은 오해는 여러 회사 업무에서도 발생할 수 있다. 아래와 같이 A, B 두 제품을 생산하는 회사가 있다고 하자.

제품	불량률	월별 생산량	
		7월	8월
전체 생산량/불량수		2000/175	2000/125
불량률		8.75%	6.25%
A (생산량/불량수)	5%	500/25	1500/75
B (생산량/불량수)	10%	1500/150	500/50

이 경우 이 회사의 품질 담당은 7월에 비해 8월에 불량률이 낮아졌으므로(8.75%→6.25%) 상을 받을 수 있을까? 정답은 'No'이다. 위의 표를 자세히 보자. A제품의 불량률은 계속 같다. B제품의 불량률도 계속 같다. 다만, 불량률이 낮은 A제품의 구성비가 7월에 비해 8월에 커져서 전체 평균이 낮아진 것이다. 굳이 상을 받는다면, 품질 담당보다는 제품의 구성비를 결정하는 영업 담당 또는 생산 계획 담당이 상을 받을 수 있을 것이다. 이 경우 품질 담당은 다만 A, B제품의 구성비의 변화에 따라 다만 평균값이 달라지는 것을 바라만 보고 있었을 뿐이다. 이런 상황에서 품질 담당 또는 기술 담당이 공정의 개선 등을 통해 불량률이 개선

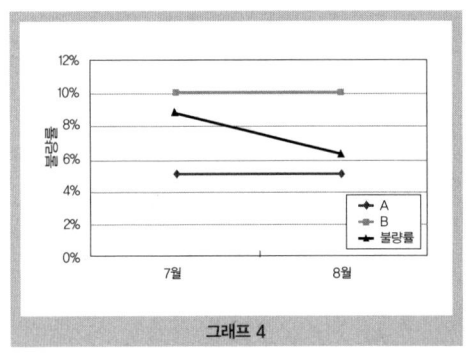

그래프 4

되었다고 말한다면 그것은 평균의 개념을 이용한 왜곡이다.

이를 그래프로 그려보면 이런 경우 평균의 불합리성이 좀 더 잘 보인다. A제품과 B제품의 불량률은 변함이 없는데도 전체 불량률은 감소하고 있다.

비슷한 경우에 불량률이 변화하는 경우를 가정하여 보자.

	7월	8월
A (생산량/불량수/불량률)	500/20/4%	1500/90/6%
B (생산량/불량수/불량률)	1500/150/10%	500/50/10%
전체 (생산량/불량수/불량률)	2000/170/8.5%	2000/140/7%

이 경우는 어떤가? 전체 불량 수, 불량률 모두 감소하고 있다. 그러나 공정의 품질 담당자는 A제품의 공정 불량률이 조금씩 올라가고 있음에도 B제품에 비해서는 불량률이 낮고, A제품의 비중이 점점 증가함에 따라 전체 불량률이 오히려 감소하고 있다고 보고할 수 있을 것이다.

다른 상황을 생각해보자. 역으로 불량률이 올라가고 있는데, 전체 불량률이 떨어지는 것으로 계산될 수 있다.

	7월	8월
A (생산량/불량수/불량률)	500/20/4%	1500/90/6%
B (생산량/불량수/불량률)	1500/135/9%	500/55/11%
전체 (생산량/불량수/불량률)	2000/155/7.75%	2000/145/7.25%

이 경우는 A, B 제품 모두 불량률이 증가하고 있다. 그러나 전체 불량률은 감소하고 있다. 이것도 역시 가중치가 다른 2개 이상의 집단에서 평균을 낼 때, 가중평균의 속성을 이해하지 못하면 혼동을 준다는 예이다.

패러독스에서
헤어 나오는 방법   이렇게 성격이 다른 A, B제품을 좀 더 간편한 숫자로 보기 위해 평균이라는 이름으로 합쳐서 보는 순간에 우리는 혼동에 빠질 가능성이 있다. 그렇다면 이러한 경우에 어떻게 보고, 운영하는 것이 좋을까? 다음과 같은 방법이 가능하지만, 보통 첫 번째 방법을 많이 사용한다.

1. 각 제품별로 별도로 공정의 불량률을 관리하는 것이 공정에 대한 정확한 이해를 위해서 훨씬 효율적이다.
2. 또는 가중치를 외적인 요인에 의해 변하는 생산량보다 다른 내부적인 기준치를 유지하는 방법도 있다. 즉 A, B제품에 대해 5:5의 가중치를 준다면 각 경우의 불량률은 A, B제품 각각의 불량률에 직접 연결되어 실제 공정의 안정도를 반영하는 수치가 될 것이다.
3. 또는 평균이라는 개념을 사용하지 않고 전체 불량 수 또는 전체 이익이라는 총합 개념으로 보는 것은 무방하다.

이 문제를 다른 관점으로 보면 상황은 정반대가 된다. 영업 부문의 관점으로 보자. 회사에서 A제품은 아무래도 불량률이 낮고, B제품의 불량률이 높다는 사실을 알고, 회사 원가 절감 차원에서 B제품의 판매량을 늘렸다고 해보자. 그러면 공장의 기술 담당, 품질 담당의 담당업무인 전체 불량률을 낮추는 일을 영업 담당이 해결해 준 것이 된다.

다른 관점으로 좀 더 나아가서 볼 수도 있다. 마지막 사례의 수치들을 이익률이라고 생각해 보자. B제품의 이익률이(9%) 높고, A제품의 이익률이 (4%) 낮은 상태라고 생각해보자. 이 상태에서 각 제품의 이익률을 둘 다 높이려고 노력한 결과 각각 2%씩 높였다고 하자. 그렇더라도 이익률은 오히려 7.75%에서 7.25%로 떨어져버렸다. 이익이 좋은 B제품의 매출이 줄었기 때문이다. 이는 기본적으로 이익이 많은 제품을 더 많이 팔려고 노력하는 것이 이익을 높이기 위해 공장에서 원가절감 등의 노력을 하는 것보다 훨씬 더 큰 역할을 한다는 것을 보여준다.

3. 나누어 보지 않아서 생기는 오류

아파트 값은
떨어진 것일까

버블에 대한 우려와 공포에도 불구하고 부동산 가격은 계속 상승하고 있다. 이 글을 쓰는 동안에도 빠지지 않고 뉴스에 등장하는 것이 바로 부동산 관련 뉴스다. 몇 년간의 부동산 가격의 상승으로 정부나 경제계 그리고 집이 없는 국민들의 걱정이 많다. 이런 부동산 가격 상승의 불씨를 잡고자 참여 정부 내내 계속된 정부의 부동산 관련 강경책이 있었지만 부동산 가격은 많이 상승하였다. 이런 가운데 2007년 2월 각 언론은 '아파트 거래량 하락', '평당 가격 서울 12.2% 하락' 등의 내용을 정부의 발표를 근거로 보도하였다. 우려를 나타내던 국민들의 입장에서는 환영할 만한 소식이 아닐 수 없다.

하지만 당시 보도된 언론을 자세히 보면 명확하지 않고 아리송한 통계 숫자의 오용이라는 느낌을 지울 수 없다. 이유를 보기 전에 당시 보도된 내용을 정리해보자. 당시 정부의 발표를 따른 보도는 "2007년 1월 거래된 전국 아파트의 평당 가격은 556만 원으로 지난해 10월 739만 원보다 183만 원(24.7%) 떨어졌다"는 것을 핵심 논조로 담고 있었다. 구체적으로는 서울의 경우 2006년 10월 1297만 원에서 2007년 1월 159만 원이 낮아진 1138만 원을 기록, 12.2% 하락했으며 서울을 포함한 수도권도 970만 원에서 818만 원으로 152만 원, 15.7% 떨어졌다는 내용이었다. 또한 강남, 서초, 송파구 등 강남 3구는 2006년 10월 2264만 원에서 2126만 원으로 138만 원 떨어졌으며 2006년 12월까지 상승세를 지속하며 평당 934만 원까지 올랐던 강북 14구도 2007년 1월 912만 원으로 하락했다고 보도했다.(《국민일보》, 2007년 2월 26일자).

계속 실패에 실패만을 거듭하던 정부의 부동산 정책이 어느 정도 성공한 것으로 환영할 만한 일이라고 생각할 수도 있다. 그리고 이 당시 급박하게 상승 추세이던 아파트 가격이 12월 이후 주춤하는 상황이라는 것은 부정할 수 없다. 하지만 전국적으로 24.7% 하락, 수도권 15.7% 하락, 서울 12.2% 하락했다는 말에 동의하는 부동산 전문가, 시장 참여자는 없었다. 왜 그런 시각의 차이가 났던 것일까? 견해 차이가 심하고 논란이 증폭되자 당시 정부 관계자였던 건교부 토지기획관은 "실제 거래된 아파트의 평당 가격이 하락했다고 해서 전체 아파트 값이 떨어졌다고 볼 수는 없고,

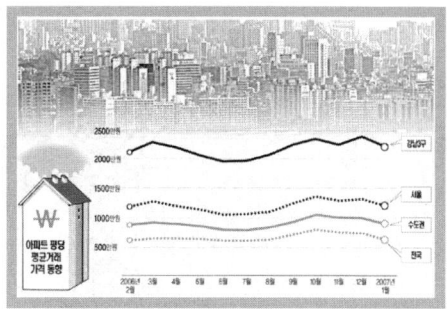

경향신문: 월별 아파트 평당 거래 가격

다만 평당 평균 가격은 같은 아파트를 대상으로 한 것은 아닐지라도 시장 움직임을 판단하는 간접적인 기준이 될 수는 있다"고 말해 논란을 무마하려고 했다. 하지만 이런 정부의 입장에 대해 시장 전문가들은 "현재로선 무리한 가격 분석보다는 거래량의 추이를 통해 시장을 평가하는 게 더 바람직하다"고 말해 논란의 여지가 여전히 많음을 보여주었다(《중앙일보》, 2007년 2월 26일자).

정부와 부동산 전문가의 주장을 정리하면 다음과 같다.

1. 평당 가격이 떨어졌다고 전체 아파트가 (다) 떨어진 것은 아니다
- 물론, 평균은 전체적인 경향을 나타내는 것이지 그 중에 반대 방향으로 움직인 것은 소수 있을 수 있다. 단, 이 사례는 전체적인 경향을 나타내는 평균을 잘못 산출한 것이므로 위의 표현은 의미상 적절하지 않다.
2. 평당 평균가격은 같은 아파트를 대상으로 한 것은 아닐지라도 시장 움직임을 판단하는 간접적인 기준이 될 수는 있다
- 이것이 이번 이야기의 주제와 밀접하게 관련되어 있다. 간접적인 기준이 되기는 하나, 오해의 소지가 있다.
3. 현재로는 무리한 가격 분석보다는 거래량 추이를 통해 시장을 평가하는 게

구성비의 변화를 고려하지 않은 전체 값은 혼동을 주기도 한다

더 바람직하다.
- 거래량의 변동이, 특히 거래부동산의 성격 변화가 이번 이야기의 문제를 발생시켰다.

아파트 거래량의 감소 비율

불량률의 사례를 이해한 독자라면 앞의 아파트 문제와 불량률 사례가 어떤 점에서 공통점이 있는지 알 수 있을 것이다. 그 공통점은 서로 다른 성격의 대상들로 구성이 되어 있고 그 대상들 간의 구성비가 변할 때 전체 평균을 계산하는 경우라는 점이다. 이때 각각의 가중치를 고려하지 않는 평균은 현상을 제대로 이해하는 데 문제를 야기한다. 건설교통부가 아파트 평균 가격을 산출하는 방식을 보면 보다 분명해진다. 건설교통부는 각 월 거래분 건의 가격 평균 간 단순 비교를 통해 아파트 가격이 하락했다는 발표를 하였다. 다시 말해 건설교통부는 2006년도 10월과 2007년 1월, 각각의 기간 동안 (전체 아파트의 거래 금액 총합)/(거래 건수)을 단순 비교한 것으로 보인다. 앞의 불량률 사례로 비교한다면 A제품과 B제품의 구성비를 고려하지 않고, 전체 생산량과 전체 불량률의 비율을 구한 것이 된다.

이런 계산법이라면 아파트 평균 가격의 경우 '부동산 거래량'이 중요한 변수로 작용한다. 당시 신문들을 보면 부동산 거래량은 11·15대책과 1·11대책 등의 영향으로 급감하고 있는 것을 확인할 수 있다. 전국 아파트 거래 건수는 2006년 10월 8만 1432건으로 최고치를 기록한 이후 11월 7만 6358건, 12월 4만 8958건, 2007년 1월 1만 9635건으로 하향곡선을 그렸으며, 서울의 경우는 2006년 10월 2만 1120건에서 2007년 1월 2173건으로, 수도권은 같은 기간 6만 138건에서 8700건으로 급감한 것을 볼 수 있다. 특히 강남 3구는 2007년 1월 275건만 거래돼 최근 1년간 최저치를 기록했다(《동아경제》 20007년 2월 27일자). 단적으로 서울 강남구 개포동의 주공 1단지 13평형은 10월에 32건이 거래됐지만 1월에는 단 한 건만 거래됐다는 신문 보도가 나오기도 했다(《중앙일보》, 2007년 2월 26일자).

	거래량			아파트 가격 하락 비율
	10월	1월	비율	
전국	81432	19635	24.1%	24.7%
수도권	60138	8700	14.5%	15.7%
서울	21120	2173	10.3%	12.2%
강남 3구	3703	275	7.4%	

이 표에서 볼 수 있는 것은 아파트 거래량의 변동이다. 그리고 앞의 불량률의 사례에서도 구성비가 차이가 났듯이, 여기서는 비싼 아파트와 싼 아파트의 거래량 감소폭이 차이가 났다. 이 거래량 감소폭의 차이가 평균 단가의 왜곡을 만들어 낸 것이다.

다시 말해 수도권(14.5%) 중에서 상대적으로 비싼 서울(10.3%)의 거래량이 더 많이 줄었고, 또 전국(24.1%)과 비교해 상대적으로 비싼 서울, 수도권의 비율이 더 많이 줄었으므로, 전국 평균 가격의 하락 폭이 컸던 것이다. 하지만 단 3개월 사이에 24%가 하락한 아파트 단지가 있을까? 눈을 씻고 봐도 찾기는 쉽지 않을 것이다. 하지만 언론에서는 또 정부의 발표는 전체 평균으로 보아 아파트의 가격이 24.1% 하락했다고 계산되고 발표된 것이다.

그렇다면 거래량의 감소폭은 왜 달랐던 것일까? 서울, 특히 강남 3구의 경우 왜 거래가 많이 줄었을까? 여기서 당시의 부동산 상황과 정부의 대응을 보자. 2006년 가을 11·15 부동산 대책이 있었고, 다음해 1·11 부동산 대책이 발표되었다. 이들 대책의 중점 사항 중의 하나는 총부채 상환비율 제한(DTI)라고 불리는 수입 대비 주택 담보대출 금액 제한이었다. 즉, 비싼 집일 경우, 적은 연봉의 사람은 많은 대출을 받지 못하게 하는 것이었다. 이러한 제도가 시행될 경우 고가의 아파트가 다른 아파트들에 비해 거래에 더 제한을 받는 것이다. 이로 인해 고가 아파트의 거래량 수는 줄고, 이는 '아파트 평당 평균 거래가격'이라는 지수를 지나칠 정도로 떨어뜨린 것이다.

	부동산 대책 이전	부동산 대책 이후
중저가 아파트	평균 1억×2개=2억	평균 2억×10개=20억
고가 아파트	평균 8억×3개=24억	평균 9억×2개=18억
아파트 평균 가격	26억/5개=평균 5.2억	38억/12개=평균 3.16억

위의 내용을 아주 단순화 해서 위와 같이 2개의 평형만 있는 가상의 동네를 생각해보자. 표를 보면 이들 아파트는 이전 시점에는 평균 5.2억에 거래되었고, 이후 시점에는 평균 3.16억에 거래되었다. 그러나 개별 아파트 가격을 보면 중저가 아파트는 1억에서 2억으로, 고가 아파트는 8억에서 9억으로 상승하였다. 이런 상황에서 평균 아파트 가격이 하락했다고 말한다면 이는 평균에서 오는 착시 현상일 뿐이다. 평균은 앞에서도 계속 이야기하였지만, 편리한 반면 사용하는 데 주의를 요하는 도구이다. 그래서 어떤 지표를 계산하는 데 평균이 많이 쓰이지만, 적절하지 않는 평균 사용은 지표를 계산하는 데 들어가는 노력의 양과는 상관없이, 사실을 보여주지 않는 '숫자 놀음'의 지표를 만들어낸다.

**주식 지수와
아파트 평당 가격의 차이**

주식시장에서의 KOSPI지수, KOSDAQ지수를 계산하는 방식을 생각해보면 아파트 평당 가격 산출 방식의 문제점이 좀 더 확연히 보인다. 주식시장에서는 하루에 거래되는 양을 기준으로 지수를 산출하지 않는다. 즉, 예를 들어 POSCO의 주식이 어제 1만주가 거래되고, 오늘 10만주가 거래되었다고 하여 오늘의 KOSPI지수에 POSCO의 비중이 10배로 증가하는 것은 아니다. 상장되어 있는 주식의 총량이 각 개별 회사의 비중이지, 거래량은 아니다. 그런데, 왜 아파트 평당 거래가는 이런 방식이 아닌 10배의 가중치를 주는 방식으로 계산하였을까? 그 이유는 자료의 발생 빈도에 있다. 주식시장에서는 상장되어 있는 개별 회사의 주식에 대해 대부분의 경우 매일 매일 거래가 발생하고, 이를 통해 그 회사의 주식 값을 측정하는 데 문제가 없다. 그러나 아파트의 경우는 다르다. 단지 규모가 작은 아파트의 경우는 한 달에 한 건도 거래가 없을 수도 있고, 같은 단지의 아파트라도 층, 향, 수리 정도에 따라 원래 가격이 다를 수 있다. 그래서 아파트값을 적절히 측정하기도 어렵고, 이를 통해 변화 추이를 살피는 것이 몹시 어려운 것이다. 그래서 결국 사용한 평당가라는 거래된 아파트의 평균을 보는 방법을 쓸 것이다.

그렇더라도 기존에 부동산 중개업자의 말에 의존하던 것에 비해서 2006년 8월부터는 모든 아파트에 대한 실거래가 정보가 관리되기 시작하였다. 이를 계속 누적하여 관리하면 적절한 동향 정보가 쌓이고 이를 통해 적절한 동향 관찰이 가능할 것이다. 그 전에 조금 모여진 자료를 활용하는 것은 좋지만, 거래량에 따른 가중치를 받게 되는 '아파트 평당가'는 숫자 놀음일 뿐이다.

부동산 가격이 사회의 불안 요인이 되는 시기인 2007년 초반기에는 정부 입장에서는 정책 성과의 홍보 차원과 아파트 가격 안정을 위한 심리전 차원에서 아파트 가격이 안정되고 있다는 발표를 하는 것이 필요한 시점이었다. 그렇더라도 이런 숫자 놀음은 사람들에게 혼동을 주고, 후에 이것이 숫자 놀음인 것을 사람들이 알게 되면 정부 발표에 대한 신뢰가 떨어지게 된다. 처음 이 책을 쓰기 시작했던 시점에는 필자의 지인들은 정부의 발표와 반대로 움직이면 돈 번다고 생각하는 사람들이 다수였다.

이 글을 쓰면서 필자는 이런 정부의 발표가 언론 플레이였는지 아니면 국민들이 알아서 판단하리라고 생각하였는지 궁금하다. 아무튼 필자는 여기서 평균이라는 대표값을 잘못 쓴 생생한 사례를 하나 얻었고, 독자들에게 잘 설명할 수 있게 되었다.

통계는 거짓말을 하지 않는다

이 장에서 우리는 아파트 가격, 불량률의 사례를 통해서 몇 가지 통계학, 특히 평균과 관련한 교훈을 얻을 수 있다. 첫 번째는 통계가 거짓말을 하는 것이 아니라 숫자 계산에 대한 무지 또는 오용이 거짓말 통계를 만들어낸다는 것이다. 올바른 판단은 사실을 기반으로 하여야 하고, 사실은 숫자로 표현될 때 객관적으로 관찰된다. 모여진 숫자를 산술하는 데 약간의 지식과 노력을 통해 우리는 사실에 좀 더 접근할 수 있다. 두 번째는 성격이 다른 (아파트의 경우라면 원래 고가인 아파트와 저가인 아파트) 두 대상을 단순히 수집된 자료를 더해서 평균내는 것은 숫자 장난이 될 수 있다는 점이다. 평균은 편리한 방법이지만, 잘못 사용되면 숫자 놀음이 될 가능성이 매우 높다. 평균이 유용한 상황과 대상을 세분화하여 보아야 하는 상황을 독자들이 구분할 수 있기를 바란다.

3부
비교 그리고 관계

2부에서 데이터를 요약해서 알기 쉽게 정리하는 것은 기본적으로 현황 파악을 위해서다. 소비자 만족지수의 평균값은 얼마이고 어느 지역에서 어느 연령대에서 만족도가 높거나 낮다고 말하는 것을 넘어서 우리는 주어진 결과로 다양한 추론을 할 수 있다. 즉, 적절한 구분과 비교를 통해 결과에 대한 인과관계를 추적하고 파악할 수 있다. 특정한 구분에 따라 만족도가 높거나 낮은 차이가 있다면 이를 인과관계로 설명할 수 있는 가설을 검토해야 하고, 이를 통해 결과를 설명하는 원인에 해당하는 변수를 찾는 것이 목적이다. 6시그마에서는 이런 것을 참원인이라고 부른다. 데이터 분석은 기본적으로 대상들을 나누어 '비교'함으로써 이루어진다. 비교를 통해 우리는 다양한 인과관계 모형을 설명하고 어떻게 인과관계를 추론할 것인지를 논리적으로 살펴보게 된다. 그리고 원인과 결과 변수의 관계를 계량화한 '결정계수'는 참원인을 찾는 데 유용하며, 또 이런 과정을 통해 찾은 참원인을 활용하여 예측이나 최적화 조건을 찾을 수도 있다.

● 좋은 꿈을 꾸면 복권을 사고, 좋은 꿈을 꾸면 복권에 당첨된다?
통상적 통계 논리의 허점을 파헤친다.

● 국보급 투수 선동열 선수의 어깨 통증을 낫게 한 것은 무엇일까?
약인가, 치료인가, 좋은 음식인가? 복잡한 인과관계를 분석한다.

● 생선의 신선도를 지키기 위한 최적의 조건은?
통계는 예측과 최적화의 기술을 제공한다.

좋은 꿈을 꾼 사람은
복권에 당첨된다고? –비교

> 비교하는 것은 삶에 있어서 핵심적이고 중요한 부분이다.
> – 스티브 캠벨

1. 통설과 과학적 분석

**비교의 본질을 꿰뚫어 본
천재 소년**

이 책에서 계속 반복될 이야기 중의 하나가 분석과정에서의 '비교Comparison'의 중요성이다. 우리가 어느 수치가 크다 작다를 이야기할 때는 언제나 비교 대상을 두고서 비교 대상과의 비교를 통해서 한다. 필자 생각으로 분석이란 단어 앞에는 일반적인 '비교'라는 단어가 생략되어 있다. 즉, 비교를 통한 분석이 대다수이다.

옛 이야기 중에 이 부분에 대해 잘 설명한 우화가 하나 있는데, 누군가 마당에 나무 막대기를 가지고 선을 그어 크게 一(일)자를 쓴 뒤, 사람들에게 이 글자를 건드리지 않고 작게 만들어보라고 하였다. 사람들이 그 방법을 몰라 어리둥절해 하고 있을 때, 어느 영특한 소년이 그 글자 위에 더 큰 一(일)자를 그렸다. 이를 통해 앞의 일一자는 작은 일一자가 되었다.

우리가 연관성이나 영향도 또는 인과관계를 검토할 때도 역시 마찬가지로 비교의 개념을 항상 염두에 두어야 한다. 보통 인과관계 즉, 어떤 조건에서 어느 결과가 발생한다고 주장하는 것은 조건과 결과의 연관성을 나타낸다. 이때 조건이 충족되었을 때와 조건이 충족되지 않았을 때의 결과의 비교를 통해서 조건과 결과와의 관계를 제대로 분석할 수 있다. 이를 차근차근 알아보자.

통상적 통계 논리의 허점

우리는 어떤 일이 발생하였을 때, 그것이 우연이라고 생각하기보다는 어떤 특정한 원인에 의해서 일어났다고 생각하고 설명하려는 경향이 있다. 특히 드물게 발생하는 사건일 경우에는 발생 이유가 그럴듯한 것이 매우 다양하게 거론되고, 신빙성을 얻기도 한다. 우연적으로 발생한 사건이 종종 필연으로 윤색되고 합리화된다. 하지만 결과와 원인 사이의 관계에 이런 사후事後의 합리화는 곧잘 오류를 포함한다. 많은 사람들이 관심이 있는 로또 복권 이야기를 사례로 이야기해 보자.

한 신문에서 로또 복권에 당첨된 사람들과 그들이 꾼 꿈에 대해서 그럴듯한 통계치를 인용하여 이른바 재수 좋은 꿈과 로또 복권 당첨이라는 행운 사이에 모종의 연관관계가 있는 것처럼, 그래서 사람들의 통념을 재확인하는 것 같은 기사를 낸 적이 있다. 그 기사는 2005년도에 로또 복권 1등에 당첨된 사람 250명을 대상으로 설문조사를 했더니 110명(44%)이 길몽을 꾸었다고 답변했다는 것이었다. 역시 예상했던 대로다. 당첨자들은 무슨 꿈을 꾸었을까? 신문에 의하면 조상 꿈이 19%로 가장 많았고, 다음이 돼지 꿈 17%, 재물 꿈 9% 순이었다. 재미있게도 이런 그럴 듯한 기사의 말미에는 복권에 대한 책을 쓴 저자의 말까지 인용하고 있다(《세계일보》2006년 2월 20일자). 그 저자는 이렇게 말하고 있다. "복꿈을 꾼 사람은 거의 복권을 산다. 말하자면 꿈을 꾼 뒤 복권을 구입하는 비율이 높고, 그런 만큼 꿈을 꾼 사람이 당첨될 확률이 높은 셈이다."

이에 관해 좀 더 살펴보기 전에 1부 '자료의 조사'에서 이야기했듯이, 우선 자료의 신뢰도에 대해 먼저 생각해 보자. 당신이 복권에 당첨되었고 하자. 그럼 당신은 '내가 무슨 좋은 일이 있었기에 이런 행운이 나에게 찾아왔나?'라고 곰곰이 생각해 볼 것이다. 또, 요 며칠 사이에 어떤 좋은 꿈을 꾸었는가 생각해 볼 것이다. 그러다 우연히 뭔가 관련이 있을 성싶은 꿈이 있다면 당신은 그 꿈을 복권을 당첨시킨 길몽이라고 간주하고 복권 당첨을 꿈 덕분이라고 생각할 수 있다. 그게 인지상정 아닐까? 특히나 누군가가 복권에 당첨된 당신에게 "길몽이라도 꾸셨나보

돼지꿈을 꿔서 복권에 당첨된 것일까?

지요? 어떤 꿈이었어요?"라고 묻는다면, "그런 꿈 없습니다. 순전히 운이지요."라고 답하기보다는 좀 더 드라마틱하고, 그럴듯하게 설명할 수 있는 꿈을 이야기 할 것이다. 이처럼 복권에 당첨된 사람은 뭔가 그것이 영험한 것이라고 생각하고 싶은 경향이 있지 않을까? 즉, 최근에 복권 당첨과 연관시킬 수 있는 꿈이 있었는가를 고민한 뒤, 그렇다고 답할 가능성도 있는 것이다. 그렇다면, 복권당첨자는 다른 사람들에 비해서 좀 더 많이 꿈을 꾸었다고 생각할 수 있고, 그만큼 과장될 수 있다. 그렇다고 복꿈이 복권 당첨과 아예 관련이 없다고 단정지을 수는 없다. 다만 이 통상적인 논리, 그리고 신문에 나온 통계의 논리가 왠지 어설프다는 말을 하고자 하는 것이다. 자 그러면, 무엇이 문제인지 살펴보자.

이 장에서 말하고자 하는 이야기의 핵심인 비교에 들어가 보자. 위에서 언급한 글의 신문기자 그리고 책의 저자가 주장하는 것을 다음과 같이 정리할 수 있다.

1. 복꿈을 꾼 사람은 거의 복권을 산다?
2. 복꿈을 꾼 사람은 당첨될 확률이 높다?

복꿈을 꾼 사람은
복권을 산다?

신문 말미에서 인용한 책의 저자는 주변의 사람들을 통해서, 주로 복권을 산 사람들로부터 정보를 얻어서 '복꿈을 꾼 사람은 거의 복권을 산다.'라고 단정적으로 말했지만, 그런 내용은 쉽게 확인하기 어렵다. 다만, 저자는 복권을 산 사람 중에 꿈을 꾸어서 샀다는 사람을 많이 보아서 그렇게 이야기한 것일 뿐이다. 좋은 꿈을 꾼 사람이 복권을 산다는 것은 좋은 꿈을 꾼 사람들 전체에 대해 조사해 보기 전에는 알기 어렵다.

다음과 같은 문제를 생각해보자(도모노 노리오, 2007, 『행동경제학』, 지형).

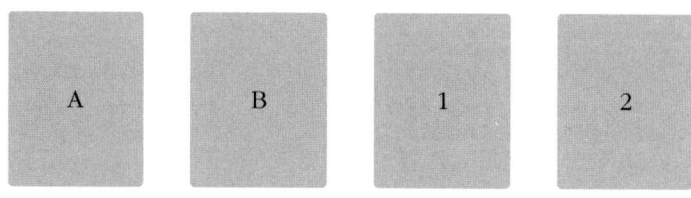

위처럼 4장의 양면 카드가 있고, 각 카드에는 숫자와 알파벳이 각각 한 면씩 적혀 있다. 카드의 양쪽 면 중에 사람들이 우선 한쪽 면만을 보고 있을 때, 다음의 명제가 참인지를 확인하기 위해서는 어떤 카드를 확인해야 할까?

명제: "알파벳 모음 카드 뒤에는 홀수가 적혀있다."

쉽게 떠오르는 것이 'A' 카드이다. 우선 모음카드 'A' 뒤에 홀수가 적혀 있는가를 확인해야 한다. 그러나 이것 외에 더 확인해야 하는 카드가 있다. 바로 짝수 숫자카드 '2'이다. 이 짝수 숫자카드 뒤에 모음이 있다면, 위의 명제는 사실이 아니게 된다(고등학교의 수학교과서의 내용대로 설명한다면, 대우 명제에 해당하는 "짝수카드 뒤에는 알파벳 자음이 있다"를 확인해야 한다). 그래서, 정답은 'A'와 '2'이다.

위의 내용을 복권과 꿈이야기에 대입해 보자. 위의 복권 관련 1번 주장('복꿈을 꾼 사람은 복권을 산다')를 확인하기 위해서는 복권을 산 사람에게 꿈을 꾸었는지를 물어보는 것(◎)과 함께 복권을 안 산 사람 중에서 복꿈을 꾼 사람이 얼마나 되는지를(×) 알아보아야 한다. 그렇지 않고 신문에 나온 저자처럼 복권당첨자에게만 물어서 복꿈을 꾼 사람이 많다고 해서 복꿈을 꾼 사람은 복권을 사는 경향이 있다고 말하는 것은 오류가 있다.

복꿈? 복권 구입여부	구입	구입 안함
꾼 사람	◎	×

이 명제 확인의 어려움은 복권을 산 사람에게 꿈 여부를 물어보는 것보다 안 산 사람에게 복꿈 여부를 확인하는 것은 더 어렵다는 것이다. 그렇다고 복권을 산 사람에게만 물어봐서 복꿈을 꾼 사람이 많다는 사실로부터 '복꿈을 꾸는 사람은 복권을 산다' 라는 가설을 확인하려 한다는 것은 위의 예처럼 잘못된 절차이다. 그래서 엄밀한 정밀성을 요구하는 과학적인 논문이나 이론에서나 대조 사실을 확인하기 어려운 위 같은 상황에서는 이런 형식의 주장을 쉽게 하지 않는다. 결론적으로 결과 중의 '구입한 사람' 처럼 일부분만을 조사한 것으로는, '복꿈을 꾼 사람은 복권을 구입한다' 는 말을 할 수 없는 것이다.

복꿈을 꾼 사람의 당첨확률이 진짜 높나?

두 번째 주장을 보자. 그럼 뭔가 좋은 꿈을 꾸면, 재수가 좋다는 말은 맞는 것일까? 위의 말에서처럼 그렇게 연관관계를 결정 내려도 되는 것일까? 자, 아래 표의 자료는 위의 주장의 근거가 되는 조사 결과이다. 이를 통해 위의 저자의 이야기처럼 꿈을 꾼 사람의 당첨 확률이 높다고 할 수 있을까?

	꿈을 꾼 사람	꿈을 안 꾼 사람
복권 당첨	110명 (44%)	140명 (56%)

로또 복권을 사는 사람은 아무런 꿈을 안 꾼 사람과 뭔가 좋은 꿈을 꾼 사람이 있을 것이다. 주기적으로 구입하는 사람도 복권을 구입하는 날 아침에는 뭔가 꿈을 꾸지 않았나 하고 생각해보고 그에 따라 좀 더 구매할 수도 있다. 그럼 꿈을 안 꾼 사람과 꾼 사람 사이의 비율은 얼마나 될까? 후자의 비율이 전체 인원수에 비해 44%보다 현저히 작을까?

다음과 같이 표에 칸을 더 만들어 보자. 즉, 복권 당첨된 사람 외에 구입 후에 당첨이 안 된 사람들을 포함하여 생각해 보자.

결과 \ 조건	꿈을 꾼 사람	꿈을 안 꾼 사람
복권 당첨	110명	140명
복권 미당첨	n_1	n_2
당첨 확률	$p_1 = 110/(110+n_1)$	$p_2 = 140/(140+n_2)$

여기서 우리가 꿈이 영험하다 안 하다의 비교를 위해서는 다음 중 어느 것으로 판단해야 할까?

1. 44%와 56%의 비교
2. 각각의 복권 당첨 비율인 p_1과 p_2를 비교

정답은 2번인 각각의 복권 당첨 비율인 p_1과 p_2를 비교해야 한다. 즉, 꿈을 꾸었을 때의 당첨 확률이 꿈을 안 꾸었을 때의 당첨 확률보다 클 때에만 꿈과 복권 당첨과의 연관성이 성립하게 된다. 예를 들어 다음 표와 같은 조사 결과가 나온다면 위의 주장은 틀린 말이 된다.

이처럼 적정한 비교의 대상(대조군)과의 비교가 없이 결과만을 비교한다면 잘못된 결론에 이르게 된다. 어떤가? 다음 표의 결과는 꿈을 안

결과 \ 조건	꿈을 꾼 사람	꿈을 안 꾼 사람
복권 당첨	110명	140명
복권 미당첨	n_1=390	n_2=360
당첨 확률	p_1=110/(110+390)=22%	p_2=140/(140+360)=28%

꾸었을 때 복권을 구매하는 것이 당첨될 가능성이 높다는 '역전된' 결과를 보여주지 않는가?

다른 예를 들어 보자. 어느 교통사고 통계 자료를 보니 오후 6시에 고속도로 위에서 발생한 사망자 수는 오전 6시의 사망자 수의 4배라고 하였다(대럴 허프, 2004, 『새빨간 거짓말』, 더불어책). 이를 듣고 오전 6시에 운전하는 것이 안전하다고 말할 수 있을까? 그렇지 않다. 오후 6시 시간대의 사망자가 오전 6시 시간대에 비해 4배 더 많은 것은 이 시간대의 교통량이 원래 훨씬 많기 때문이다. 교통량의 비율은 얼마나 더 많을까? 4배보다 더 많을까? 아니면 적을까? 이에 대한 검토 없이 단지 사고 건수만을 가지고 비교하여 오전 시간대에 사고가 적으니까 오전이 운전하기에 좀 더 안전하다고 잘못 판단할 수 있다.

이처럼 원인과 결과 간의 관계 분석을 위해서는 원인의 조건을 충족하는 집단의 정보만이 아니라 원인의 조건을 충족하지 못한 집단의 정보가 필요하다. 위의 예를 들면 오전 6시와 오후 6시의 통행량의 크기 또는 비율 정보이다. 그래서 통행량 대비 사망자의 비율을 계산해야 적절한 비교를 통해 정확한 판단을 할 수 있다.

당신은 오늘 교통사고를 조심하시오
—오늘의 운세

당신이 어느 날 조간신문의

띠별 운세에 "당신은 오늘 교통사고를 조심하시오"라는 운세를 보았다. 당신은 여느 때와 다름없이 출근길에 올랐고, 시내에서 사거리를 건너다 차에 치이게 되었다. 그렇다면 당신은 '오늘의 운세'에 대해 어떻게 생각하게 될까? 그냥 흥밋거리가 아니라 미래를 예언하는 매우 '영험한' 것으로 생각할 수 있고, 다음부터는 신문에 나오는 '오늘의 운세'에 좀 더 신경 쓸 것이다.

일상에서 자주 일어나는 일이 아니라 매우 드물게 일어나는 사건이 발생했을 때, 우리는 그것을 우연에 의한 것이라고 생각하기보다 뭔가 특별한 원인에 의한 것이라고 생각하는 경향이 있다. 교통사고의 경우는 어떤가? 다분히 우연적인 일이지만 매우 드문 일이어서 당한 사람의 입장에서는 자신이 아침에 본 오늘의 운세와 어떤 강한 연관성이 있다는 확신을 가질 만하다. 하지만 '교통사고를 조심하라'는 오늘의 운세를 본 사람이 그날 버스에 치이는 일이 '운세에 따라서' 일어나는 경우는 그리 자주 있는 일이 아니다. 그래서 더욱더 '오늘의 운세'의 영험함

교통사고를 당한 게 오늘의 운세 때문이라고 할 수 있을까?

을 믿을 수 있을지도 모르겠다. '그런 일은 자주 일어나지 않는다'는 말만으로는 오늘의 운세와 실제 교통사고 사이의 연관성을 깨트릴 정도로 확실한 이유는 되지 못한다. 하지만 당신과 같은 띠를 가진 사람은 전 국민 중에 대략 1/12인 400만이나 된다면 그 중에 어떤 사람에게는 그 예언이 적중할 수 있지만(재수 없는 당신의 경우처럼), 아닐 경우가 훨씬 많다. 실제로 교통사고 발생 건수를 생각한다면 띠별 오늘의 운세와 관계없이 누군가에게는 우연히 사고가 발생할 수밖에 없다(그 사람이 오늘의 운세를 아침에 볼 수도 있고, 안 볼 수도 있지만 말이다).

조건 결과	불길한 오늘의 운세	그렇지 않은 사람
교통사고 난 사람	?	?
교통사고 안 난 사람	?	?
	p_1	p_2

앞에서 본 '원인의 조건에 해당하는 군'과 '해당하지 않는 군'을 비교한다는 개념을 '오늘의 운세' 이야기에 대입해보자. 불길한 오늘의 운세를 받은 사람 중에 어떤 횡액을 당한 사람의 비율(p_1)이 아닌 다른 사람의 비율(p_2)보다 현저히 클 때 우리는 오늘의 운세의 효험을 믿거나 왜 그럴까 하는 의문을 가질 수 있다. 이러한 비교 과정 없이 "원숭이띠는 오늘 교통사고를 조심하시오"라는 오늘의 운세가 용하게 들어맞았다는 주장을 하는 것은 어느 예외적인 일부 사례가 그럴싸하게 과장된 것으로 통계학자인 필자는 생각한다.

여기서 좋은 오늘의 운세를 보고 기분 좋은 느낌을 가지거나, 돼지꿈을 꾸고 부담되지 않을 정도의 복권을 구입한 후 기분이 좋아지는 행동이 잘못되었다는 것을 필자가 이야기하는 것은 아니다. 그것은 당첨 확률과는 상관없이 (인생 역전이라는?) 일종의 '기대'와 '재미'를 많은 사람들에게 주고 있다. 다만 어떤 원인에 의해 결과가 나왔다고 생각하고, 이를 바탕으로 의사결정을 하는 것, 특히 중요한 의사결정을 하려 한다면 그것은 합리적이지 않다. 매우 드물게 발생하는 일에 대해서는 적절한 자료를 구해 검토하는 것이 어렵다. 그렇다고 매우 다양한 인과관계에 대한 수많은 주장이 면죄부를 받는 것은 아니다.

2. 비교에는 대조군이 필요하다

현황파악, 인과관계,
대조군

통계 분석을 통해 파악해야 하는 사실은 크게 현재 상황과 연관관계(또는 인과관계)이다. 2부에서 보았듯 우리가 파악하고자 하는 현황에는 다양한 특질을 가진 개체들이 존재한다. 사실을 판단하는 또 다른 대상인 관계에 대한 방법이 바로 이 장에서 다루는 내용이다. 연관관계가 그것인데, 이는 특정 조건에서는 특정 결과가 나온다고 말할 때 이를 자료를 통해서 확인하는 방법이다. 많은 주장들은 결과와 원인의 관계에 근거를 두고 있다. 이런 주장은 의사결정, 정책 수립의 기초가 된다. 때문에 계획을 실행에 옮기거나 의사결정을 내리기 이전에 관계분석을 정밀하게 하는 것이 필요하다. 대상들 간의 관계분석에 대해 이야기하는 것이 3부의 주된 목적이다.

앞서 지적했듯 2부에서는 주로 '현황現況'을 파악하는 방법을 다루었다. 일상생활에서도 우리는 자주 현황을 기술하는 말을 한다. 이를 테면 다음과 같은 말이다.

"아이의 치아 배열은 보통 좋지 않다."
"직원들의 직무 만족도는 보통 낮다."
"이 대학교는 학교 경쟁률이 높아서 합격률이 낮다."

위의 내용처럼 전반적인 현황을 이야기할 때는 다음과 같은 것을 조사하여 그 수치가 어느 정도인지를 파악하여 판단하면 된다.

"특정 나이대의 아이들의 치아 배열의 정상 정도"
"직원들의 직무 만족도"
"대학의 지원자 수 대비 합격자 수의 비율"

여기에 더하여 우리는 원인 분석 또는 개선 방안 차원에서 다음과 같은 말을 할 수 있다. 즉, 우리가 관심이 있는 현상이 일어났을 때, 그것을 특정 조건 또는 원인과 연관지어서 인과관계로 설명할 수 있다.

"모유 수유를 하면 아이의 치아가 예뻐진다."
"월급이 많아야지 일할 맛이 나지."
"이 대학교는 남학생을 더 좋아해서 남녀 간에 합격률이 차이가 많이 난다."

이 말들은 기본적으로는 인과관계를 나타내는 말이다. 이런 인과관계를 파악하기 위해서는 역시 우리는 비교라는 개념에 익숙해져야 한다. 즉, 어떤 조건을 만족시키는 그룹이 그렇지 않은 그룹과 비교하여 우리가 관심이 있는 결과에 대해 차이가 났을 때 우리는 이런 주장에 타당성을 부여할 수 있다. 이를 좀 더 자세히 풀어 쓰면 다음과 같다.

"모유 수유를 한 아이의 치아 배열이 분유를 먹은 아이의 치아 배열에 비해서 좋다."
"월급이 많은 사람의 직무 만족도가 그렇지 않은 사람에 비해서 높다."
"이 대학교는 학교 경쟁률이 높으나, 그 중에서도 여자지원자의 합격률이 남자지원자에 비해 낮다."

이와 같이 인과관계의 검토는 원인이 충족되었을 때와 원인이 충족되지 않았을 때를 비교를 하여야 한다. 다음과 같은 내용에 대해 자료를 조사하면 이러한 비교가 충분할까?

모유 수유를 한 아이의 치아 배열
월급 많은 사람의 직무 만족도
여자 지원자의 대학 합격률

그러나 '복권'과 '오늘의 운세' 사례에서 설명하였듯이 위의 조사만으로는 부족하다. 각 경우의 수치가 조사되었더라도 그 수치를 해당 조건과 대조되는 비교 대상의 결과 수치와 비교해야 한다. 이런 것을 대조군Control group이라고 한다. 즉, 다음과 같은 대조군을 설정하고 비교하여야 한다.

결과 \ 비교대상	관심군	대조군
치아 배열	모유 수유 아이	분유 수유 아이
직무 만족도	월급 많은 사람	월급 중간/적은 사람
합격률	여자 지원자	남자 지원자

관심군과 대조군을 비교하였을 때 우리는 관심이 있는 요인들이(수유 방법, 연봉 크기, 지원자의 성별) 결과에 대해 영향을 주는지 여부를 판정할 수 있다.

3. 데이터 비교의 원칙들

앞에서 분석이란 많은 경우 비교를 통해서 이루어지는 것이라고 이야기했다. 우리가 관심이 있는 대상을 비교하기 위해서는 수치로 통계분석을 하기 이전에 기본적으로 다음과 같은 것을 점검해야 한다. 이들은 비교를 하기 위한 일반적인 주의사항과, 이에 더하여 통계 분석의 가정을 점검하는 주의사항을 추가하여 정리한 것이다.

비교되는 수치는 동일한 기준에서 수집된 것인가?

예전에 중국에서 있었던 일이라고 한다(대럴 허프, 2004, 『새빨간 거짓말』, 더불어책). 어느 지역의 인구조사를 한 결과 2800만이라는 인구수치가 조사되었다. 몇 년 후 다른 목적으로 동일 지역의 인구조사를 하였을 때에는 1억 5천만이라는 인구수치가 조사되었다. 무려 5배 이상의 차이가 나는 수치가 몇 년의 시차로 조사된 것이다. 그 사이에 인구가 비약적으로 늘은 것일까? 물론 그렇지 않다. 이 차이의 이유는 조사 수치의 활용 목적에 있었다. 앞의 조사의 목적은 '과세, 징병'을 목적으로 한 인구조사이었고, 두 번째는 '기아 구제'를 목적으로 한 인구조사였다. 즉, 앞의 시점에는 인구수에 따라 돈을 내는 경우였고, 후의 시점은 돈을 받는 경우이다.

이와 같이 조사 대상자들과 조사자들은 자신의 이해관계에 따라 수치를 과장하거나 감소시키려는 인센티브를 가지고 있다. 이와 유사한 사례는 자료가 자동으로 automatically 수집되는 곳 이외에서는 언제든 발생할 수 있다(그런 곳에서도 기계를 조작하는 등의 방법으로 발생할 수 있다. 기계를 조정하는 것은 사람이니까). 이런 경우의 대처 방법으로 유효한 것 중의 하나는 실사 audit를 실시하고 이에 따른 '무거운' 처벌을 하는 것이다. 세무조사에서 업무 과중 등의 이유로 대부분은 자발적인 신고를 믿고 세무 처리를 하지만, 가끔 '세무감사'라는 실사를 하는 것은 신고의 성실성을 높이기 위한 방법이다(이런 방지책이 있을 때 자료를 신뢰할 수 있다).

자료의 신뢰성이 의심받는 다른 경우는 명확하지 않거나 공통의 기준을 가지지 못한 상태에서 수집된 경우이다. 2부에서 '운영 정의'를 다룰 때 이야기했듯, 수집된 자료들이 서로 다른 정의에 따라 수집되었다면, 그렇게 구해진 수치를 이용한 비교는 무의미하다. 예를 들어 미국 남부에서는 감기나 몸살을 말라리아라고 불렀다고 한다. 그렇다면 이 지역의 말라리아(?) 발병수를 다른 지역의 말라리아 발병수와 비교하는 것은 의미가 없다. 즉, 자료의 기준이 다른 상태에서 수집된 자료는 어떠한 통계 분석을 해도 결과가 무가치 하다.

2006년 야당의 한 국회의원은 "(2002년 말부터 지난해 말까지) 노무현 정부 3년 동안 전국의 아파트 값이 390조 원이나 상승했다. 신규 건축으로 인한 아파트 가구 수 증가분을 빼더라도 209조 원이나 올랐다."고 보도자료를 발표했다. 하지만 보도자료의 상세내용의 일부를 좀 더 자세히 보면, "신규 건축으로 인한 아파트 가구 수 증가분을 빼더라도 209조 원이나 올랐다"라는 말이 있다. 그 아파트 상승분 390조 원중에 신규 아파트가 있다고 한다면 그 내용은 정반대의 이야기가 된다. 위의 말대로라면 390조 원 상승분 중에 209조 원이 기존 아파트 분이고, 신규아파트의 해당 분은 181조 원이 된다. 그러면 참여정부 기간 동안에 181조 원만큼의 신규아파트가 공급되었다는 이야기가 된다. 새로운 181조 원에 해당하는 아파트의 공급을 아파트 부동산 정책이 잘못되었다고 직접적으로 연결하는 것은 모순이다. 이 경우는 2002년 말과 2005년 초의 아파트 총액 비교라는 점에서는 타당해 보이나, 아파트값 상승이라는 비교를 위해서는 새로운 추가분을 제외하고 기존 아파트만을 비교하는 것이 타당하다. 이런 사소한 기준 설정의 차이는 많은 내용상의 차이를 만들어낸다.

**비교대상의 집단 간에 표본이
집단 내에서 내부적으로 동일한가?** 우리는 비교를 할 때 평균이라는 개념을 많이 활용한다. 2부에서 세분화를 위한 부동산 실거래가 거래 사례에서 보았듯이 평균을 비교할 때는 각 집단 내부에서 동일하다는 가정이 필요하다. 이는 현실적으로는 달성되기 어려운 가정이나, 중요한 요인에 의해 설명이 되는 부분만이라도 모형에 포함시키는 것이 필요하다. 다음의 사례를 통해 이 내용을 살펴보자. 현실에서의 사례로 서울 어느 아파트 단지의 2006년 10월과 2007년 3월의 실거래가 실적 자료를 이용하여 설명해보자(건교부 부동산 거래 통계 자료 참조).

10월과 3월의 아파트 가격을 비교할 때는 각 월의 평균을 계산하여 그 차이가 많고 적음을 비교하는 것이 일반적인 방식이다. 각각 계산해보면 10월에 113,021(만 원)에서 3월에는 115,187(만 원)으로 아파트 가격이 약 2,166만 원 상승한 것으로 계산된다.

아파트의 가격에 영향을 주는 것이 월별 구분 외에 다른 것이 없을

10월	99,500	100,000	96,500	99,500	98,000
	105,000	99,600	97,750	98,300	100,000
	98,500	96,500	99,800	97,500	99500
	108,000	110,000	100,000	110,500	115,000
	106,000	110,000	127,000	124,000	125,000
	123,700	129,000	125,000	128,000	126,000
	129,000	132,000	129,000	129,400	124,750
	135,000	127,500	135,000		
3월	104,000	104,250	125,500	127,000	

(단위: 만 원)

까? 이 아파트는 단일 평형이 아니고, 31평, 34평이라는 2가지 평형으로 이루어져있다. 각 평형 사이에는 2006년 10월 기준 약 26,000(만 원)의 차이가 있다. 이를 보면 가격에는 평형이라는 부분이 영향을 줄 것이

10월	31	99,500	100,000	98,000	96,500	99,500
		105,000	99,600	100,000	97,750	98,300
		98,500	96,500	99,500	99,800	97,500
		108,000	110,000	115,000	100,000	110,500
		106,000	110,000			
	34	127,000	124,000	129,000	125,000	123,700
		125,000	128,000	132,000	126,000	129,000
		129,000	129,400	124,750	135,000	127,500
		135,000				
3월	31	104000	104250			
	34	125500	127000			

다. 또, 층간 차이도 있다. 로열층이라는 전망 좋은 아파트는 아무래도 비쌀 것이고, 1층은 아무래도 가격이 상대적으로 저렴할 것이다. 그리고 동간 차이, 집의 수리 정도 차이 등도 영향을 줄 수 있다. 이 중에 우선 '평형'만을 반영하여 자료를 세분화할 수 있다.

이 경우에 각각의 평균을 계산해보면 다음과 같다.

31평형) 102,066(만 원) → 104,125(만 원)
34평형) 128,084(만 원) → 126,250(만 원)

34평형의 경우 오히려 역전현상이 발생하였다. 즉, 2006년 10월에 비해 거래 가격이 1,834만 원가량 하락하였다. 31평의 경우는 2,000만 원가량 상승하였다. 부분적으로는 하락한 평형이 있으나, 거래량의 비율이 변함에 따라 평균은 상승한 것으로 계산된다. 10월에는 31평이 더 많이 거래되었고 (전체 중 58%), 3월에는 50:50의 비율로 거래되었다.

10월) 31평 : 34평 = 22 : 16
3월) 31평 : 34평 = 2 : 2

그렇다면, 31평은 2,000만원 상승, 34평형은 1,834만원 하락하였는데, 이것을 모두 모아서 평균으로 (거래량 비율이 변하였을 때의 평균 비교는 문제가 많다고 2부에서 이야기하였다) 2,166만 원 상승이라고 보는 것은 타당할까? 독자들이 그렇게 하지 않기를 바란다. 서로 성격이 다른 개체들로 비교 대상이 이루어져있다면, 비교시의 평균은 각 그룹 내의 구성 비율에 의해서 많은 영향을 받을 수밖에 없다.

　아파트 값의 정확한 동향을 검토하기 위해서는 위에서 활용한 평형 외에 동, 층, 수리 정도 등을 조사하고, 또 추가로 각 매도자/매입자들의 경제적 상황에 대한 고려가 필요할 수도 있다. 그러나 세분화되면 될수록 동일한 기준에 해당하는 자료수는 적어진다. 특정동에 특정층의 아파트가 1년에 얼마나 거래되겠는가? 비교하기 충분한 자료의 수가 확보되면서 내부에서 동일하다고 가정해도 될 정도까지 자료를 세분화해야 한다. 이 사례에서는 평형 구분 정도까지가 적정하다고 생각한다.

수치 차이의
실제적인 의미　　한편 위의 분석을 보면 31평은 2,000만원 상승, 34평형은 1,800만 원가량 하락하였는데, 각각의 상승과 하락이 실제적인 의미를 가질까? 다시 말해 약 10억 이상의 아파트에서 2% 정도의 등락이 어느 정도의 의미가 있을까? 이에 대해서는 사람에 따라 의견이 달라질 수 있을 것이다. 어떤 사람은 2% 정도의 등락은 평/향/수리 정도에 의해서도 달라질 것이고, 또 매도자/매수자의 의지에 의해서 달라질 수 있는 작은 차이여서 그 정도로 상승, 하락이라고 단정해서는 안 된다고 말할 수 있다. 반면 다른 사람은 2%는 큰 차이라고 말할 수도 있다. 이러한 판단은 그 분야의 전문가들이 할 수 있다.

　신문이나 기타 잡지 등에서 나오는 비교 및 영향도 분석 자료는 때로는 구체적인 수치가 생략된 채 막연하게 차이가 있다고만 발표되곤 한다. 하지만 자세히 보면 차이가 있더라도 '실제적'인 의미를 가질 만큼 차이가 크지 않거나, 적은 샘플에 대해서 조사한 것이어서 별 의미가 없는 차이인 경우가 많다. 이런 경우에도 '아무리 적어도 차이는 차이'라고 말할 수 있을까? 물론 말하고자 하는 사람들이 있을 것이다. 차이를 강조해야 하는 인센티브를 가지고 있는 사람들 말이다.

《리더스 다이제스트》사는 어느 실험실의 연구자들과 함께 상표가 다른 여러 담배 회사들의 담배 연기를 분석하였다. 그리고 그 결과로 니코틴을 비롯한 여러 성분의 함량을 수치로 보여 주었다. 이에 따르면 어떤 상표의 담배이건 사실상 연기의 성분은 똑같고 따라서 어떤 상표의 담배를 피워도 별 차이가 없었다. 하지만 수치를 나열한 통계표를 보면 그 양이 가장 적은 것이 있을 수밖에 없다. 그 담배가 올드 골드 사의 담배였다. 올드 골드 담배회사의 광고부의 한 사람이 이 통계표를 보고 그냥 넘어갈 리 없었고, 이런 결과를 바탕으로 다음과 같은 광고를 했다고 한다. "전국적으로 알려진 이 권위 있는 잡지의 조사 결과에 따르면, 올드 골드 회사의 담배에는 유독 성분이 가장 적게 들어간 것으로 나타났다." 이런 광고가 나가자 얼마 안 있어 올드 골드 담배회사는 당국으로부터 사람들의 오해를 유발할 수 있는 광고를 중단하라는 지시를 받았지만 승부는 이미 끝난 뒤였다. 당국의 제재가 내려오기 훨씬 전에 이미 이익을 다 챙겼기 때문이다(대럴 허프, 2004, 『새빨간 거짓말』, 더불어책).

우리는 어떤 수치 차이가 발생했을 때, 이 차이의 '실제적인' 의미를 보아야 한다. 이 광고처럼 "유독 성분이 가장 적게 들어간 것으로 나타났다"는 이야기를 들었을 때, "그 정도 차이면 어떤 의미가 있나?"라고 생각해 보아야 한다. '유독', '가장' 등의 부사, 형용사를 제외하고, 이 수치 차이가 의미가 있는 차이냐의 확인이 필요하다. 때로는 위의 경우처럼 의미 없는 수치 차이를 차이가 있다는 사실만을 강조하거나 표현하는 경우가 있다.

이 부분은 통계학 분야에서 판정내릴 수 있는 부분이 아니다. 해당 분야 전문가의 몫이다. 그럼에도 필자는 통계 강의에서 이 부분을 굳이 강조한다. 그 이유는 실제적인 차이를 사업적인, 또 기술적인 관점에서 먼저 보아야 하고 또 더 중요하게 다루어져야 한다는 점을, 가끔 수강생들이 통계적 유의성 siginificance 분석에 몰입하여 잊어버리는 경우가 종종 발생하기 때문이다. 실제적인 수치 차이가 분산분석, t-test라는 통계분석에서는 집단 간의 평균차이이고, 회귀분석에서는 적합식의 기울기에 해당한다. 여기서 나온 새로운 용어는 영향의 계량화(3부 3장)에서 자세히 설명한다.

수치 차이의
통계적 유의성

여기에 더 추가하여 우리가 유의해야 하는 것은 이런 수치 차이가 '통계적 유의성'이 있느냐의 여부이다. 우리는 간단히 비교 대상간의 수치를 구하여 단순하게 비교하고, 샘플수와 비교하였을 때 우연일 수 있음에도 이를 침소봉대하는 경우가 있다.

1995년 한 신문에서 20대 유권자의 정당 선호도에 대한 조사 결과를 보도하면서 "20대 24.6% 대 23.8% 민자 더 선호(이변)"이라는 제목을 뽑았다(김진호, 2006, 『우리가 정말 알아야 할 통계상식 백 가지』, 현암사). 20대의 민자당에 대한 지지도는 24.6%로 민주당의 23.8%에 비해 불과 0.8% 포인트를 앞서고 있을 뿐이다. 따라서 오차의 한계를 고려할 때 정당 지지도의 우열을 판단할 수 없는 조사 결과인데도 민자당을 더 선호하는 '이변'이라고 제목을 뽑은 것이다. 표본 오차의 개념을 이해하지 못하고 있거나 아니면 조사 결과를 의도적으로 왜곡하려고 이런 제목을 붙인 듯하다.

0.8% 차이라는 것이 몇 명 중에 몇 명에 해당하는 것인지 생각해 보자. 만약 20대에 대해서 500명을 조사하였을 경우라고 가정하면,

24.6%라면 123명, 23.8%라면 119명이다. 500명 중에 겨우 4명 차이이고, 또는 250명을 조사하였다면 겨우 2명에 해당하는 차이이다. 이 정도를 가지고 어느 당에 대해 더 선호한다고 머리기사를 작성한다는 것은 합리적이지 않다. 보통 사람들에게는 실제적인 숫자 4명, 또는 2명이 아니라 '더 선호'라는 단어만을 기억하기 쉽다는 것과 이 신문이 특정 정당에 우호적인 신문이라는 사실을 생각하면, 더욱 그러하다.

통계적인 유의성이 없는 상태에서 차이 값만 이야기하는 조사 결과를 발표하면 안 되는 근본적인 이유는 동일한 조사를 한 번 더 시행하였을 때, 다른 결과가 나올 수 있기 때문이다. 이런 근소한 수치 차이는 '전적인 우연'에 의한 것일 수 있다. 즉, 동일한 주제에 대해서 다른 표본을 선정하여 조사할 경우 오히려 역방향의 결과가 나올 수 있다는 것이다. 유의성이 없는 정도의 근소한 차이라면 우연히 그런 결과가 나왔다고 보는 것이 더 타당하다. 이를 모르거나, 또는 알고도 발표하는 경우를 조심하여야 한다. 이 내용은 확률(4부 2장)에서 자세히 다룰 것이다.

지금까지 이야기했던 것들을 간단히 정리하면 다음과 같다. 아래의 질문에 대한 검토는 자료를 수집하기 전에 미리 해야 하고, 분석 과정에서도 반드시 검토해야 하는 항목이다.

1. 비교 대상에서 모인 자료들은 비슷한 조건에서 수집된 것인가?
2. 비교 대상의 집단 간 표본이 집단 내에서 내부적으로 동일한가?(다른 원인 변수를 가지고 있지는 않은가?)
3. 비교 대상 간의 차이가 '실제적인 의미에서' 의미 있는 것인가?
4. 비교 대상 간의 차이 값이 '통계적인 의미에서' 의미 있는 것인가?

분석은 비교를 통해서 이루어진다. 수치 비교는 꽤 강력한 분석 방법이다. 하지만 적절하게 비교하는 것이 간단하지는 않다. 비교를 잘 하기 위해서는 분석의 내용을 잘 이해해야 하고, 자료의 구조를 잘 알아야 한다. 이 부분은 통계분석의 유의성 분석 결과를 만들어 내는 방법보다 훨씬 중요한 것이다.

복잡하고 아리송한 인과관계 분석

> 적절한 관점을 발견할 수만 있다면 아무리 복잡한 현상이라도 이해할 수 있다.
> ―『괴짜경제학』 추천사 중에서

1. 자료를 통한 연관성의 확인

공부를 하면 성적이 오를까? 아마 대부분의 경우는 그럴 것이다. 공부의 양이라는 원인은 성적이라는 결과에 대해서 매우 결정력과 유의성이 높은 변수이다. 그렇다면 언제나 공부한 양만큼 성적이 올라갈까? 그에 대한 답은 '그렇지 않다.'이다. 그럼, 오늘 벼락치기로 공부를 하면 내일 시험 성적이 올라갈까? 글쎄, 이에 대한 답은 다른 조건에 따라서 다를 듯하다. 어떤 원인이 영향력이 있다고 하여도 그 결과에 대한 영향을 파악하기 위해서는 상황에 대한 많은 주변 정보가 필요하다. 이 주변 정보는 때로는 원인과 결과와의 관계를 이해하고, 원인의 조정을 통해 결과를 개선시키는 데 어려움을 준다. 다음과 같은 문제를 통해 원인과 결과간의 관계가 가지고 있는 복잡성에 대해서 알아보자.

1. 철수가 수학성적이 오르는 것은 이번 달부터 다닌 학원 덕분일까?
2. 오늘 공부를 열심히 하면 내일 시험을 잘 보게 될까? 오늘 윗몸일으키기를 연습하면 내일 체육시험을 잘 볼까?
3. 오늘 수학 시험을 잘 본 것은 학원 수강이 효과가 있어서일까 아니면 내가 열심히 해서일까?
4. 오늘 수학 공부를 열심히 하면 내일 수학 시험을 잘 보게 될까? 국사 과목은 어떠할까? 내일 시험을 잘 보기 위해서 하는 공부가 영향이 있는가를 보기 위해서는 어느 과목인가를 봐야 하나?

위의 질문에 대한 답과 이와 관련한 효과를 정리하면 다음과 같다. 그리고 이 내용을 이번 장에서 상세하게 설명할 것이다.

① 숨은 원인 또는 역인과관계

예를 들어 철수가 집에서는 컴퓨터 게임에 몰두하여 수면이 부족하였지만 학원에서 충분히 수면을 취한 덕분에 시험을 잘 보았을 수 있다. 이에 대해 학원이 좋아서 성적이 올랐다고 할 수는 없다. 즉 숨은 인자가 원인과 결과에 관련이 있을 때, 인자와 결과 간에 인과관계가 있다고 표현하면 안 된다. 또는 원인과 결과가 바뀌었을 수도 있다. 그럴 경우 새로운 상황에서 원인에 해당하는 조건이 성립되었다고 해도 같은 결과가 나오지는 않게 된다.

② 임계점 효과

오늘 공부를 열심히 하면 내일 시험을 잘 보게 되는 것은 아닐 수 있다. 특히 수학, 영어 또는 체육과 같은 과목은 어느 정도의 실력이 쌓여야 그 성과가 나타나는 것이지, 조금 노력했다고 해서 결과가 즉시 나타나는 것은 아니다. 물을 끓일 때를 생각하면 쉽다. 물은 99도까지는 액체이지만, 단 1도만 높아지면 다시 말해 100도가 되면 기체가 된다. 이처럼 가열을 하는 작용이 어느 선까지는 큰 변화를 만들지 못하다가 어느 점을 넘었을 때 큰 변화가 있다(이 점을 임계점critical point이라고 부른다). 어느 인자가 1차 직선처럼 일정한 효과를 보이는 경우도 있지만, 임계점처럼 특정한 시점을 전후하여 효과가 급격히 달라질 수도 있다.

③ 중첩효과 또는 상쇄효과

오늘 수학 시험을 잘 본 것은 학원 수강이 효과가 있어서 그런 것일 수도 있고 평소 열심히 공부한 탓일 수도 있고 또는 다른 원인일 수도 있다. 시험 성적이라는 결과에는 많은 인자들이 영향을 줄 수 있다. 예를 들면 시험의 난이도도 성적에 영향을 주는 변수인데, 수학시험이 쉽게 나와서 모든 학생들이 다 잘 본 것일 수도 있다. 각각의 인자의 효과가 동시에 결과에 나타날 때, 이 중에 어느 한 인자만을 들어 그것의 효과라고 부르는 것은 오류일 수 있다. 특히 다른 인자들이 서로 반대 방향으로 영향을 줄 때는 상쇄효과라고 한다.

④ 상호작용(교호작용) 또는 시너지효과

오늘 수학 공부를 열심히 하면 내일 수학 시험을 잘 보게 될까? 또는 오늘 사회 공부를 열심히 하면 내일 사회 시험을 잘 보게 될까? 이에 대한 대답은 '사회는 그렇다'이고, '수학은 그렇지 않을 수 있다'이다. 즉, 일반적으로 암기과목은 그 전날의 공부 여하에 따라 많이 달라지지만, 수학 등의 과목은 평소의 실력이 없을 경우에는 당일치기로는 성적을 올리기가 쉽지 않다. 그럴 때, (시험성적이라는) 결과에 대한 특정 인자(전날 공부)의 효과는 다른 조건(과목 성격)에 따라 다르게 나타난다. 수학 시험을 못 본 아이에게 그 전날 공부를 안 해서 그렇다고 야단을 치는 것은 적절하지 않은 것이다. 서로 인자들의 효과가 상승작용을 일으켜서 효과가 커질 때 시너지 효과가 발생한다고 보통 표현한다.

숫자와 데이터에서 찾는
인과관계

어떤 인자의 조건에 따라 대상들의 결과가 차이가 났을 때, 그것을 어떤 인자의 효과 또는 영향이라고 부른다. 어느 인자가 효과가 있다는 것은 하나의 주장이다. 예를 들어 2부에서 설명한 '성직자들에 대한 과세는 종교의 세속화를 가져올 것이다' 라는 것도 어떤 인자(과세화)가 결과(세속화)에 대한 영향에 관한 주장이 되고, 이런 것들이 많이 모여서 쌓이고 논리가 정밀해지면 그것은 하나의 이론이 된다.

어떤 이론에 따르면 이런 결과가 나와야 하는데 하고 생각했는데 실제로 현실에서는 그렇지 않은 경우도 있다. 가끔 이론들은 서로 모순이 되어 충돌이 되기도 한다. 따라서 이런 이론들이 어떤 특정 상황에서 실제로 원인과 결과간의 관계를 적절히 설명하였는가는 관찰을 통한 확인이 필요하고, 이를 위한 방법들이 많이 모여 있는 것이 '통계학' 이다. 그리고 사실의 확인이 필요한 과학들에는 모두 각 학문별로 필요한 '통계적 방법' 이 개별적으로 개발되어 있다.

이때 원인과 결과에 대한 주장을 확인한다는 것은 그리 단순하지 않다는 사실을 먼저 유념해야 한다. 우선 현실에서는 여러 인자의 영향이 우리가 관심이 있는 결과에 동시에 작용하므로, 어떤 결과에 대해서 어떤 인자의 영향이라고 꼭 집어 말하기가 매우 조심스럽다. 그래서 경제학 등의 사회과학에서는 특정 이론을 전개할 때, 많은 경우 '다른 조건이 같다면'이라는 비현실적인 가정을 두기도 한다.

그런 반면 연구실과 제조 현장에서는 우리가 조건을 제어하는 '실험'이 가능하다. 이 경우에는 우리가 자료 수집 전후에, 특히 자료 수집 계획 단계에서 좀 더 많은 고려를 하면, 그만큼의 정보를 더 많이 얻을 수 있다. 통계학의 한 분야인 '실험계획법Design Of Experiment'은 효과적인 실험을 하기 위해서 '효율적인 실험계획'과 '실험할 때 주의해야 하는 점', 그리고 '실험결과의 통계적 해석'에 대한 내용을 담고 있다. 그런 면에서 자연계의 사람들은 반드시 알아야 하는 과목이다.

여러 분야에서 통계학을 통해 자료 분석을 하는 경험을 많이 하다 보니 어떤 이론을 데이터로 확인하는 과정에서 많은 사람들이 위에서 설명한 4가지 효과 유형을 혼동하고, 착각을 하는 경우를 많이 보았다. 이 4가지 효과 유형을 좀 더 구체적인 사례들을 들어 설명해보자. 그래프들만 가득한 데이터를 분석하기 전에 이들 유형에 익숙해지면, 진짜 인과관계를 볼 수 있는 '눈 뜨임'이 일어나는 때가 올 것이다.

2. 숨은 원인 찾기-숨은 인자 또는 역인과관계

황새가 늘어서
아이가 많이 늘었다고?   우리나라에서는 아이들이 "아기는 어떻게 생기는 거야?"라고 물을 때, 다리 밑에서 주워온다고 답을 하곤 한다. 그래서 종종 집의 예쁜 아이들에게 다리 밑에 가서 진짜 엄마 찾아

가라고 놀리기도 한다. 독일
도 비슷한 이야기가 있는데,
독일의 부모들은 황새가 아
이를 물어다 준다고 답하는
풍습이 있다고 한다. 그런데
어떤 사람이 이 풍습을 실제
로 조사하여 확인하였다고

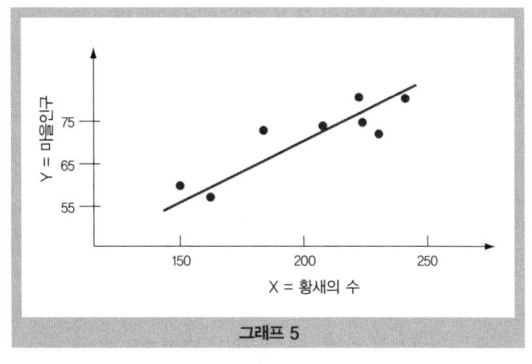

그래프 5

한다. 그 사람은 여러 도시를 대상으로 도시 근처에서 발견되는 황새의
수와 출생아 수를 조사하였다. 그 결과 황새의 수가 많은 도시에서 출생
아 수가 많은 경향을 관찰하였다고 한다. 그렇다면 혹시 진짜로 황새가
아이를 가져다주는 건 아닐까? 조사 결과 황새의 수와 출생아 수는 비
례하지 않는가?

　결과변수인 출생아 수의 차이를 황새의 차이로 설명할 수 있을까가
문제가 된다. 거꾸로 생각을 해보자. 황새를 모으면 마을의 인구가 늘어
날까? 그렇지 않다. 독일의 속담처럼 황새가 아이를
가져오는 것이 아니라, 숨은 원인이 있는 것이
다. 즉, 도시가 발전하면서 인구, 특히 청장
년 인구의 유입이 증가되고, 그에 따라 출
생아 수가 증가하였다. 또, 도시가 발전
함에 따라 주변에 황새를 유인할 만한 먹
이가 많이 늘거나 서식처가 증가하였다.
그래서 큰 도시의 경우는 아기를 낳을 수
있는 젊은 인구가 많이 있어서 출생아가 많
은 것이고, 또 그만큼 새들의 서식지도 많아서

황새가 아이를 가져다주는 것일까?

황새가 많이 관찰된 것이다.

이때 어느 사람이 "황새가 아이를 물어다 준다"고 통계 자료로 사실이 확인되었다고 발표하였다고 하더라도, 그렇게 믿는 사람들은 적을 것이다. 이들에 동시에 영향을 줄 수 있는 숨은 원인이 무엇인가를 찾아야 한다. 이 경우는 바로 도시의 발전 정도이다.

키가 크면 독해력이 높다?
―유사하지만 다른 변수

초등학교 학생들을 대상으로 독해력을 평가하고 이를 여러 학생들과 비교하여 보니, 키가 큰 아이일수록 독해력이 높았다는 결과가 나왔다고 하자. 그렇다면 신장이 낮은 아이들은 성장 발육을 독해력 저하의 원인으로 생각하여, 키를 늘리기 위한 여러 방법을 생각해야 할까?

이때 신장 차이가 독해력 성적에 직접적인 원인 관계가 있다고 할 수 있을까 하는 의문을 가져야 한다. 물론 보조적인 역할은 할 수 있을 것이다. 그렇지만, 직접적인 원인이라고 하기는 어렵다. 직접적인 원인은 '교육'과 '독서'의 기간이다. 즉, 아이들은 기본적으로 학습 연령만큼 교육을 받고, 독서를 하니까 그에 맞는 독해력을 갖출 것이다. 그리고 연령과 키는 관련이 많다.

만약 같은 학년의 아이들에 대해서만 모아서 같은 결과가 나왔다면 위의 성장과 독해력(지능)과의 관련성은 의미 있는 분석이 될 수 있다. 그러나 다른 학년의 아이들이 포함되어 있다면, '키'로 설명되는 부분은 '학습 연령'의 효과를 다른 이름으로 잘못 파악하고 오해한 것으로 볼 수 있다.

경찰관 수가 많을수록
범죄 발생건수가 늘어난다? —역인과관계

다음과 같은 경우를 생각해보자. 어느 사람이 미국 주요 도시의 범죄 발생건수와 경찰관 수를 조사하였더니, 그 결과 두 변수 사이에 높은 상관관계(correlation)가 있다는 것을 발견하고 다음과 같이 주장하였다. "경찰관 수가 많을수록 범죄 발생건수가 늘어난다." 그렇다면, 경찰관 수를 줄이면 범죄가 덜 발생한다고 말할 수 있을까? 그런 경우는 생각하기 쉽지 않다. 그보다는 범죄가 발생할 가능성이 높으니까 경찰관을 늘린 결과라고 보는 것이 합당할 것이다.

어떤 인과관계에 대한 주장을 들었을 때, 특히 자료 분석을 한 결과 관계가 있어서 근거가 있다는 주장을 들었을 때는 숨겨진 원인이 있을까, 또는 반대의 관계가 있을까에 대해 생각해 보아야 한다. 그리고 그 주장대로 원인에 해당하는 조건을 변경할 경우 어떤 결과가 예상될 것인가를 생각해보면 터무니없는 실수는 안 할 수 있다.

여기서 중요한 것은 '왜 그럴까?'라는 과정을 통해 기술적으로 타당한 설명을 하여야 한다. 그런 과정을 통해 설명되는 자료의 분석만이 의미를 가진다. 자료의 분석결과를 설명할 수 있는 '그럴 듯한' 주장은 무수히 많을 수 있다. 그 중에 '과학적으로' 타당한 주장이 자료와 맞아떨어질 때 의미가 있는 것이다. 자료는 '왜 그럴까?'라는 고민에 동기를 부여하는 역할을 하게 되고, 이론을 확인하는 역할을 하게 된다. 자료

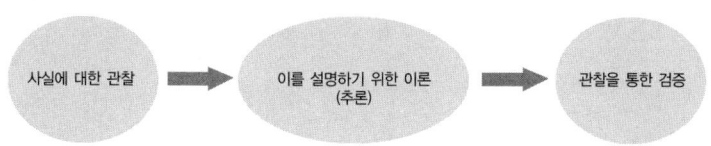

분석과 이론은 다음과 같은 관계를 가진다. 통계분석은 '관계'에 대한 확인의 역할을 하고, 이를 인과관계의 이론으로 만드는 것은 그 분야의 전문가이다.

3. 원인의 범위에 따른 효과 차이―임계점 효과

**50억이 넘으면
씀씀이는 비슷하다**   어느 유명 영화배우가 한 말 중에 다음과 같은 말이 있다. "50억이 넘으면 씀씀이는 비슷하다." 이 영화배우는 흥행작 여러 편에 주연을 하였고, 그 중 일부는 제작에도 참여하여 위의 금액에 근접하거나 넘는 재산을 가지고 있는 경우이다. 이 배우의 말은 50억 이전에는 재산의 크기에 따라 씀씀이가 이와 비례하는 형태로 커지나, 50억이라는 임계점을 넘으면 더 이상 씀씀이가 커지지 않는다는 이야기이다(〈그래프 6〉참조). 재산이 50억 미만인 많은 사람들에게는 '재산과 씀씀이는 관련 없다'는 이야기는 옳지 않다. '50억이 넘을 경우에는' 이라는 단서가 붙기 전에는 말이다.

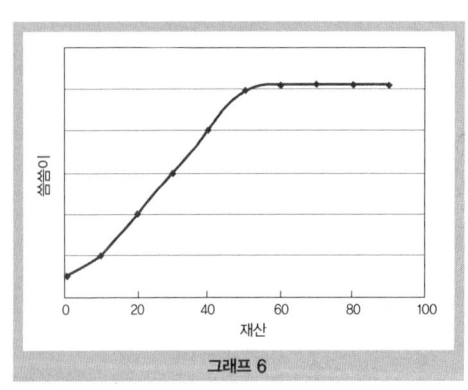

그래프 6

이와 같은 경우는 회사의 업무에도 적용될 수 있다. 필자가 어느 회사에서 일을 하고 있을 때, 연구원들과 함께 공정의 조건과 결과의 관계를 분석하는 중에 다음과 같은 경우가 있었다. 기존의 알려진 이론상으로는 제품의 품질에 대한 온도 조건의 영향이 매우 커서 온도의 관리가 중요하다고 알려져 있다. 그런데 실제 공정에서 온도의 변동이 있었는데, 이에 따른 품질의 변화가 없었다. 그래서 온도가 품질에 영향이 없는 것이 아니냐는 의심이 들었다.

이는 잘못된 일반화를 할 수 있는 경우이다. 이 당시 분석한 자료에서는 공정이 매우 잘 관리되어서, 온도 범위가 700℃에서 720℃로 공정 표준에 따른 철저한 관리가 이루어지고 있었다. 즉, 온도에 관한 관리 표준이 710℃ ±10℃인 경우였는데, 표준이 잘 지켜지는 상황이라면 온도의 변화의 영향이 작은 것이다. 그래서 온도가 품질에 영향이 없다는 결론을 내기 위해서는 단서가 필요하다. "단, 온도가 표준에서 잘 관리되고 있는 경우에는"이라는.

보통의 기술 엔지니어링 계통에서 인자와 결과와의 관계는 〈그래프 7〉과 같은 형태를 띤다. 이럴 때 관찰된 관측 값들이 매우 폭이 좁은 범위에서 관찰될 경우나(a_1, a_2), 또는 변화를 일으키기 어려운 낮은 수준이거나(b_1, b_2), 어느 수준을 넘은 상태에서 관찰 된다면(c_1, c_2) 자료 분석 상에서는 그 인자가 효과가 없다고 분석한다. 그렇다고 해서 이 인자의 효과가 없는 것은 아니다. a_1, c_1에 해당하는 자료를 가지고 있다면 이 인자는 효과가 크다고 분석될 것이다. 수치로 판단하는 인자의 효과는 당신이 가지고 있는 인자의 범위에 의해서 달라진다. 다른 범위에까지도 그럴

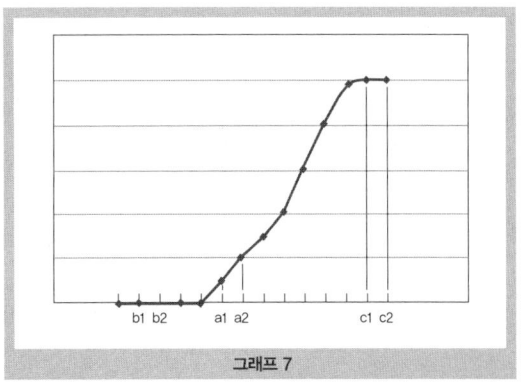

그래프 7

것이라고 말한다면, 당신은 잘못된 일반화를 할 수 있다. 어느 사람이 기존의 이론과 달리 또는 당신의 의견과 달리 어느 인자의 영향이 작다고 자료를 활용하여 주장한다면, 먼저 그 인자의 범위부터 확인해야 한다. 역의 경우도 성립한다. 현실에서 거의 있을 수 없는 과도한 인자의 변화를 가정한 효과 주장은 의미가 없다(이 부분은 4부 1장 시뮬레이션에서 추가 설명한다).

4. 여러 인자의 효과가 같이 나타날 때-중첩효과와 상쇄효과

콜금리만 통화량에 영향을 준 것인가? 2007년 하반기에 한국은행의 분석에 따르면 2005년 10월 이후 5차례에 걸친 콜금리 목표 인상에도 불구하고 통화량이 증가한 것은 주택 가격 상승으로 통화량 증가 효과가 훨씬 더 컸기 때문이라고 한다. 위의 분석에 따르면, 통화량에 영향을 주는 것은 콜금리와 주택 가격, 2가지 변수이다. 한국은행은 콜금리 인상을 통해서 통화량을 감소시키려 하였으나, 통화량은 주택 가격이라는 변수에도 영향을 받는 것이고, 이에 의한 영향이 훨씬 더 커서 결과적으로 통화량은 증가하였다는 결론이 된다. 이때 '주택 가격'을 빼고 '콜금리'와 '통화량' 만을 보고 분석한다면 어떻게 될까? 기존의 이론과 정반대의 사실이 관찰되었다라고 '잘못' 판단할 수 있다.

 이와 같이 결과 변수에 영향을 주는 원인에 해당하는 것은 매우 많기 때문에 이 중에 어느 것이 더 많은 영향을 주었느냐 또는 아닌가는 자료

분석만으로는 확인이 어려운 경우가 많다. 사회과학의 경우는 특히 그러하다. 결과에 영향을 주는 변수들을 '연구' 목적을 위해서 제어한다는 것은 상상하기도 어렵다. 이럴 경우에는 그 분야의 전문가가 좀 더 세밀한 관찰 또는 상세한 분석을 통해 판정하는 것이 일반적이다. 때로는 자료가 부족하여 이론들을 검증하기 어려워서 서로 상충되는 주장들이 함께 존재하기도 한다.

온도가 낮을 때 화학 반응이 많이 일어난다

특히 생산 현장에서는 특정 원인들 간에 연관관계를 가질 수 있다. 이런 조건들 간의 관계를 주의해서 보면서 각 조건들의 결과에 대한 영향을 해석해야 한다. 다음은 필자가 낭패를 본 경우였다.

화학반응이 일어나는 노爐공정에 대한 개선 업무를 한 적이 있다. 이 공정에 투입되는 재료가 온도가 낮을 경우는 노에 있는 시간을 오래 가져가는 것이 해당 공정에서의 보정feed-back 시스템이었다. 즉, 노에 재료를 넣기 전에 재료의 온도를 측정하고, 이를 감안하여 재로在爐 시간을 조정하여 노 안에서 적절한 화학 반응이 일어날 수 있도록 하였다(화학

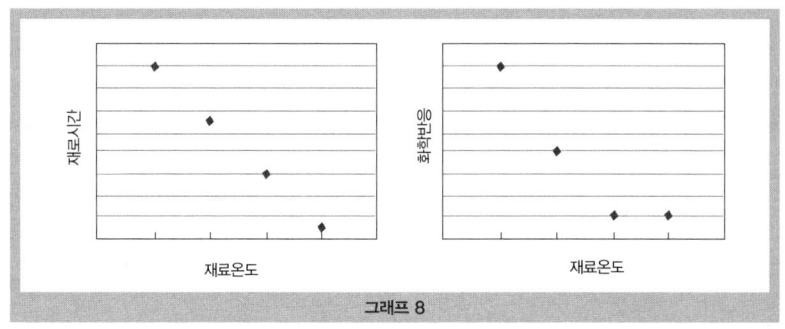

그래프 8

반응량은 온도와 비례하고, 또 반응 시간에 비례한다). 이런 구조를 필자는 모르고 연구원은 잠시 잊어버렸다. 그리고 공정에서의 조건들과 (재로 시간을 무시하고) 결과 자료를 분석하니 다음과 같은 분석 결과가 나왔다(〈그래프 8〉 참조). "재료의 온도가 낮으면 화학반응이 많이 일어난다." 이를 중간 점검회의에서 연구원이 발표하자, 많은 참석자들이 이론에 벗어나는 결과라고 반발하였고, 결국 이 부분에 대해서는 추가 분석 후에 추후 다시 발표하겠다고 연구원이 후퇴할 수밖에 없었다.

이런 것은 가끔 발생하는 일인데, 보정해주는 다른 인자가(이 경우는 재로시간) 있는 경우에 원래의 인자의 효과가 작거나 또는 경우에 따라서는 역효과가 나는 것으로 보이게 된다. 이럴 경우 보정 인자를 같이 보지 않으면, 위의 결과처럼 잘못 해석할 수 있다. 즉, 화학 반응에는 재료의 온도와 반응 시간이 같이 영향을 주는데, 이들 간에 서로 보정관계가 있는 상태의 자료를 우리가 가지고 있다면(온도가 낮으면 시간을 길게 가져가는 식의 서로 보완하는 관계), 인자의 결과에 대한 해석은 매우 조심스러워야 한다.

원인을 개별적으로 구분할 수 없는 경우
−교락효과

삼성라이온즈 야구단의 선동열 감독이 선수 시절에 어깨가 아픈 적이 있었다고 한다. 그때 매우 많은 팬들이 좋은 음식, 보약 그리고 특효약을 보내 주었고, 또 동시에 여러 의학 치료를 병행하였다고 한다. 그 결과 다행히 몇 달 후에 어깨가 나았는데, 이 많은 음식, 약, 그리고 치료 중에 어느 것이 실제로 어깨를 낫게 했는지에 대해서 구분할 수 있을까? 선동열 감독은 어느 것이 효과가 있었는지 모르겠다고 한다. 이 경우는 우리에게 결과변수

"뭐가 효과가 있는지 모르겠어요."

에 해당하는 자료가 단 2개, 즉 어깨가 아팠다는 것과 여러 기간 경과 후의 어깨가 나았다는 자료밖에 없기 때문이다. 2개 자료만으로는 여러 음식, 약, 그리고 치료들이 서로 합쳐져서 효과가 있었다라고 말할 수는 있지만, 그 중에 어느 것이 효과가 있었는지는 구별할 수 없다. 자료를 통해서는 그 여러 인자의 효과를 개별적으로 구별할 수 없는 경우가(그럴 때 교락^{Confounding} 되었다고 한다) 있다.

5. 상호작용으로 설명하기

중첩효과와 상쇄효과를 다룬 위의 경우에는 각각의 인자들이 독립적으로 결과에 영향을 주는 경우이다. 즉, 결과에 대한 각각의 인자들의 영향이 개별적이어서 인자들의 효과가 서로 엉키지 않는 경우이다(이를 통계학에서는 가법모형$^{additive\ model}$이라고 한다). 그러나 현실에서는 결과에 영향을 주는 인자들의 효과가 서로 간섭을 일으키게 되는데, 어느 개그맨의 유행어처럼 영향이 '그때그때 다른' 경우가 발생하게 되면 인자의 효과를 산출하는 데 혼동이 된다.

그때 그때 다른 인터넷 속도 이유는?

실생활의 사례를 들어 설명해 보자. 당신이 인터넷을 사용하는 학생이라고 하자. 평소 학교에서 학교 컴퓨터를 쓸 때와 집에서 데스크톱을 쓸 때의 인터넷 속도가 많이 차이가 나서 집에서의 인터넷 속도를 빠르게 하고 싶다. 어느 친구에게 전화로 물어보니 인터넷 속도는 인터넷 통신사마다 다르므로 인터넷 통신사를 바꾸라고 하였다. 그래서 기존의 A통신사에서 이용료가 비싼 B통신사로 바꾸었다. 바꾸고 나서 인터넷 속도를 확인해보니 속도가 약간 좋아졌으나, 거의 변함이 없었다. 친구에게 속은 것일까?

친구에게 가서 물어보니 친구는 예전에 자신도 A통신사를 썼었는데 느려서 B통신사로 바꾸니 빨라졌다며 자신의 컴퓨터를 보여주었다. 친구의 컴퓨터는 말대로 무척 빨랐다. 친구는 당신의 집에 직접 와서 보더니 데스크톱이 문제라는 대답을 하였다. 어떻게 된 것일까?

자, 문제를 정리해보자. 우리의 결과 변수는 인터넷 속도이다. 여기에 영향을 주는 것은 1) 인터넷 통신사, 2) 컴퓨터 성능이다.

이들 간에는 어떤 작용이 있을까? 친구의 경우는 컴퓨터가 좋은 사양이어서 통신사를 바꿈에 따라 그만큼의 효과를 본 경우이다. 그런 반면, 당신의 컴퓨터는 사양이 안 좋아서 통신사를 바꾸어도 별반 차이가 없다. 이때 당신은 통신사를 바꾸면 인터넷 속도가 좋아진다는 친구의 말이 틀렸다고 할 수 있는가? 친구는 이렇게 말할 수 있다. "컴퓨터에 따라 다르다고"

이를 설명하는 그림을 그리면 〈그래프 9〉와 같다.

당신은 통신사를 바꾼 효과가 별로 없다고 할 수 있으나, 당신 친구의 경우는 많은 효과를 본 것이다. 이때 통신사의 효과(인자2)가 컴퓨터에 따라(인자1) 다를 때 (당신 친구는 효과를 많이 보고, 당신은 효과를 적게 보고) '상호작용' 또는 '교호작용'이 있다고 한다.

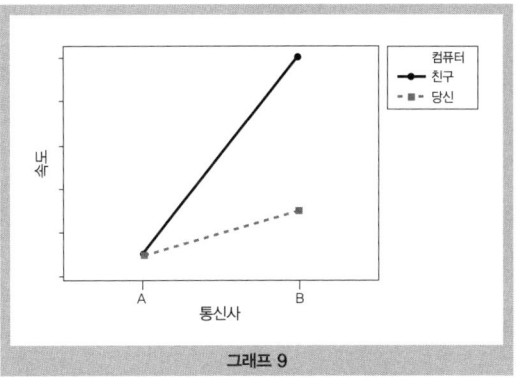

그래프 9

이러한 경우 통신사의 변경은 얼마나 속도 향상의 효과를 가져왔을까? 일괄적으로 계산할 수 없다. 왜냐면 컴퓨터의 사양에 따라 효과가 달라지기 때문이다. 당신의 컴퓨터는 고작 10만큼이지만, 친구의 컴퓨터는 무려 50만큼의 속도 개선 효과를 만들어냈다. 이럴 때는 어떻게 계산이 될까? 일반적인 통계분석에서는 속도개선의 효과를 평균인 30만큼으로 계산해 낸다. B통신사에서는 가장 효과가 큰 50으로 계산하고 광고할 것이다. 당신의 효과는 이 그림처럼 당신의 조건에 따라 달라진다. 당신이 당분간 컴퓨터의 성능을 높일 계획이 없다면 통신사를 바꾸는 것은 효율적인 결정이 아니다.

아파트 가격이
다 오른 것이 아니구나   앞에서 사례로 들은 바 있던 어느 아파트 단지의 가격 변동 사례를 보자. 그때 각 평형의 평균가격 변화는 다음과 같이 계산되었다.

31평형) 102066(만 원) → 104125(만 원)
34평형) 128084(만 원) → 126250(만 원)

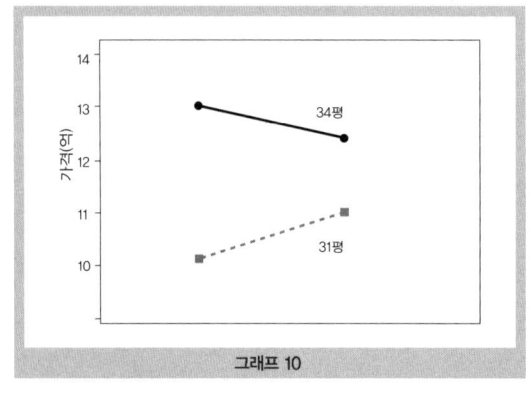

그래프 10

이를 상호작용 interaction의 시각에서 보자. 즉, 가격을 결과 변수로, 31/34평의 평형 구분을 첫 번째 인자로, 10월과 3월의 시간의 흐름인 월 구분을 두 번째 인자로 활용하여 분석하기로 하자. 월 구분이라는 인자는 앞의 중첩효과에서 설명한 것처럼 여러 사유가 될 수 있다.

먼저 〈그래프 10〉을 보자. 31평과 34평은 약 2.6억 정도의 가격 차이가 난다. 그리고 월별 구분에서는 31평은 가격이 상승하였고, 34평은 가격이 하락하였다. 즉, 월 구분이라는 인자가 평형별로 '반대로' 가격에 영향을 주었다. 다시 말하면, 시간이 지남에 따라 (월 인자의 효과가) 31평에서는 가격이 상승하고 (+의 효과가 발생하고), 34평은 가격이 하락했다(-의 효과가 발생했다).

이러할 때, 우리는 결과(가격)에 대해 인자1과(평형) 인자2(월)는 서로 교호작용 또는 상호작용을 가지고 있다고 한다. 즉, '월의 영향'은 각 평형에 대해 다른 영향을 주고 있다. 31평형에는 상승효과를, 34평형에는 하락효과를 주고 있다(실제로는 앞에서 본 것처럼 미미한 영향이기는 하지만).

이런 결과는 당시의 상황을 생각하면 부분적인 설명이 가능하다. 당시는 정부 부동산 대책에 의해서 가격이 안정되어 가는 시점이었는데, 대책 중 핵심은 고가 아파트에 대한 대출 규제였다. 그리고 그 전에 발표하였던 고가 아파트의 종합부동산세 등의 보유세 강화가 있다. 이는 마치 풍선효과와 비슷하다. 총합이 같은 상황에서 한쪽을 압박하는 대책이 나오면 다른 쪽에는 오히려 반대의 효과가 나온다는 이야기이다. 어떤 특정 정책의 영향이 예상될 때, '총합'은 변동이 없거나 작으리라 생각되면, 오히려 이를 기회로 보고 정책이 직접적인 영향을 받지 않는 다른 쪽으로 돈이 몰릴 수 있다. 그래서 시장에 큰 변동이 있을 때 한 곳의 악재로 작용하는 것이 다른 곳에는 오히려 호재로 작용할 수 있다.

비용, 효과
그 최적 조건은?

교호작용을 파악하는 것은 현실에서 많은 응용이 가능하다. 앞의 인터넷 통신사 선택의 경우처럼 조건별로 달라지는 인자의 효과를 이용하여 적은 비용으로 최적의 선택을 할 수 있다. 다음과 같은 프로젝트 사례를 보자. 어느 공장에서 노(爐)의 온도를 적정하게 고온으로 유지하려 하나, 그렇기 위해서는 막대한 설비 투자가 필요하여 비용을 맞추기가 어렵다. 그래서 현 설비를 계속 가동하다 보니, 가끔 노의 온도가 식는 경우가 발생을 한다. 그런데, 그때마다 불량이 발생하는 것은 아니고, 어떤 때는 많게 어떤 때는 적게 발생했다. 그래서 담당 엔지니어는 이를 조사한 결과 다음과 같은 데이터를 찾아냈다.

노의 온도	화학품의 용기 재질	불량률
적정	알루미나	0.5%
저온	알루미나	1.5%
적정	돌로마이트	0.5%
저온	돌로마이트	5%

이를 설명하는 그림을 그려보면 〈그래프 11〉과 같다.

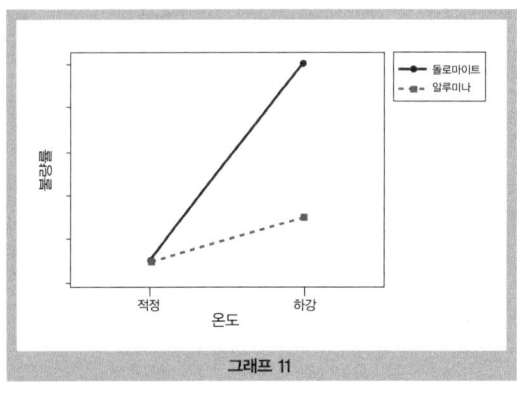

그래프 11

담당자는 온도가 하강했을 때, 용기의 재질에 따라 불량률의 상승폭이 다르다는 것을 찾은 뒤, 설비투자가 있을 때까지는 용기를 알루미나 재질로만 사용하기로 하였다. 특히 온도가 떨어지는 상황에서는 절대로 돌로마이트 용기를 쓰지 않기로 했다. 위의 경우처럼 돌로마이트 재질은 온도가 낮았을 때 불량률이 높기 때문이다. 교호작용에 대한 이해가 효율성을 극대화할 수 있게 한 것이다. 자신의 처지를 잘 알고 필요한 것만 바꾸는 지혜는 바로 이 교호작용을 정확하게 파악하는 것에서 나올 수 있다.

지금까지 여러 이야기를 하였는데, 인과관계 파악에 대한 핵심을 정리하면 다음과 같다. 원인으로 불리는 것이 다른 이름이 있거나, 숨은 다른 원인이 있는가를 확인해야 한다. 인과관계는 인자의 범위에 따라 달라질 수 있다. 그리고 결과에 대한 인자들의 효과는 복합적으로 발생한다. 다른 인자의 조건에 따라 특정 인자의 효과는 달라질 수 있다. 효과가 가질 수 있는 여러 복잡한 모형에 대해 익숙해지는 것이 관계의 정확한 파악에 도움이 된다.

숫자로 계산하면 명쾌하다
—계량화

> 모든 것을 수치로 정량화할 수 있다(You can quantify everything)는 것이 MBA 교육과정의 출발점이다.
> —안철수

1. 분석 결과에서 원인을 평가하는 방법

연관성에 대한 분석 결과에서 이야기할 수 있는 것은 무엇일까? 보통 우리는 결과에 대해 연관이 '있다' 또는 '없다'로 연관의 정도를 표현한다. '유의성Significance'이라는 용어는 연관의 유무를 나타내는 말이고, 연관의 정도에 대해서는 결정계수(또는 이와 유사한 개념이며 통상 사용되는 상관계수)로 표현한다. 이 두 가지를 통해 우리는 원인에 해당하는 변수의 결과에 대한 영향력을 평가하고 이를 통해 중요 원인을 판정할 수 있다. 이에 대해 알아보자.

관계에 대한 분석을 하는 직접적인 형태는 두 가지로 구분할 수 있는데 첫 번째는 비교이다. 비교는 수집된 자료가 2개 또는 여러 개의 군群으로 나누어져 있을 때, 그 군들 사이에 차이가 있는지 보는 것이다. 예를 들어 전과 후 사이에 변화가 있다, 혹은 하나의 집단이 다른 집단보다 낫다는 식으로 비교를 한다.

　두 번째는 결과에 영향을 많이 주는 원인에 해당하는 인자를 찾아내는 것이다. 이를 6시그마에서는 참원인$^{Vital Few}$(이에 반대되는 영향력이 없는 인자를 Trivial Many라고 한다)라고 부른다. 결과 자료를 여러 변수를 기준으로 나누어 비교를 해보면 어떤 변수는 집단 간에 차이가 있어 의미가 있거나, 다른 변수는 차이가 없거나 미세한 차이여서 무시할 만하다고 생각할 수 있다. 만약 차이가 있다면 비교 기준이 의미가 있는 기준이 되고, 이 기준에 해당하는 인자가 중요한 인자가 된다. 중요한 인자를 통해서만 우리는 결과 자료를 잘 이해하고, 잘 관리할 수 있게 된다.

　우리가 잊지 말아야 할 것은 어느 경우에도 우리는 결과 변수에 관심이 있고, 이를 설명할 수 있는 원인 변수를 찾아내려 한다는 점이다.

결정력이 높은 설명변수는 무엇인가?
−사윗감 알아보기

　중요 변수의 개념을 실생활에서 볼 수 있는 사례를 통해 좀 더 쉽게 설명해보자. 결혼 적령기에 접어든 딸이 남자친구가 생겼다. 부모님은 여러 모로 궁금하여 딸에게 남자친구는 어떤지 물어볼 것이다. 물론 한 가정의 혹은 부모의 가치관이 다양하기 때문에 물어보는 내용은 집안에 따라 다를 수 있지만, 여기서는 보통의 한국 부모라고 가정하자. 우리는 부모라면 딸에게 다음과 같은 질문을 할 것이라고 예상할 수 있다.

1. 부모님은 살아 계시니?
2. 부모님은 뭐하시니?
3. 집은 어디니?

4. 남자친구의 직장은 있니?

5. 학교는 어디 나왔니?

　이런 질문을 통해 부모님이 얻고자 하는 것은 무엇일까? 부모님은 남자친구 쪽의 부모 생존여부, 부모의 직업, 집의 위치, 직장 종류 등에 따라 남자친구가 (부모의 기준으로 보았을 때) 속하는 집단을 알려고 하는 것이다. 다시 말해 위의 질문에 대한 답을 얻음으로써, 딸의 남자친구는 그냥 결혼 적령기에 있는 '미지의' 남자에서 세분화된 집단 내의 '예측 가능한' 남자로 바뀌게 된다. 집단을 세분화하고 딸의 남자친구가 어느 집단에 포함되는가를 통해 딸의 남자친구의 예상 범위를 좁힐 수 있게 되는 것이다.

　그러나 만약 딸이 부모의 질문에 대한 답보다는 "이 사람 참 옷을 잘 입어"라고 대답했다면 어떨까? 부모님 입장에서는 "요 맹추야"라고 핀잔을 주고 재차 질문할 것이다. 부모님이 하는 질문에 대해서 딸이 할 수 있는 답변은 다음 정도가 아닐까?

1. "부모님 다 살아계시고, 학교도 좋은 데 나왔고, 돈도 잘 버는 직장에 다녀."
　이런 답변이 나올 경우 부모 입장에서는 안정적인 결혼생활을 기대할 수 있는 좋은 집단에 속한 남자를 생각하고 만족할 것이다.

2. "부모님은 돌아가셨고 아직 취직은 못 했지만, 사람이 똑똑하고, 참 좋아."
　이 경우라면 위의 범위를 좁히는 중에 부모의 입장에서 상대적으로 불리한 그룹에 속해서 점수가 깎이겠지만, 그 중에서도 좋은 경우라고 딸이 주장하는 것이다.

3. "그런 것 중요하지 않다"고 반발할 수도 있다.

이 경우는 부모님과 딸이 생각하는 결과변수가 다른 것이다. 부모님은 안정적인 가정에서 자란 안정적인 남자친구를 원하나, 딸은 사랑 또는 느낌 그런 것을 중요시하는 것이다.

이때 부모가 안심할 수 있는 질문에 해당하는 구분자가 바로 설명력이 높은 구분자로 생각하면 된다. 예를 들어 직업이 공무원이라고 딸이 대답한다면, 부모님은 "밥 굶을 걱정은 안 하겠구나"라며 우선 안심할 것이다. 즉, 직업 구분이 부모님 입장에서는 설명력이 높은 구분자가 된다.

이에 반해 딸의 대답인 "이 사람 참 옷을 잘 입어"라는 대답에는 부모님의 한숨이 더해지고, 이에는 관심도 안 가질 것이다. 보통의 부모님 입장에서는 딸의 배우자감을 고르는 기준에 옷맵시는 그리 의미 있는 것이 아니기 때문이다. 즉, 옷맵시가 우수하다 하여도 그 안에 많은 산포가 존재하여 그것이 밥 굶을 걱정을 벗어나게 해주는 적절한 구분자는 아니기 때문이다.

위의 사례에는 변수와 관련한 중요한 개념들이 많이 나온다. 이러한 일상적 사례에서 우리는 통계학적으로 정형화된 '설명력'과 '통계적 유

결정력이 높은 설명변수를 찾는 것이 중요하다

의성'의 개념을 끌어낼 수 있다. 좀 전의 사례에서 부모님의 기준 중 직업은 중요한 구분자라 할 수 있다. 직업을 기준으로 했을 때 그 기준을 적용한 집단 내부는 비교적 동일하고 그 집단 간에는 예측할 수 있는 차이를 쉽게 볼 수 있기 때문이다. 이를 '중요 구분자'라 한다. 중요 구분자란 그 구분자로 전체 대상을 구분하였을 때, 그룹 내부는 비교적 동일하고, 그룹 간에는 구분이 많이 가는 것이다. 이와 반대로 중요하지 않은 구분자는 그 구분자로 대상을 구분하였을 때 그룹 내부의 산포가 심하여 그 구분자에 대한 정보가 별로 도움이 되지 않는 경우이다. 옷맵시 같은 것이 그런 경우다.

결정력 또는 설명력은 중요한 변수를 결정하는 기준이 된다. 예를 들어 적어도 직업의 안정성이란 측면에서 공무원이라는 집단 구분은 결정력이 매우 높다. 다시 말해 공무원에 속한 사람은 대다수가 직업의 안정성을 갖추고 있을 것이고, 그렇지 않은 사람은 이에 대해 "그렇지 않다."라고 판정할 수 있다. 결정력이 강한 변수란 그런 면에서 매우 중요한 변수다.

1부에서 나왔던 〈데블스 에드버킷〉이라는 영화 사례를 생각해보자. 주인공 키아누 리브스와 다른 변호사와의 차별점은 무엇일까? 변호사는 재판에 대한 각 배심원들의 의견을 직접 배심원들에게 물어볼 수는 없다. 그렇지만 영리한 주인공은 각 배심원들의 의견이 사람들의 어느 속성과 관련이 있는가에 대한 관련성을 잘 파악하고 있는 사람이다. 그리고 그 중에 어느 변수들이 중요한 변수들인지를 미리 알고 있었다. 그리고 이들 변수들을 기준으로 각각의 배심원들이 재판에 대해 어떤 의견을 가지고 있는지를 정확히 예측한다. 결정력이 강한 변수가 무엇인가를 알아내는 것은 현실에서 매우 유용하다.

2. 비교의 툴Tool

**변수들의
종류**

우선 연관성과 관련하여 변수들의 종류를 살펴보자. 변수에 해당하는 것들은 그 성격에 따라 원인 변수와 결과 변수로 나눌 수 있다. 결과 변수는 우리가 주로 관심이 있는 결과, 성과에 대한 것이고, 원인 변수는 결과 변수에 영향을 주는 원인에 관련된 것이다. 결과 변수는 독립변수에 따라 결과가 종속된다는 의미에서 특성치, 종속 변수라고 불린다. 원인 변수는 결과 변수의 값을 결정하는 조건, 원인에 해당하는 변수로 설명 변수, 인자, 구분자, 독립변수라고 불린다. 이 책에서는 원인 변수와 결과 변수라는 용어만을 주로 사용하도록 하겠다. 또, 자료들을 여러 개의 성격이 다른 그룹으로 구분해 주는 의미로 구분자라는 용어도 사용하겠지만, 통계적 의미상 같은 뜻이다.

원인 변수는 범주형Categorical과 연속형Continuous 변수 이 두 가지로 구분할 수 있다. 범주형의 변수는 대상을 범주형 변수에 따라 여러 군으로 구분하는 변수이다. 전후 비교, 지역 비교, 나라 비교, 평형 비교 등 대부분의 비교가 이에 해당한다. 이의 분석기법에는 2표본 t-test, 분산분석이 있다.

이에 반해 변수의 개별적인 값에 따라 대상 집단을 나누면 그 나누어진 집단의 수가 너무 많아져 적절하지 않게 되는 경우도 있다. 예를 들

결과변수	원인변수	분석 기법
연속형	연속형	상관분석, 회귀분석
연속형	범주형	2표본 t-test, 쌍비교, 분산분석

어 시험에 투입하는 공부시간을 볼 때 공부한 시간은 1시간, 2시간, 3시간 등으로 세분화될 수 있다. 이때 공부시간이라는 변수는 연속성을 띠기 때문에 범주형 변수보다는 연속형 변수에 해당한다. 이런 경우 공부시간이라는 연속형 변수와 성적과의 관계는 시간에 따른 성적의 관계를 보여주는 함수 형태의 모형으로 설명하는 것이 좀 더 상세하고 이해하기 쉬운 분석 결과를 준다. 다시 말해 공부시간이 1시간 증가하면 성적은 5점 증가한다는 식의 1차 선형 모형으로 설명하는 것이 적절하다. 이런 연속형 범주는 사람들에게 잘 알려진 상관분석, 회귀분석을 통해 분석한다.

만약 공부했다/안했다로 구분한다면 이것은 범주형 구분이 될 수 있다. 하지만 그렇게만 구분하면 공부와 성적 간의 관계를 알기에는 너무 투박한 구분이다. 이 책의 1부와 2부에서 이야기한 자료들은 대부분 결과 변수에 해당한다. 그리고 2부 2장에서 세분화 기준으로 사용된 구분자에 해당하는 변수들은 원인변수에 속한다.

아파트
가격 비교   앞서 말했듯 두 집단의 차이를 비교하는 데는 범주형 변수를 활용한다. 이에 해당하는 2표본 비교(2표본 t-test*)를 사례를 통해 살펴보고 범주형 변수에 유용한 분석 기법인 분산분석으로 확장해보자. 다음은 앞에서 나온 서울 어느 아파트 단지의 2006년 10월과 2007년 3월의 실거래가 자료이다. 이 아파트들의 실거래가 자료를 가지고 각각의 평균을 계산해보면 다음과 같다.

2개의 표본 간의 평균을 비교하는 검정방법, t라는 이름은 이를 연구한 통계학자 고셋(Gosett)이 기네스(Guinness) 양조장에서 근무할 당시 연구결과를 Student라는 가명으로 발표한 데서 따온 것이다

31평형) 102066(만 원) → 104125(만 원)

34평형) 128084(만 원) → 126250(만 원)

그러면 이 비교의 통계적인 의미는 어떤가. 〈상자그림 7, 8〉을 보자. 이 그림을 보면, 31평형의 상승과 34평의 하락 모두 특별히 눈에 띈다고는 보기 어렵다. 그림상에서 10월과 3월의 자료가 겹쳐져서 상자들 간에 구별이 없어 어느 아파트 거래가격을 보았을 때, 그것이 10월 거래분인지 3월 거래분인지를 짐작하기 어렵다. 그렇다면 10월 가격과 3월 가격 사이에는 통계적인 차이가 없다고 생각하는 것이 옳다. 31평을 예를 들어 설명해보자. 10월과 3월의 평균 차이는 약 2,060만원이다. 그런 반면, 10월에 거래된 가격은 최고 115,000만 원이고, 최저 96,500만 원으로 무려 18,500만 원의 차이가 있다. 이렇게 차이가 많은 데이터에서 2,060만 원 정도의 차이는 '유의성'이 없다고 계산된다. 〈상자그림 8〉의 34평도 유사하다. 우리가 관심이 있는 비교대상 간의 평균 차이를 산포와 (정

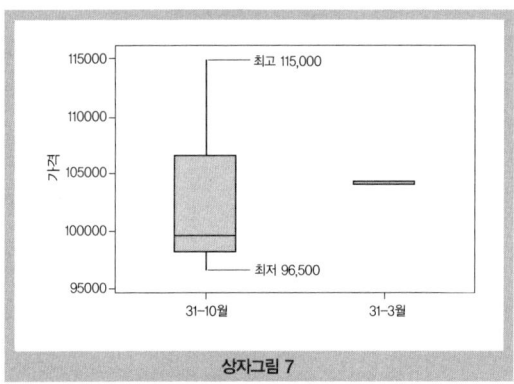

상자그림 7

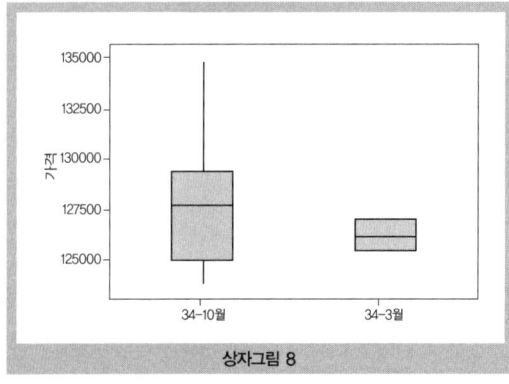

상자그림 8

확하게는 위처럼 범위가 아니라 표준편차로 계산한다) 비교하여 클 경우는 유의성이 있다. 작을 경우는 유의성이 없다고 분석한다.

단지별 아파트 가격 비교하기
—쌍비교

두 그룹간의 차이를 비교할 때 각 그룹에서 각각 적당한 수의 자료를 구하여 비교하는 것이 보통의 방법이다. 아파트 사례의 경우 10월 거래가격들을 모두 모으고, 3월 거래가격을 모두 모아서 비교하는 것이다. 이때 우리의 관심인 시간 변화 외에 다른 변수가 결과 변수(아파트 거래가격)에 영향을 준다면, 그 변수를 기준으로 자료를 보면 된다. 다시 말해 아파트의 평형을 구분하여 보는 것이다. 그런데 만약 자료가 각각 개별적인 특성을 가지고 있는 경우는 어떻게 해야 할까? 예를 들어 다이어트 요법의 효과를 보기 위해 실험을 한다고 하자. 여기서 실험 대상자는 10명이다. 우리는 실험 대상자들이 다이어트 요법을 하기 이전^{before}과 이후^{after}를 비교하고자 한다. 이때 우리가 관심을 가지는 변수는 요법 이전과 이후이다. 하지만 10명의 초기 체중은 각각 다 달라서 아파트의 '평형'처럼 동일 평형으로 모아서 구분하고 비교하는 적절하지 않다.

이 책에서도 나온 적 있는 부동산 가격 하락과 관련한 정부 측과 언론의 논쟁을 다시 떠올려보자. 정부 측은 전국의 아파트 거래가격을 월별로 묶어서 평균을 계산하고 비교하여 아파트 가격이 하락하였다고 발표하였다. 이에 반해 신문사에서는 주요 아파트 단지를 골라서 가격을 단지별로 비교해 보았다. 그렇게 보니 오른 곳도, 내린 곳도 있지만, 그 중에 오른 곳이 더 많다고 이야기하였다(9개 단지 중 5개 단지 상승). 이는 직관적으로 보아 타당한 접근이다. 정부측의 발표는 앞에서 이야기한 2

	3월	6월	등락
개포동	4919	5000	81
도곡동	4002	4290	288
가락동	4016	3666	−350
잠실동	4014	3705	−309
대치동	3473	3314	−159
방이동	3061	3173	112
도곡동	2777	3083	306
대치동	2899	2901	2
서초동	2671	2573	−98

표본 t-test의 방법과 같은 방식으로 접근한다. 즉, 각 시점에서의 거래된 아파트 가격의 평균을 내어 구한 다음 이를 비교한다.

이런 계산의 첫 번째 문제점은 앞에서 이야기한 것처럼 우선 각각의 시점에서 거래된 아파트만을 모아서 평균을 내는 방식이어서 구해진 자료의 수에 영향을 받는다는 점이다.

이 방식에는 하나 더 문제점이 있다. 만약 각 비교집단에서 관심이 있는 아파트가 전후에 동일하게 거래가 이루어졌다면 정부 측의 방식대로 하는 비교가 적절한 방법일까?

건교부 방법처럼 자료에 대해서 상자그림을 그려보자(〈상자그림 9〉 참조). 전후차이가 있다고 보이는가? (그렇지 않다고 보기를 바란다.) 이 방식에는 문제는 있다. 개별적으로 가격 차이가 나는 대상들에 대해서는

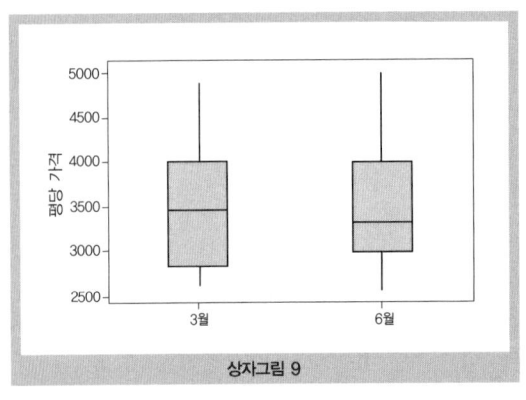

상자그림 9

위의 (2표본 t-test) 방식의 접근이 부적절하다. 비슷한 예를 들어보자. 제품을 생산하는 공장에서 두 대의 기계가 있다. 여기서 제품의 품질을 비교할 때는 2표본 t-test가 활용 가능하다. 왜냐하면 각 기계에서 나오는 제

품들은 같은 평균을 가진다는 가정이 타당하기 때문이다. 이렇듯 2표본 t-test의 가정은 비교하는 대상들이 비교하는 구분 내에서는 같은 종류의 것이어서 동일한 평균을 가진다는 것이다. 하지만 지금의 아파트 사례에서 이런 비교는 적절하지 않다. 여기서는 개별 아파트 단지별로 보는 다른 방식의 비교가 필요하다. 이를 통해 우리가 관심 있는 변수에 대해서 조사할 수 있는데, 이런 것을 쌍비교paired t-test라고 부른다.

	비교 방식	해당 통계방법
건교부	월별 평균을 낸 뒤 평균 비교	2표본 t-test
신문사	단지별로 월간 비교	쌍비교 (paired t-test)

앞서 제시한 단지별 아파트 값이 3월과 6월에 어떻게 변동했는지를 보여주는 앞의 표를 통해서 확인해보자. 표에서 3월과 6월의 해당 월 가격을 월별로 평균 내지 말고, 단지별로 개별적인 차이를 구한다(표의 등락). 그리고 이 등락의 평균이 "0"보다 많이 크다면 아파트 가격이 상승한 것으로, 반대의 경우라면 하락하였다고 본다. 건교부에서는 아파트값이 내렸다고 또 신문사에서는 올랐다고 하지만, 이 경우는 오른 곳, 내린 곳이 거의 비슷하게 있어서, 9개 아파트 단지의 등락 평균이 '0'과 별 차이 없다. 그래서, 통계적인 의미에서는 아파트 가격의 변화가 있다고 할 수는 없다. 개별적으로 차이가 나는 이런 데이터에서는, 이런 방식으

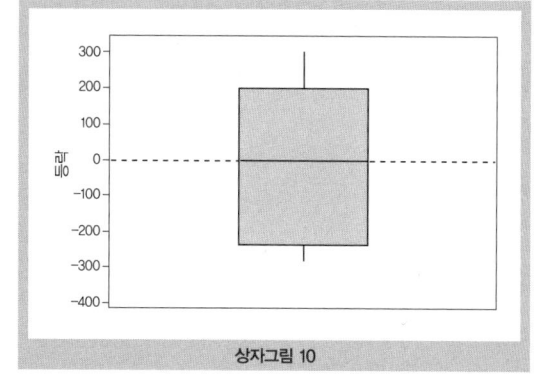

상자그림 10

로 접근해야만 차이를 오류 없이 찾아낼 수 있다.

3. 중요 인자 고르기-분산분석

지금까지는 '2개의 데이터 세트가 결과변수 값에서 차이가 있는지' 혹은 '하나의 데이터 세트를 2개의 집단으로 구분하여 비교한 결과 집단 간에 결과변수의 값이 차이가 있는지'를 살펴보았다. 하지만 현실에서는 다양한 변수들이 서로 복잡하게 얽혀 있는 경우가 많다. 따라서 이런 복잡하고 다양한 변수들을 구분하고 비교하는 방법이 필요하다. 여기서는 2개의 집단이 아니라 3개 이상의 집단으로 구분하는 경우, 그리고 이에 더해서 2개 또는 3개 이상의 요인에 따라 집단을 구분하고 비교하는 방식을 다루고자 한다.

앞에서 나왔던 임신부의 흡연율 사례를 가지고 이 방법을 설명해보

고유 번호	학력	임신주수	임신 정도	흡연여부(설문)	코티닌 농도
1	대졸	5	초기	흡연	150
2	대졸	9	초기	미흡연	30
3	대졸	10	초기	미흡연	20
4	대졸	13	초기	금연	80
5	고졸	18	중기	미흡연	50
6	고졸	20	중기	미흡연	10
7	고졸	25	중기	미흡연	0
8	대졸	28	말기	미흡연	50
9	대졸	30	말기	금연	50
10	고졸	33	말기	미흡연	10

자. 임신부의 흡연율을 조사한 결과 위와 같은 데이터가 나왔다고 가정하자. 우리는 결과변수에 해당하는 것인 코티닌 농도에 1차적으로 관심을 가지고 있다. 이 코티닌 농도를 위의 경우처럼 '학력' 또는 '흡연 여부'로 분석한다면 앞에서 설명한 바와 같이 2 표본 t-test 형태가 된다. 하지만 '임신 정도'에 따라 코티닌 농도가 어떻게 달라지는가에 관심이 있다면, 2 표본 t-test로는 곤란하다. 임신 정도에는 '초기', '중기', '말기'라는 3가지 범주가 있기 때문이다. 또한 '임신 정도'와 '학력'이 결과변수 코티닌 농도에 대해서 어떻게 영향을 주는가 여부를 볼 때는 개별적으로 보는 것보다 동시에 보는 새로운 방법이 필요하다. 이러한 경우에 활용할 수 있는 분석 방법이 바로 분산분석分散分析, ANOVA: Analysis of Variance이다.

회사의 서비스
만족도 조사

갑이라는 회사는 여러 지역에 걸쳐 고객 응대 서비스를 하고 있다. 보통의 회사에서는 지역별로 부서가 다르고, 부서별 평가를 위해 부서 간 비교를 많이 한다. 이에 응대 서비스 평가 담당자인 철수는 특정 달에 각 지역별로 10명의 고객에 대해 서비스에 대한 만족도를 조사했고 다음과 같은 결과를 얻었다.

회사의 고객 응대 서비스 만족도에 대해 소비자들의 불만이 있는 상태여서 철수는 우선 데이터의 평균을 보았다. 평점 61.8점으로 점수가 좋다고 하기 어려웠고, 표준편차도 18.17로 많이 소비자 별로 차이가 났다. 그래서 서비스를 개선하는 것이 필요하다고 판단한 철수는 데이터를 좀 더 세밀하게 분석하려고 한다. 이 경우에 담당자 철수는 어떤 의사결정에 관심이 있을까? 적어보면 다음과 같다.

지역	만족도 조사 결과				
A지역	30	40	50	66	50
	70	68	58	78	84
B지역	44	46	68	62	32
	96	88	60	66	78
C지역	60	36	54	34	48
	80	78	76	64	90

1. 지역별로 차이는 어느 정도인가? 지역별 차이를 개선하기 위한 노력이 필요한 정도인가?
2. 그 차이는 우리가 지역별로 차이가 있다는 것을 인정할 만한 것인가?

우선 앞의 2 표본 자료 분석과 다른 점을 다시 정리해 보자.

- 앞에서처럼 A지역과 B지역 또는 A지역과 C지역이라는 2개의 집단을 비교하는 것이 아니라, 지역 구분이라는 요인에 따라 3개 이상의 집단을 비교한다는 점이다.
- 우리는 2개의 집단을 비교하는 것이 아니라, 하나의 구분자로 데이터를 나누고 구별하여 살펴보는 것이 의미 있는 작업인지를 살펴보는 것이다. 즉, 이 구분자가 데이터를 나누는 유의미한 설명변수가 될 수 있는지를 보려 한다.

개선이 필요하다고 결정내린 담당자 철수는 이를 어떻게 개선할 것인가 하는 고민에 빠졌다. 먼저 이 점수들이 왜 이렇게 편차가 발생하는가를 보기로 하였다. 그래서 가장 먼저 쉽게 생각한 것이 지역별 구분이었다. 어느 지역이 특별히 고객이 까다롭지 않은가? 어느 지역의 고객 서비스의 인프라가 특별히 취약하지 않은가? 어느 지역을 담당하는 부서가 실적이 저조하지 않은가? 등등의 가능한 가설에 대해서 검토하기 위해서 각 지역별 차이를 보기로 하였다.

각 지역별 평균을 내보니 A지역은 59.40이었고, B지역은 64.00, C지역은 62.00이었다.

〈상자그림 11〉을 보자. 그림을 보면 지역별로 고객서비스 점수의 차이를 볼 수 없다. 각 지역 내에서 점수 편차가 커서 지역 간의 차이는 없어 보인다. 그렇다면 지역 구분 이외에 데이터를 세분화할 수 있는 구분자가 무엇이 있을까를 생각해 보았다. 언뜻 철수는 주중보다 주말에 고객의 불만이 더 많다는 이야기를 들었던 기억이 떠올랐다. 그래서 위의 데이터에 대해 고객서비스 요일에 대한 정보가 있는가를 살펴보았고, 다행히 각 조사에 대해 고객 서비스 일자를 구할 수 있었다. 그래서 주중과 주말이라

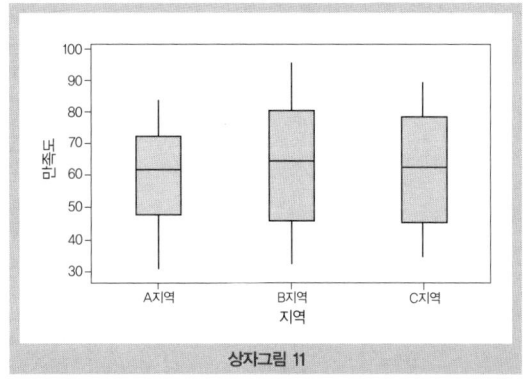

상자그림 11

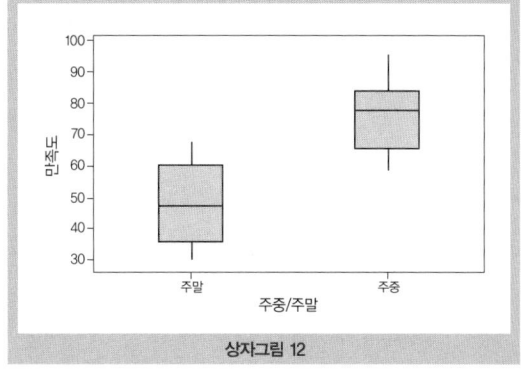

상자그림 12

는 구분자를 데이터에 적용해보기로 했고, 그 결과 주중 평균은 75.6이었고 주말에는 48점으로 27.6점으로 많은 차이가 난 것이다. 내부적인 표준편차는 지역 구분 때보다 많이 줄었다(〈상자그림 12〉 참조).

이에 대해 분산분석을 해보자. 보통의 통계분석 SW를 통해 분산분석을 수행해보면, 다음과 같은 분석결과를 만들 수 있다.

일원 분산 분석: 만족도 대 주중/주말

출처	DF	SS	MS	F	P
주중/주말	1	5713	5713	41.38	❸ 0.000
오차	28	3866	138		
총계	29	9579			

S=11.75   R-제곱=❷ 59.64%   R-제곱(수정)=58.20%

수준	N	평균	표준 편차
주말	15	❶ 48.00	12.28
주중	15	❶ 75.60	11.19

여기 분산분석표에서 우리가 중점을 두고 살펴야 할 것은 ❶ 그룹 간 평균 차이, ❷ R-제곱 (R^2), ❸ p-값이다. 다른 숫자들을 이해하기 위해서는 정규과정의 학습이 필요하므로, 여기서는 제외한다.

① 주중과 주말 간에 점수 차이가 27.6점 차이가 나왔다. 이 차이는 지역 간 평균(59.4, 64.0, 62.0)에서 계산되는 2(64.0-62.0), 2.6(62.0-59.4), 4.6(64.0-59.4)의 차이보다 많이 큰 것이다. 이를 통해 주중과 주말 간의 차이가 지역별 차이보다 크다는 것을 알 수 있다.

② 결정계수(R-제곱)

여기에서 R-제곱=59.64%라고 나왔다. 이 값을 통해 우리는 이 변수의 결과변수에 대한 설명력을 알 수 있다. 즉, 이 값이 약 60%라는 말은 '만족도'라는 결과변수의 값에 대해 이 '주중/주말' 구분이라는 원인변수가 60%만큼의 결정력을 가지고 있다는 의미이다. 그래서 이 R-제곱의 정확한 통계 용어는 결정계수$^{coefficient\ of\ determination}$이다(이 값은 위의 SS에서 총계 9579 중에 week에 해당하는 5713의 해당 %이다. 즉, 59.64%=5713/9579는 계산을 통해 값을 얻을 수 있다). 이 값이 크면 설명력이 크다고 보면 된다.

③ p-값

p-값은 0.000로 계산이 되었다. 이로부터 p-값이 0.05보다 작으므로 (이에 대한 설명은 4부 2장에서 설명하겠다) 이 변수는 결과변수에 관심이 있다면 관심을 가져야 하는 원인변수이다.

우리가 이 '주중/주말'이라는 구분자를 모르는 상태에서 30개 데이터 중에서 특정 고객의 고객 만족도 점수가 얼마쯤 되는가를 '추측'하려 한다고 하자. 전체 자료가 최소 30에서 최대 96까지 분포하고 있다(〈상자그림 13〉 참조).

반면에 우리가 알고자 하는 자료가 주중(A)인지 주말(B)인지를 알고 있다고 하자. 주중일 경우라면 우리가

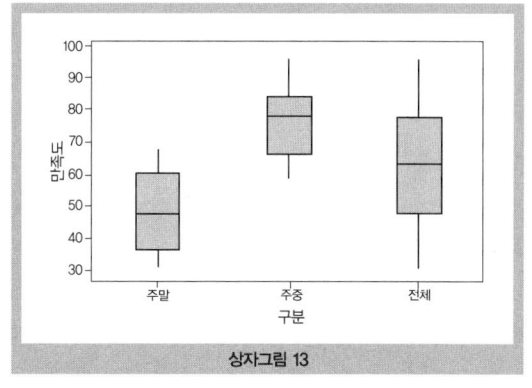

상자그림 13

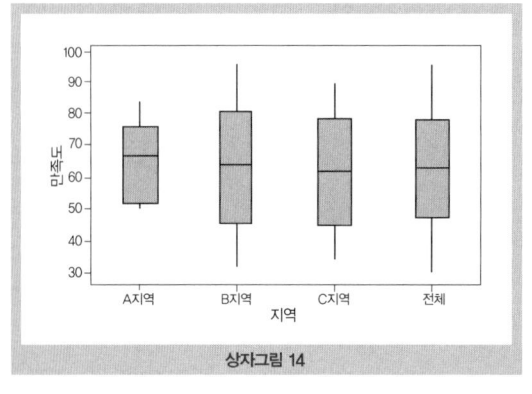

상자그림 14

뽑을 자료는 최소 58에서 최대 96이고, 주말일 경우라면 최소 30, 최대 68로 범위가 좁혀진다. 이때 이렇게 범위가 좁혀지는 양만큼을 우리는 이 설명변수의 (주중/주말) 결정계수, 설명력으로 보게 된다.

다시 말해 위의 사례에서 주중/주말 구분자는 설명력이 높은 설명 변수이고, 그에 반해 지역 구분은 설명력이 떨어지는 설명 변수이다. 이를 다시 그림으로 그려보면 〈상자그림 14〉와 같다.

따라서 지역 구분과 〈상자그림 13〉(주중/주말)을 비교해 보면 다음을 알 수 있다.

지역 구분에서 A, B, C 어느 집단에 속한다는 정보를 안다고 해도 전체 데이터와 비교하여 산포가 줄지 않는다. 그런 반면, 주중이냐 주말이냐를 안다는 것은 결과값을 예측하는 데 많은 도움을 준다. 지역 구분을 통해서는 R-제곱 값이 겨우 1.11%로 역시 이 수치를 봐도 중요한 변수가 아님을 알 수 있다.

서비스 만족도의
결과 해석하기   이런 분석을 마치고 난 다음 철수는 앞에서 제기했던 문제들에 대해서 정리를 해보았다.

1. 비교대상에서 모인 자료들은 비슷한 조건에서 수집된 것인가?

- 데이터를 보니 전반적으로 유사한 조건에서 수집된 것으로, 특별한 상황(예를 들어 천재지변 등으로 고객 서비스가 중단되는 등의 특별한 상황)은 없었다고 보인다.
2. 비교대상의 집단 간에 표본이 집단 내에서 내부적으로 동일한가?(다른 원인 변수를 가지고 있지는 않은가?)
- 지역 구분을 기준으로 먼저 볼 때 내부적으로는 주말/주중이라는 차이가 있었다. 우선 이를 무시하고 먼저 분석하고, 다음에는 주중/주말을 볼 때는 지역 구분이 별다른 의미가 없어서 무시하고 보았다(이를 동시에 고려하는 방법은 조금 뒤에 살펴보겠다).
3. 세분화된 비교 그룹 간의 차이가 '실제적인 의미에서' 의미 있는 것인가?
- 주중/주말로 데이터를 분류하고 각 평균을 비교하니 차이가 27.6점으로 많은 차이가 발생하였고, 이 정도 차이는 매우 큰 차이이다. 이는 실제적인 의미에서 차이가 있는 것이다. 그런 반면, 지역 구분 후의 평균 값 차이는 얼마 되지 않는다.
4. 세분화된 비교 그룹 간의 차이가 '통계적인 의미에서' 의미 있는 것인가?
- 주중/주말로 데이터를 분류하고 설명력의 관점에서 (R-제곱) 59.64%로 주중/주말의 구분에 따라 고객서비스 점수가 차이 난다고 할 수 있다. 그리고 p-값도 매우 작아서, '통계적 유의성'도 확보되었다. 지역 구분에 의한 분류는 설명력(R-제곱)도 작고, 통계적 유의성(p-값)도 의미 없이 계산되었다.

이렇게 정리하고 나니 철수는 회사의 고객 응대 서비스가 주중과 주말 차이가 난다는 사실을 알게 되었다. 그 후로 철수가 해야 할 일은 주중과 주말 간의 고객 응대 시스템, 인력 구조 등등에 대해서 어떤 프로세스 상의 차이가 이런 점수 차이를 만들었느냐에 초점을 맞추어 프로세스 분석을 실시하고 이를 개선해야 한다. 현재 주중에는 75.6 점이고, 주말은 48점으로 약 27.6점 차이가 나는데, 주말의 고객서비스를 주중의 수준까지 상향할 수 있는 구조의 원인을 찾아서 개선한다면 전체적으로 평균을 61.8점에서 76점으로 올릴 수 있게 된다. 이 경우 산포는 표준편차 18.17에서 60% 정도 개선될 것으로 예상된다.

그런 반면 지역 간 차이는 없는 것으로 분석되었으므로, 이제까지 다른 사람들이 이야기하던 지역 간의 차이에 대해서는 중요하지 않은 것으로 밝혀진 것이다. 그러므로 지역 간의 비교를 통한 개선 방향 도출은 현재로서는 시도하지 않는 것이 옳다고 철수는 생각했다.

지역 간의 분석 결과도 통계분석의 중요한 성과 중의 하나이다. 자료를 통해 사람들이 생각하던 주요 추론 또는 의심들 중에 중요한 것과 그렇지 않은 것을 구별하여 중요하지 않은 것에는 관심을 덜 두게 되는 것이다. 지역 간의 차이에 대해서는 이제 신경쓰지 않아도 된다.

분산분석은 하나의 범주형 설명변수로 전체 자료를 여러 개의 그룹으로 나누어서 그룹 간의 차이가 있느냐 없느냐에 따라 이 요인으로 구분하는 것이 의미가 있는 구분인지를 결정하는 방법이다. 이를 통해 결과치에 영향을 주는 여러 요인들 중에서 어느 요인이 가장 주된 영향을 준 요인인가를 확인할 수 있다. 그리고 이 요인에 의한 설명력이 얼마인지 알 수 있고, 개선 후의 예상 평균, 산포에 대해 알 수 있다.

4. 함수로 모델링하기-상관관계의 측정

국어 점수와 수학 점수는
관계가 있을까?

지금까지는 원인 변수가 범주형 변수인 경우를 다루었다. 여기서는 연속형 변수일 경우의 분석 기법에 대해서 살펴보기로 하자. 여기 20명의 학생이 국어와 수학 시험을 치러 점수 결과가 나왔다. 학교 선생님은 학생들의 국어 점수와 수학 점수를 보고 ① 국어 점수와 수학 점수는 서로 관계가 있는지, 있다면 어느 정도인지 그리고 구체적으로 ② 국어 점수가 좋다면, 수학 점수는 보통 좋은가? 국어점수가 90점 정도라면 수학점수는 보통 몇 점일까?하고 생각했다. 그래서 구해진 점수에 대해 산점도 형식으로 국어와 수학 점수를 그려보았다(대부분의 경우에 그림만으로도 우리는 많은 것을 이해할 수 있다).

여기에서 관련성을 평가하는 지표로 주로 사용되는 것이 피어슨^{Pearson}

No.	국어	수학	No.	국어	수학
1	85	90	11	85	90
2	65	70	12	65	65
3	75	80	13	75	80
4	65	90	14	65	60
5	75	65	15	75	65
6	75	70	16	75	70
7	80	90	17	80	90
8	90	70	18	90	85
9	90	80	19	90	95
10	100	95	20	95	95

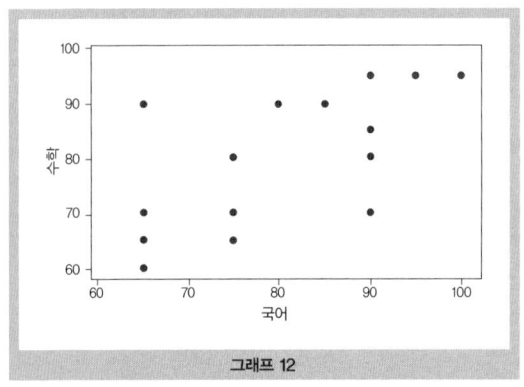

그래프 12

이라는 사람이 개발한 상관계수이다. 위의 점수 데이터의 상관계수를 구하면 다음과 같다.

국어와 수학의 Pearson 상관 계수(r)=0.629

이 상관계수를 제곱한 값이 바로 결정계수값이다. 즉, 이 자료에 대해 회귀분석을 수행하면 나오는 결정계수 값이 $0.629^2=0.395$가 되고, 이 수치는 곧 40% 정도로 수학성적을 국어성적으로 설명할 수 있다는 것이다.

변수들 간에 서로 관련이 있는지 분석하는 것, 다시 말해 통상적으로 상관관계라고 표현하는 분석이 여기서 가능하다. 상관관계를 대표적으로 보여주는 그림 6가지를 보자.

- 위의 (a), (b) 그림의 공통점은 x축의 변수와 y축의 변수 간에 관련성이 높다는 것이다. 즉, x값이 얼마인지 알면, y값은 구체적으로 좁은 범위에서 예측이 가능하다는 것이다. 이럴 경우, x변수와 y변수 간에는 강한 상관관계가 있다고 한다.
- 가운데 (c), (d)의 그림을 보면 x축의 변수와 y축의 변수 간에 관련성은 있어 보이나, (a)와 (b)의 그림에 나오는 변수들 간의 관련성에 비해서는 약해 보인다. 이럴 경우, x변수와 y변수 간에는 약한 상관관계가 있다고 한다.

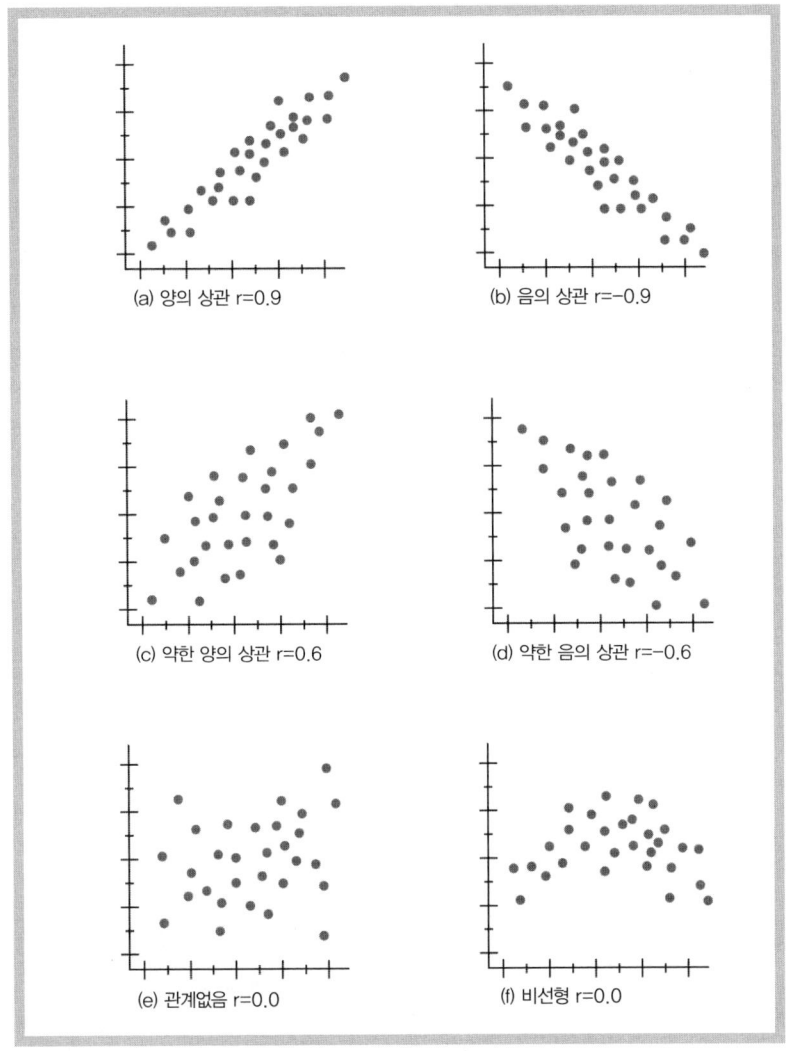

- 이때 (a), (c)와 (b), (d)간에는 방향성의 차이가 있다. 즉, (a), (c)에서는 x축의 변수가 증가할 때, y축의 변수가 증가하나, (b), (d)에서의 변수는 이와 반대로 x 축의 변수가 증가할 때, y축의 변수가 감소

한다. 전자를 양(陽)의 상관관계, 후자를 음(陰)의 상관관계라고 부른다.
- 결과적으로 (a)는 강한 양의 상관관계, (b)는 강한 음의 상관관계, (c)는 약한 양의 상관관계, (d) 약한 음의 상관관계라고 부른다.
- 하단 좌측의 (e) 그림을 보면, x변수와 y 변수 간에는 별다른 관계가 없다.
- 하단 우측의 (f) 그림은 x변수와 y변수 간에 양, 음의 관계가 범위에 따라 달라지는 경우이다. 즉, 특정한 x의 범위까지는 x가 증가함에 따라 y변수의 값이 증가하나, 어느 범위에서는 증가하지 않고, 오히려 감소하기도 한다.

전체적 경향과 개별적 특성을
동시에 파악한다

여기 상관/회귀분석에서 다루는 것은 x축의 변수와 y축의 변수 간에 관련성이 얼마나 있느냐의 여부이다. 이때 관련성 여부와는 별도로 주의 깊게 볼 사항은 다음과 같다. 즉, 〈그래프 13〉과 같이 x축과 y축을 각각 하나의 선으로 분리하였다(기준이 되는 것은 중앙값 (국어=77.5, 수학=80) 보통 적절하다). 이렇게 구분하였을 때, 보편적인 부류라면 (즉, 보통의 학생들이라면) 1,3 사분면에 있는 학생이다. 즉, 국어와 수학 점수 모두 우수하거나, 또는 두 과목 모두 우수하지 않은 경우이다. 이러한 학생들이 많다면 국어 점수를 높이거나 수학 점수를 높이기 위해서 필요한 노력은 같다고 할 수 있다. 그런 반면 4사분면에 있는(즉, 국어는 우수하나, 수학은 평균보다 떨어지는) 학생이나, 역으로 2사분면에 있는 학생의(즉, 수학은 우수하나, 국어는 평균보다 떨어지는) 경우는 별도의 관심이 필요하다.

국어는 잘 하나 수학이 떨어지는 학생이라면, 이과보다는 문과 쪽의

적성이 어울릴 것이다. 반대
의 학생이라면 책을 많이 읽
는 등의 별도의 노력이 필요
할 것이다. 즉 별도의 관점
으로 이 학생들을 이해해야
할 것이다. 이와 같이 연속
형 결과변수에 대해서 각각
개별적으로 생각하기보다,

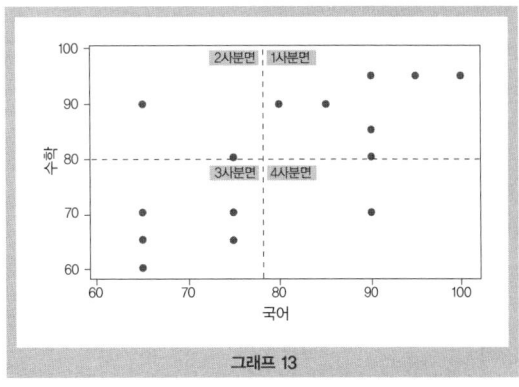

그래프 13

동시에 고려하는 것이 좀 더 결과변수를 이해하는 데 도움이 된다.

**회귀분석은 상황을 예측하고
최적화하는 데 활용된다**

위에서 제시한 학생들의 수학 점수와 국어 점수의 상관관계 분석은 관찰한 자료를 토대로 행한 것이다. 그래서 국어 점수와 수학 점수의 상관관계를 통해서 각 학생들에 맞는 대책과 처방전을 내놓을 수 있었다. 학생들의 수학 점수와 국어 점수처럼 관찰에 의해 나온 데이터가 아니라 실험을 통해 얻은 데이터는 예측prediction과 최적화optimization라는 회귀분석의 장점을 좀 더 잘 활용할 수 있다. 다음과 같은 사례를 통해서 실험으로 수집한 자료를 어떻게 예측과 최적화에 활용할 수 있는지를 살펴보자.

철수는 생선을 잡아서 얼음 창고에서 일주일 동안 보관한 후에 생선의 신선도가 어느 정도 변하는가를 실험하였다. 신선도를 y로 놓고 10점 만점으로 하여 0점이 신선도가 전혀 없는 것이고 10점이 가장 좋은 경우이다. 독립변수 x는 생선을 잡은 지 x시간이 경과한 후에 얼음 창고에 넣는 것을 가리킨다. 이 실험으로 다음과 같이 10개의 데이터를 얻었다.

경과 시간(x)	0.0	0.0	3.0	3.0	6.0	6.0	9.0	9.0	12.0	12.0
신선도(y)	8.5	8.4	7.9	8.1	7.8	7.6	7.3	7.0	6.8	6.7

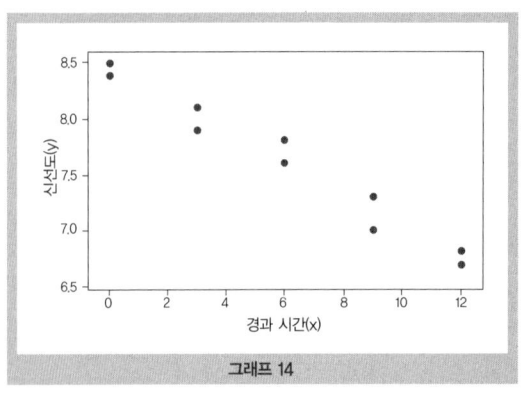

그래프 14

이런 자료를 구하기 전에 사전에 알고 있는 지식을 정리해보자. 생선의 신선도(y)가 경과 시간(x)에 관련이 있다는 사실이 알려져 있거나 또는 확인하고 싶다는 정도가 보통의 사전정보이다. 이런 사전정보를 자료를 통해 우리가 확인하려 하는 내용은 다음과 같이 정리할 수 있다. 자료를 구하기 전에 어떤 사실을 알고 싶은가를 먼저 검토하는 것은 언제든지 유용하다.

1. 관련이 있는가? 관련이 있다면 어느 정도로 결과변수는 원인변수에 영향을 받는가?
2. 관련이 있다면 둘 간의 관계는 어떻게 모형화, 즉 모델링이 가능한가?

위에 자료에 대해서 단순회귀분석을 수행하면 다음과 같은 결과가 얻어진다.

회귀 방정식 : ❶ y=8.460 - 0.1417 x, ❷ R-제곱=96.9%

출처	DF	SS	MS	F	P
회귀	1	3.6125	3.61250	248.07	❸0.000
오차	8	0.1165	0.01456		
총계	9	3.7290			

이럴 때 우리는 어떤 결론을 얻을 수 있을까? 위의 결과를 통해 확인해보자.

1. 관련이 있는가? 관련이 있다면 어느 정도로 결과변수는 원인변수에 영향을 받는가?
   - 위의 결과물에서 ② R-제곱이 96.9%로 계산이 되었다. 앞의 분산분석과 같은 방식으로 해석가능하다. 그래서 결과변수에 대해 96.9%나 설명이 가능하므로, 매우 설명력이 높

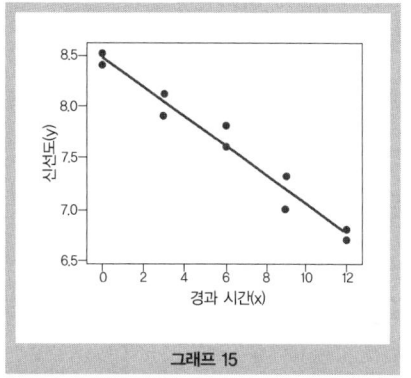

그래프 15

은 결정적인 변수이다. 그리고 ③ p-값은 0.000로 계산이 되었다. 이로부터 p-값이 0.05보다 작으므로(이에 대한 설명은 4부에서 설명하겠다) 이 변수는 결과변수에 관심이 있다면 관심을 가져야 하는 원인변수이다.

2. 관련이 있다면 둘 간의 관계는 어떻게 모형화, 즉 모델링이 가능한가?
   - 모형화가 가능한 것이 회귀분석의 장점이다. 위에서 계산된 ①회귀

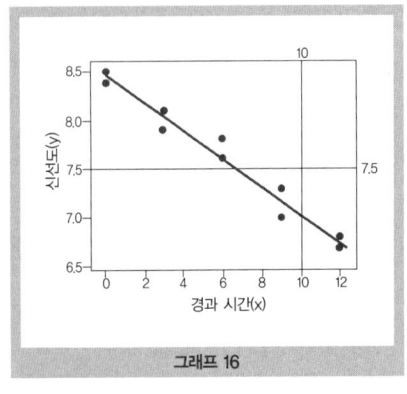

그래프 16

방정식fitting equation을 활용하여 다음과 같은 문제에 대응할 수 있다.

$$y = 8.460 - 0.1417x$$

1. 10시간이 지난 후의 생선의 신선도는 어느 정도일까?(예측)

• 식에 대입을 함으로써 10시간 후의 생선의 신선도는 $8.46 - 0.1417 \times 10 = 7.043$으로 예측할 수 있다.

2. 신선도가 7.5 이하인 생선을 판매하지 않기로 한다면, 몇 시간 이상 창고에 보관하면 안 되는 것일까? (최적화)

• 역시 식에 대입을 함으로써 생선의 신선도를 7.5로 하는 저장시간은 $(7.5-8.46)/(-0.1417) = 6.77$로 계산할 수 있다. 그렇다면, 6.77시간 이내에 생선을 처리하거나, 이후의 생선에 대해서는 별도 조치를 취하는 등의 방법으로 신선도를 유지할 수 있다. 이러한 조치의 기준 시간이 6.77시간이 된다.

누구나 공감하고 **공유할 수 있는**
과학적 방법

지금까지 우리는 관심 있는 결과변수에 영향을 주는 원인변수를 찾기 위하여 영향도를 계량화하는 법에 대해서 살펴보았다. 이 과정에서 설명력이 높은 원인변수는 어떻게 고르는지 그리고 설명력을 어떻게 계량화하고 그 계량화된 설명력이 어떤 유용한 정보를 우리에게 주는지 등도 알 수 있었다. 구체적으로 정리해보자. 첫째는 인과관계의 계량화를 통해 우리는 결과변수에 주는 영향도를 평가할 수 있었다. 두 번째로 중요한 변수란 그 변수로 인해서 결과변수에 대한 설명력이 높은 변수를 말한다. 그리고 이는 결정계수인 R-제곱의 값의 크기를 통해 평가한다. 세 번째 특히 회귀분석 방법을 통해 결과변수의 모형을 만들고, 이를 활용하여 특정 조건에서의 결과값의 예측과 결과값을 최적화하기 위해 조건을 찾을 수 있다.

막연한, 혹은 미지의 결과에서 가장 영향력 있는 원인을 찾아내고, 그 원인을 계량화하여 예측하기도 하고 최적화의 조건을 찾기도 하는 통계적 방법은 누구나 공감할 수 있는 설득력 있는 논리를 제공하는 과학적 방법이라 할 수 있다. 여기서 희망이나 당위에 의한 또는 현재의 구체적인 상황에 맞지 않는 이론에 의한 논리가 아닌 계량화된 수치가 중요한 역할을 한다는 것은 두말할 나위가 없다.

4부

예측과 판단

자료 분석의 목적은 현상 (현황/인과관계) 파악과 이를 활용한 의사결정에 활용하기 위해서이다. 인과관계에 대한 정보와 함께 확률은 미래를 예측할 수 있는 도구로 활용될 수 있다. 확률이 단순히 우연이나 재수가 아니라 통계학의 논리체계의 가장 흥미롭고 유용한 부분에 있다는 것을 여기서 확인할 수 있을 것이다. 또, 결과에 대한 정보만 있고 발생조건에 대한 정보가 없어서 다양한 추론이 가능한 상황에서, '통계적 가설검정' 은 여러 추론들을 평가하여 합리적 의사결정을 하는 데 활용된다. 흥미롭고 다양한 사례들을 통해 통계와 사실에 근거한 합리적 의사결정 논리를 살펴보고, 구체적으로 어떻게 활용될 수 있는지를 설명할 것이다. 이를 분석과 작전 선택에 통계적 방법이 가장 적극적으로 활용되고 있는 야구 분야에서 다양한 사례를 통해 자료를 통한 의사결정을 보여 줄 것이다. 이를 통해 불확실성이 존재하는 상황에서의 확률의 활용에 대해서 독자들이 익숙해지기를 바란다.

●
로또복권 1등에 당첨될 확률은 1/8,145,060!
로또복권의 승리 가능성을 높일 수 있는 방법은 없는가?

●
DNA 유전자 검사로 부모를 판별하는 방법에는
통계적 가설 검증의 논리가 숨어 있다.

●
왜 운동경기 중 유독 야구에만 통계가 많이 활용될까?
야구를 잘 알면 초급확률은 능숙하게 다룰 수 있다.

로또복권도 승리 **가능성**을 높일 수 있다–확률

> 우리가 인지해야 할 것은 사물을 생각하는 마음의 법칙이 아니라, 사물을 실제로 지배하는 자연의 법칙이다
> – 벤다이어그램을 만든 존 벤

확률은 교과서에만 나온다고 생각하는 사람이 있을 것이다. 그렇지 않다. 우리는 매순간 일상에서건 업무에서건 확률적 사고를 하고 있다. 과장되게 말하자면, 우리의 거의 모든 판단은 확률적 사고에 근거한 것이다. 그러나 그 중요성만큼은 숫자를 계산하거나 어떤 논리에 의해 주장을 펼치는 것보다 경시되고 있다. 왜 그럴까? 확실히 확률적 사고는 장피아제의 말처럼 산술적 사고나 논리적 사고에 비해 인간들에게 덜 발달되어 있다. 그래서 확률적 사고를 매순간 하고 있음에도 교과서에나 나오는 것이라 생각하고 있는지도 모른다. 하지만 확률적 사고는 분명히 새로운 세계를 열어줄 것이다. 예측과 상황판단의 세계 말이다. 확률은 결과를 만들어 낼 수 있는 상황이 다양하거나, 특정 상황에서 발생할 수 있는 결과가 다양할 때 아주 유용하게 활용된다. 이렇듯 확률은 주로 예측과 상황 판단을 위해 사용될 수 있다. 이번 장에서는 어떤 사안을 예측할 때 확률이 어떻게 사용될 수 있는지를 살펴보자. 다음 장에서는

상황 판단을 위해 확률이 어떻게 활용되는지 대해서도 다룰 것이다. 자, 그렇다면 확률의 세계로 들어가 보자.

1. 우연 그리고 확률

우리들은 일상생활에서 '확률^{Probability}'이라는 용어를 사용하여 많은 이야기를 한다. 어느 인터넷 사이트에서 6개월 동안 신문 기사에 '확률'이라는 용어가 몇 번 사용되었는가를 검색하니 무려 8,183건이나 될 정도로 확률은 보편화된 개념이다. 이렇듯 일상생활에서의 확률이라는 용어가 보편화된 세상이지만, 특정 상황에서 계산된 특정 확률 값이 적정한 것인지에 대해서는 논란이 되는 경우가 있다.

확률을 교과과정에서 배우는 것은 고등학교의 확률과 통계 과정, 그리고 대학교에서의 '일반통계학' 또는 모든 전문 통계학 과정들이다. 이런 과정들에서 배우는 '수리적인' 확률들은 많은 사람들에게 보통 쉽게 이해되지 않고, 필요 없어 보이는 이야기로 들리는 것도 사실이다. 이런 오해는 다양한 조건에서의 서로 다른 형태의 확률을 같은 '확률'이라는 이름으로 부르기 때문이다. 이런 혼동을 피하기 위해서는 확률의 종류를 구분하는 것이 필요하다. 확률을 구분하는 것에서 시작해보자.

주관적 확률

"그 여자애가 나를 사랑하게 될 확률은 99% 이상이야."

"이번 선거에서 A후보가 이길 확률은 90% 이상이야."

"성공/실패 언제나 반반이다."

위의 문장처럼 자신의 주장에 대한 자신감 또는 자신감의 정도를 확률로 표현하기도 하는데 이를 주관적主觀的 확률Subjective Probability이라고 한다. 객관적인 근거가 약하고 개인의 감에 의존하는 경우에 확률이 계산된 경우를 주관적 확률이라고 표현한다.

경험적 확률
　　　　위와는 달리 좀 더 합리적인 방식으로 계산한 확률도 있다. 우리들이 자주 사용하는 확률은 과거의 실적을 검토하여 동일한 조건하의 전체 건수 중에 우리가 관심이 있는 사건 건수의 비율의 형태이다. 다음과 같은 예들이 사람들에게 익숙한 것들이다.

"심장발작을 처음으로 겪은 사람들 중 3분의 1이 이로 인해 사망한다."
"일기예보, 오늘 서울 지역에 비올 확률은 80%입니다."
"지난해까지 역대 11차례의 준플레이오프에서는 1차전 승리 팀이 모두 플레이오프에 진출했다. 그러므로 이번에 선승을 한 A팀은 100% 진출할 것이다."

첫 번째 사례로 설명하면, 동일한 조건하의 사건이 '심장발작을 처음으로 겪은 사람들'이고, 우리가 관심이 있는 특정 사건에 해당하는 것이 '심장 발작으로 인한 사망자들'이 된다. 이를 관련부문에서 조사한 결과 이 비율이 3분의 1인 것이다.

위의 마지막 예를 보면, 우리가 관심이 있는 것은 플레이오프 진출 여부이다. 1차전 승리 팀의 플레이오프 진출 가능성을 알아보기 위해 과거의 준플레이오프 자료를 조사하여 11번의 준플레이오프 중에 1차전 승리 팀이 플레이오프에 진출한 사례가 100%로 11번 모두였다. 그래서 이 결과를 인용하여 확률계산을 한 것이다.

　이와 같이 기존의 경험적 데이터를 이용하여 '동일한 조건하에서의 사건들 중, 특정 사건에 해당하는 경우의 비율'을 계산한 것을 '경험적 확률Empirical Probability(과거 데이터를 이용하여 경험적으로 계산하는 확률)'이라고 한다. 경험적 확률은 그 내부적인 인과관계에 복잡한 요소가 많아서 계산을 못하는 경우에 많이 활용된다. 다시 말해 준플레이오프 1차전 승리가 어떻게 2차전, 3차전에 영향을 주는가에 대해서는 많은 가설이 존재한다. 따라서 어느 것이 타당하고 결정적인가는 알 수 없으나, 경험적으로 과거 11번의 사례를 기준으로 판단하는 것이다.

　그렇다면 개인적인 감에 의존하는 주관적 확률에 비해, 경험적 확률은 언제나 더 정확할까? 그것은 조사된 자료의 양에 보통 좌우된다. 2006년 월드컵 조별 리그를 보고 한 인터넷 신문사는 "1승 1무의 팀이 16강에 오를 확률은 100%"라는 글을 쓴 적이 있다. 우리나라는 2006년 월드컵 조별 리그 3경기 중에서 초반 2경기에서 1승 1무를 했지만, 16강에 진출하지 못했다. 즉, 경험적 확률 100%인 경우였는데, 실패한 것이다. 왜 이런 일이 일어났을까? 이 계산의 근거는 1998년 프랑스 대회와 2002년 한일 대회에서 1차전 승리, 2차전 무승부를 기록한 팀인 8팀에 대해서 조사한 것이다. 이 경우는 경험적 확률을 기존 사건의 비율로 계산할 때, 이 기존 사건들이 적은 수라면 계산된 확률에 대한 신뢰도가 떨어진다.

전적으로 우연적 사건을 다루는
수리적 확률

보통의 사람들은 중학교, 고등학교에서 처음 확률이라는 용어에 접하게 된다. 이때 배운 확률의 내용을 잠시 기억해 보자. 주사위를 굴리거나 또는 동전을 던지는 경우의 확률이나, 또는 좀 더 복잡한 경우를 가정한, 예를 들면 주머니 속에 흰 공 3개, 검은 공 5개가 있을 때 3개를 뽑았을 때 검은 공이 1개일 확률 등의 순열/조합 개념을 활용한 확률을 주로 배웠을 것이다. 이런 것처럼 우연적 사건을 다루는 것을 수리적 확률Mathematical Probability이라고 한다.

"동전을 던졌을 때 앞뒷면이 나올 확률은 각각 2분의 1이다."
"주사위를 던졌을 때 각각의 눈이 나올 확률은 각각 6분의 1이다."
"5장 받는 포커 게임에서 포 카드(동일한 숫자의 4장을 모두 모으는 경우)의 확률은 4,195분의 1이다."
"로또복권에서 1등 당첨 확률은 8,145,060분의 1이다."

위의 경우 우리가 원하는 사건이 발생하느냐 여부는 '전적으로 우연'에 의해서 결정된다. 즉, 내가 고른 당첨번호가 로또복권에 뽑히는 것은 전적으로 우연에 의해서 결정되는 것이고, 주사위를 굴렸을 때 나오는 눈의 수도 전적으로 우연이다. 수리적 확률이란 가능한 결과들 중에서 특정결과가 나오는 것이 전적으로 우연에 의해서만 결정될 때 사용한다.

그 우연이 어느 정도의 가능성으로 발생할 수 있는지를 '분포Distribution'라는 형태로 정리하여 각각의 경우의 확률 값을 수식과 분포를 통해 계산해 낼 수 있다.

"이항분포", "포아송 분포", "정규분포" 등이 대표적으로 많이 활용되는 것이다 지금까지 보았듯이 확률 계산의 근거를 살펴보면, 우선 개인적인 감과 또 '기존의 데이터'(경험적), 그리고 '전적인 우연'의 구조로 보는 것(수리적)으로 구분할 수 있다. 이 중 개인의 감에 해당하는 부분은 객관적으로 파악하기 어려운 것(객관적이 될 정도로 분석이 된다면, 경험적 또는 수리적 확률에 포함된다)으로 보통의 확률관련 책에서 제외된다.

우리는 여러 경우의 복잡해 보이는 상황에서도 '기존의 자료'와 '전적인 우연'을 적절히 혼합, 활용하여 확률을 계산하고 이를 통해 적절한 예측을 할 수 있다. 또, 우리가 선택 가능한 여러 선택조건이 있을 때, 각 조건의 가능성, 확률과 기대값을 비교함으로써 최적의 안을 선택하는 데 활용할 수 있다.

2. 확률은 예측의 도구 : 확률의 활용 ①

확률은 앞에서 이야기한 것처럼 예측과 상황 판단을 위해 사용된다. 예측이란 우리가 특정 조건에서 가능한 결과를 추측하는 것이다. 어떤 상황에서는 미래에 발생할 결과의 경우의 수가 하나가 아니고 여러 가지일 수 있다. 이때 각각의 결과가 나올 수 있는 구조에 대해서 파악하고, 기존의 자료와 수리적 이론을 이용하면 미래를 좀 더 정확하게 예측할 수 있다. 여러 가능한 결과들에 대해 각각의 가능성을 숫자로 표현할 수 있는데, 이 숫자를 확률이라고 부른다.

예를 들어 당신이 로또복권을 한 장 샀을 때 가능한 결과는 1등, 2등, 3등, 4등, 5등 그리고 꽝이다. 1등은 814만 5060분의 1의 확률로 가능성이 있다고 계산해낼 수 있다. 그리고 다른 경우에도 아래 표처럼 계산할

등위	당첨 기준	당첨 확률	당첨금
1 등	6개 숫자 일치 (2등 보너스숫자 제외)	1:8,145,060	총 당첨금 중 5등 당첨금을 제외한 당첨금의 60%
2 등	5개 숫자 + 2등 보너스 숫자 일치	1:1,357,510	총 당첨금 중 5등 당첨금을 제외한 당첨금의 10%
3 등	5개 숫자 일치 (2등 보너스 숫자 제외)	1:35,724	총 당첨금 중 5등 당첨금을 제외한 당첨금의 10%
4 등	4개 숫자 일치 (2등 보너스 숫자 제외)	1:733	총 당첨금 중 5등 당첨금을 제외한 당첨금의 20%
5 등	3개 숫자 일치 (2등 보너스 숫자 제외)	1:45	5,000원

(출처: 국민은행 홈페이지)

수 있다. 여기서 총당첨금은 판매액의 50%이다. 당신은 복권을 하나 사는 순간 구매금액의 반인 500원을 공익 기금에 기여하는 것이다.

당신이 친목 도모 또는 재테크의 수단으로 카드게임을 한다고 생각해 보자. 포커를 칠 경우 당신이 에이스 원 페어를 들고 있을 때, 나머지 2장의 카드에서 에이스 트리플을 만들 수도 있고, 에이스 풀 하우스 또는 에이스 포커를 만들 수도 있다. 그러나 풀 하우스나 포커를 만드는 것은 영화나 소설에서나 가능하다. 각각은 0.7%, 0.2%의 확률로 매우 낮은 편으로, 당신에게 그런 상황이 발생한다면 그 기억이 오랫동안 남을 정도로 희귀한 사건이다. 확률이 매우 낮고 상대방의 패가 더 좋을 가능성이 많다면, 당신은 적당한 순간에 카드를 덮는 것이 합리적인 선택이다.

가능한 결과에 대해서 불확실성이 존재할 때, 각각의 경우에 대한 확률을 계산하여 평가할 수 있다면 우리는 합리적으로 좀 더 좋은 대안을 선택할 수 있다. 그런 점에서 확률을 익숙하게 활용하는 것은 현실의 의사결정에 도움이 된다. 다음의 사례들은 확률 계산에 익숙해지게 하는 데 도움이 될 것이다.

상대의 운영 방식을 파악하라
―몬티 홀 문제

1960년대부터 미국에서 방송된 몬티 홀 TV쇼(《거래를 합시다》)에 확률을 이용한 문제가 등장한다. 무대 위에 세 개의 문이 있고 문마다 커튼이 쳐있어서 안을 들여다 볼 수 없다. 감춰진 어떤 문 뒤에는 고급 승용차가 있고, 나머지 2개의 문 뒤에는 줄에 매인 염소가 들어있다. 어느 문 뒤에 고급 승용차가 있는지는 출연자에게는 알려주지 않는다. 출연자는 세 개의 문 중 하나를 선택하면, 그 문 뒤에 있는 물건을 가질 수 있다. 물론 출연자는 고급 승용차를 가지고 싶어할 것이다.

예를 들어 출연자가 1번 문을 선택했다고 생각하자. 각각의 문 뒤에 무엇이 있는지 미리 알고 있는 사회자 몬티 홀이 남은 2번, 3번 문 중에서 하나의 문을 열어 보인다(3번이라고 가정하자). 거기에는 염소가 앉아 있다. 그러고서 사회자는 출연자에게 "지금 2번 문으로 선택을 바꾸셔도 됩니다. 바꾸시겠습니까?" 이렇게 묻는다. 이 상황에서 출연자는 과연 어떤 선택을 해야 할까?

출연했던 많은 사람들은 자신의 선택을 고수하여 그냥 1번으로 하겠다고 말했다고 한다. 괜히 2번으로 바꿨다가 처음 선택했던 1번 문 뒤에 고급차가 있으면 너무 억울해지기 때문이다. 당신이라면, 어떻게 하겠는가?

방송국 측이 어느 문에 고급차를 숨겨놓는가에 대해서는 출연자에게 알려주지 않으므로, 어느 문 뒤에 고급차가 있든 관계없이 출연자가 고급차가 있는 문을 선택할 확률은 정확히 1/3이다. 즉, 1번 문을 출연자가 선택했을 때, 1번 문이 정답일 확률은 1/3이다. 그러면, 모든 가능성의 확률의 합은 1이므로, 나머지 2/3의 확률은 출연자가 고르지 않은 2번 문과 3번 문에 있다.

사회자가 3번 문을 여는 순간에도 이 2/3의 확률은 변하지 않는다. 다만 사회자가 2번과 3번 문에 있는 나머지 2/3의 확률을 모아서 2번 문으로 옮겨준다. 이 시점에서 확률이 바뀌는 상황은 발생하지 않는다. 다만, 확률을 모아 준 것뿐이다. 그래서 1번 문에 대한 확률은 여전히 1/3이고, 나머지 열리지 않은 2번 문에 고급차가 있을 확률은 2/3이다.

그래서 이 문제의 올바른 선택은 '바꾼다'이다. 다음의 표에서 확인할 수 있듯이 각각의 경우는 1/3의 확률이고, 당신이 최초 선택한 문은 1번이다. 이때 선택을 바꾸면, 1번 문에 고급차가 있는 경우를 제외하고는 고급차를 선택할 수 있다. 경우 1일 확률, 즉 처음에 맞출 확률 1/3을 제외하면 고급차를 가질 수 있다.

경우	고급차가 있는 문	사회자가 선택하여 연 문	바꾸지 않은 경우	바꿀 경우
1	1	2 또는 3	당첨	꽝
2	2	3	꽝	2번 선택-당첨
3	3	2	꽝	3번 선택-당첨

이 문제는 필자가 대학교 다닐 때도 이슈가 되었던 문제이다. 당시 같이 살던 후배가 수업 중에 이 문제의 해답을 놓고 교수와 학생들 간에 격론이 있었다며 같이 해답을 찾았던 기억이 난다. IQ 228인 매릴린 사반트라는 사람이 독자의 질문에 대해 자신의 컬럼에서("매릴린에게 물어보세요") '바꿔라'는 정답을 게재하자 이에 반박했던 사람들 중에는 수학과 교수를 포함하여 수학에 해박한 사람들도 많았다고 한다. 이 사람들의 주장은 열린 문에 있던 1/3의 확률은 각각 선택한 1번문과 남아 있는 2번문에 1/6씩 옮겨져서 각각 1/2가 된다는 주장이었다. 확률은 사람이 생각한다고 해서 옮겨지는 것은 아니다.

이에 대해 좀 더 쉽게 이해하기 위해, 이 문제를 다음과 같은 방법으로 과장해 보자(발터 크래머, 2002,『확률 게임』, 이지북). 3개의 문이 아니라, 10개의 문이 있었다고 가정해보자. 당신은 1개의 문을 선택하였다. 나머지 9개의 문들 중에서 8개의 문을 역시 '답을 알고 있는' 사회자가 열어 주고, 나머지 1개의 문만을 남겨 놓은 상태에서 역시 똑같은 질문을 한다. "지금 이 문으로 선택을 바꾸셔도 됩니다. 바꾸시겠습니까?" 이 경우라면 당신은 어떻게 하겠는가? 당신이 선택한 문이 갑자기 1/10의 확률에서 1/2로 올라갔다고 생각하겠는가? 아니면 9개의 문 중에서 열린 8개의 문의 확률이 나머지 1개의 문으로 옮겨 갔다고 생각하겠는가? 필자라면 바꾸겠다.

이 문제는 1/3의 확률이 있는 문제가 사회자가 문을 여는 방식에 대한 추가 정보를 통해 2/3의 확률로 선택할 수 있는 선택권을 준 경우이다. 즉, 처음에 1/3이었던 2번 문이 '3번 문이 정답이 아니라는 정보를 알고 있는' 사회자가 이를 열어줌으로써 2/3의 확률이 된 것이다. 이러한 구조를 파악한다면, 좀 더 좋은 선택을 할 수 있다.

확률을 계산할 때는 다음과 같은 사항에 주의하면 좀 더 확률 계산의 착오가 적어진다. 맨 먼저 발생 가능한 결과들을 나열한다. 위의 경우라면 1, 2, 3번 문 어느 곳에든 한곳에만 고급차가 있다는 점을 가정하는 것이다. 그 다음에는 '불확실성' 즉, 우연에 대한 '선택' 이 발생하는 시점을 파악하는 것이다. 이 경우는 출연자가 어느 하나의 문을 선택하는 시점이다. 그리고 그 시점에서 앞에서 나열한 각각의 경우의 확률을 계산한다. 여기 그 확률은 1/3이다. 그리고 그 다음은 문제의 구조를 파악한다. 각각의 확률이 어떻게 이동하는가 하는 구조를 보는 것이다. 진행자는 나머지 문들에 (2, 3번) 있었던 각각 1/3의 확률을 열리지 않은 다른 문에 모아서 줌으로써 확률을 (2번) 2/3로 높이는 것이다. 이 경우에 1/3이라는 첫 번째 문의 확률은 사회자의 행동 여부와 관계없이 변하지 않는다는 점이 이 문제의 키포인트이다.

동일한 원리는 카드게임에도 적용될 수 있다. 카드게임을 할 때, 고수가 돈을 따는 이유 중의 하나는 눈치가 빠르다는 것이다. 고수들은 상대방의 버릇을 잘 읽는다. 강패를 들고 약세를 가장하여 판을 키우려 할 때, 약패를 들고 허풍을 떨 때, 정말 약패인데 다음 장을 통해 강패의 기대를 가지고 있을 때 등의 여러 가능한 상황에서 상대방의 말, 행동, 그리고 베팅의 습관을 잘 파악하고, 이를 통해 상대방의 카드 상황을 정확히 파악한다.

　조작을 하지 않는 한, 좋은 카드를 받을 확률은 모두에게 공평하다. 앞의 몬티홀 문제에서 사회자가 고급차가 어디 있는지를 직접 가르쳐 주지는 않지만 가능성이 높은 선택을 할 수 있도록 구조를 만들어 준 것처럼, 카드의 고수는 게임의 흐름을 보고 판단한다. 또, 고수들은 자신의 패를 잘 감춘다. 자신이 강패인지 약패인지에 대해 상대에게 혼동을 주는 것에도 익숙하다. 상대의 운영 방식에 대한 정보를 잘 얻고, 자신의 운영 방식에 대한 정보를 잘 감춘다. 그리고 상황별로 가능한 결과에 대한 가능성을 확률로 잘 계산한다. 이렇게 함으로써 고수들은 승리의 확률을 높인다.

마음의 법칙이 아니라
사물을 지배하는 자연의 법칙을 파악하라

앞에서 이 프로그램에 참여한 많은 사람들이 자신의 원래 선택을 바꾸지 않았다고 한다. 왜 그랬을까? 사람들의 선택을 심리적인 관점에서 생각해 보면 다음과 같지 않을까?

출연자의 선택	바꾼다	안 바꾼다
당첨	만세	만세
미당첨	아이고!!	뭐, 할 수 없지 뭐

　여기서 선택을 바꾼다고 해서 꼭 당첨되는 것은 아니고, 또 안 바꾼다고 해서 당첨이 안 되는 것도 물론 아니다. 당첨되는 경우는 언제든지 문제가 없다. 안 바꾼 뒤에 미당첨이 된 경우는 "뭐, 할 수 없지 뭐" 하

는 식으로 생각하게 될 것이다. 바꾼 뒤에 당첨이 안 되었을 경우는 처음의 선택이 맞았던 경우로, '억울해서 미칠 지경'이 될 수 있는 경우이다. 아마도 친구들은 바보라고 계속 놀릴 것이고, 내가 왜 바꾸었을까 하고 자탄을 하게 될 수 있다.

이런 상황에서 많은 사람들의 선택을 지배하는 것은 당첨 확률이 아니라, 안 되었을 경우의 비난이나 자괴감 등이다. 이때 우리가 명확하게 바꾸었을 때 당첨 확률이 2/3, 그냥 있을 경우 1/3이라고 알지 못한다면 주위의 시선 때문에라도 바꾸는 선택을 하기 어려울 것이다. 나쁜 결과가 나왔을 상황에 대한 걱정을 미리 하기 전에 우선 게임의 구조를 먼저 파악해야 한다.

결과에 따른 상황 분석은 현실에서도 있을 수 있다. '말이 씨가 된다' '그런 부정적인 생각을 하니까 일이 안 풀리는 거야' 등의 말은 마치 생각과 말에 따라 세상이 움직인다고 생각하게 만든다. 또, 일이 잘못 되었을 때, 그에 대한 책임 회피용 말로 사용된다. 긍정적인 생각이 중요하다는 것을 부정하는 것은 아니지만, 그렇다고 부정적인 말이 세상을 바꾸는 것은 아니다. 우선 세상이 돌아가는 원리와 구조를 냉정하게 파악하고 그에 따라 결정하는 것이 좀 더 합리적이다. 이런 상황에서는 벤다이어그램을 만든 존 벤의 말을 상기하자. "우리가 인지해야 할 것은 사물을 생각하는 마음의 법칙이 아니라, 사물을 실제로 지배하는 자연의 법칙이다."

죽음을 하늘의 뜻에 맡긴다고?
―러시안 룰렛 게임

독자들은 예전에 갱 또는 전쟁 영화 등에서 볼 수 있었던 러시안 룰렛 게임을 알 것이다. 여섯 개의 탄창 중 하나에 총알을 넣고 이 탄창을 회전시킨 후 자신의 머리에 총을 겨누고 발사하는 무시무시한 게임이다. 생존 확률은 5/6이다. 이 게임의 구조를 조금 바꾸어서 생각해 보자. 6개의 탄창 중에 총알을 하나가 아니라, 2개를 '연달아' 넣어 생존 확률을 4/6, 즉 2/3로 낮추고 게임을 시작하자.

당신의 상대방이 먼저 발사한 후 '그대로' 당신에게 총을 넘겨주었다. 그렇다면,

1. 당신은 이 총의 방아쇠를 그대로 당기겠는가? 아니면 다시 회전시킨 후 방아쇠를 당기겠는가? 회전하지 않고 그대로 방아쇠를 당길 경우 생존 확률은 얼마나 될까? 여전히 4/6일까? 아니면 다를까?

자, 여기서 정답을 풀기 전에 조금 더 문제를 진행시켜 보자.

2. 당신은 방아쇠를 그냥 당겼고 다행히 생존하였다. 상대방은 역시 그대로 총을 받은 후 방아쇠를 당긴 후 역시 운 좋게 살아서 당신에게 총을 넘겼다. 이때는 어떻게 해야 할까?

3. 당신이 총을 넘겨받은 후 그대로 다음 탄창을 이용해 방아쇠를 당기고 또 운 좋게 살았다고 하자. 그 뒤 상대방이 다시 그대로 방아쇠를 당겼다면, 당신은 그 게임을 이기게 된다. 100%의 확률이다.

그렇다면 이제 퍼즐을 풀어보자. 이 문제의 중요 키워드는 총알 2개를 연달아 넣는다는 것이다. 옆의 권총 그림처럼 1번과 2번이 탄알이

들어 있다.

1. 여기서 상대방이 살아남았다면, 상대방은 3~6 중의 하나를 고른 것이다. 즉, 총알이 들어 있는 1번, 2번이 제외된다. 그래서 남은 3, 4, 5, 6번은 모두 각각 1/4의 동일한 확률이다. 이때 당신이 총을 받아서 방아쇠를 그대로 당겼다면, 상대방이 6번을 당긴 경우라면 운이 없겠지만, 3~5의 경우라면 생존할 것이다. 그래서 당신의 생존확률은 '3/4'이 된다. 이 확률은 탄창을 다시 돌렸을 경우의 확률인 4/6보다 1/12만큼 크다. 그래서 그대로 당기는 것이 유리하다.

6이었을 때 당신이 그대로 당겼다면, 당신은 사망이다. 운좋게 살아남았다면 처음에 상대방이 고른 번호는 3~5가 된다. 이때 상대방이 그대로 당긴다면, 상대방은 맨 처음에 3 또는 4를 고른 경우에만 생존하므로, 상대방의 생존확률은 2/3가 된다.

2. 여기까지 왔을 때, 당신에게 총이 다시 왔고 계속 그대로 방아쇠를 당긴다면, 당신의 생존확률은 반반이다. (그러므로 이때는 탄창을 다시 돌리는 것이 현명하다.) 만약 그냥 당긴다면, 상대방이 3을 골랐다면 살 것이고, 4를 골랐다면 아니다.

3. 당신이 운 좋게 살았다고 하자. 그럼 무려 4번이나 연달아 살 수 있는 탄창은 3번이다. 그리고 방아쇠는 이제 총알이 있는 탄창에 올라 있다. 상대방이 그대로 당긴다면, 당신은 100% 이긴 것이 된다.

하지만, 이처럼 각 경우의 확률을 결정하는 시스템의 구조를 알고 있다면, 해당하는 사건의 확률을 정확히 계산하고, 활용할 수 있다. 그래서 좀 더 유리한 선택을 할 수 있다. 확률을 정확히 계산할 수 없다면 '하늘에 맡기자'는 마음가짐으로 러시안 룰렛을 폼 나게 회전시킬 수 있다. 확률을 정확히 계산할 수 있고 당신이 먼저 방아쇠를 당긴다면, 당신은 살아남은 뒤에 총을 그냥 주지 않고, 탄창을 회전한 후에 주는 선택을 할 것이다. 여기서도 마음가짐이 중요한 게 아니라, 구조에 대한 정보가 중요하다.

한국인은 로또 천재?

2000년부터 발매되기 시작한 로또 복권이 온 국민에게 일확천금의 환상을 불러일으키고 있다. '인생 역전'이라는 환상적인 광고와 함께 로또 복권은 매우 대중화되어 있다. 그리고 웬만한 사람들은 로또의 1등 당첨 확률인 1/814만 5060의 정확한 값은 몰라도, 매우 낮은 수치라는 것은 알고 있다. 어찌 보면 축구의 월드컵 경기에서 매 경기 끝나자마자 따지는 경우의 수와 로또는 함께 온 국민에게 확률에 대한 지식을 높여준 지대한 공로자이다.

이 와중에 재미있는 확률 값에 대한 논란이 있었다. 21회차에 1등에 23명이 당첨되는 '드문' 일이 발생하였다. 이를 기화로 인터넷에서는 로또 추첨 조작설이 유포되었고, 일부 네티즌들 사이에서는 확률상 절대 발생할 수 없는 일이 발생하였으므로 조작이 확실하다는 일부 분석이("로또의 미스터리! 한국인은 로또 천재?") 있었다. 물론 운영 당국에서는 근거 없다는 사유로 일축했고, 이런 조작설이 유포되는 것에 대해 업무 방해 및 유언비어 유포라며 법적 대응 등을 강구하겠다고 발표하기도 했다.

조작이냐,
유언비어냐?

21회차 사건이 조작이냐 유언비어냐를 떠나서 먼저 로또 1등에 당첨될 확률인 1/814만 5060이라는 확률 값이 어떻게 나오는지를 보자. 앞에서 설명한 이항분포(동전 던지기나 주사위, 윷놀이처럼 성공률이 p인 행동을 여러 번(n번) 독립적으로 하는 것)와는 달리 이 방식은 45개 숫자 중에서 6개를 선택하는 경우의 수를 모두 계산해내야 한다 (수학적으로는 $_{45}C_6$이라는 조합Combination으로 표현한다). 45개 중에서 6개의 서로 다른 숫자를 뽑는 경우의 수의 총계가 바로 814만 5060이다. 이 중에서 무작위로 하나의 경우의 수가 당첨되므로 어느 특정한 6개 수의 조합이 당첨될 확률은 1/814만 5060이 된다.

모든 회차에는 동등한 확률이 적용되므로, 21회차에도 동일한 확률로 1등에 당첨될 수 있다. 21회차에는 약 4200만 개의 로또 복권이 팔렸다고 한다. 그렇다면 이때 당첨자수의 분포는 어떻게 될까? 이에 대해서는 확률 1/814만 5060의 시행을 4200만번 하는 이항분포의 공식에 따라 계산이 가능하나, 이렇게 계산하기 위해서는 적절한 가정이 필요하다. 이 가정이 맞지 않으면 이 이항분포로 계산한 값이 의미가 없어진다. 이 가정이 성립한다면 근사식을 이용하여 포아송 분포를 통해서 계산할 수 있고, 이에 따르면 23명이 1등에 당첨될 확률은 0.000000005이다. 정상적인 경우라면 발생하기 어려울 정도로 무척 작은 값이다. 많은 네티즌들이 이런 값을 보았으니, "공정한 게임에서 정말로 우연히 이런 낮은 확률 값을 가지고 23명이 당첨되었다"고 생각하기보다 "뭔가 조작이 있겠다."라고 생각하는 것이 타당하다. 마치 영화 〈친구〉에서 자신의 공사 수주를 위해 당첨 공을 '눈감고' 뽑는 공사 입찰 장면을 연상할 수도 있다. 영화에서는 추첨자의 눈은 감겨 있었지만, 손은 냉장고에서 얼린 차가운 당첨 공을 찾아낼 수 있다. 이런 뭔가의 조작이 있었을까?

23명이 1등에 당첨될 확률이 0.000000005라고?

그렇다면 사람들이 생각하듯 23명이 1등에 당첨될 확률은 고작 0.000000005 정도밖에 되지 않을까? 당국의 발표가 옳다고 가정해 보자. 왜냐하면 공정하게 관리되는 게임에서 23명이 당첨되는 사건이 발생할 확률을 계산한 값이 0.000000005라는 계산이 잘못되었기 때문이다.

이 0.000000005라는 확률이 맞기 위해서는 2개의 가정이 필요하다. 첫 번째 가정은 1/814만 5060가지의 조합들 각각이 당첨제비가 될 확률이 1/814만 5060이라는 가정이다. 당신이 고른 6개 수의 조합이 당첨될 확률은 주최 측의 주장대로 공정하게 숫자가 선택된다면, 1/814만 5060으로 정확하다. 여기에는 오류가 없다.

두 번째 가정은 로또를 구입하는 모든 사람들이 814만 5060개의 조합 중에 자신의 6개의 수를 무작위로 뽑거나 자동 번호 선택기가 무작위로 번호를 선택한다는 가정이다. 즉, 어떤 선호의 수가 있어서 그 수를 뽑는 사람은 많고 그 외의 수는 사람들에게 낮은 빈도로 선택된다는 그런 경향이 없이, 모든 숫자들이 거의 비슷하게 선택된다는 가정이다. 6개 숫자 고르기가 무작위로 4200만 번 시행되었다면 모든 번호의 조합이 대략 5번(≒4200만/814만) 정도 선택될 것이다. 이때 5명보다 과도하게 많은 23명이 특정한 (당첨) 번호를 고르는 확률은 이렇게도 작은 0.000000005이라는 확률 값이다.

다음과 같은 게임을 생각해보자. 당신이 게임의 주최자로 1~6까지 6개의 숫자를 관객(예를 들어 600명이라고 하자)들에게 제시하고, 이 중 하나의 숫자를 선택하라고 해보자. 어떤 사람은 죽음의 숫자라는 4를 기피할 수 있고, 어떤 사람은 삼각관계에 빠져있어서 3이라는 숫자를 선택하거나 기피할 수도 있다. 이럴 경우에 사람들이 선택한 수가 거의 비슷하게 1에 1/6, 2에도 1/6, 6에도 1/6에 해당하는 100명가량이 있을까? 위의 2번째 가정은 거의 비슷하게 100명씩 사람들이 각각의 숫자를 선택한다는 가정과 유사한 것이다. 그랬을 때만 이 0.000000005라는 확률 계산 값이 의미가 있다. 현실적으로 어떠할까? 그렇지 않다. 우리나라에는 이런 자료가 없지만 외국에서 이런 자료를 찾을 수 있다.

'이런 숫자는 아무도 안 고를 거야' 라고
생각한 사람이 4만 명

24, 25, 26, 30, 31, 32

위 숫자들은 1등에 당첨된 로또 번호다. 뭐 특별한 것이 없다고 대수롭지 않게 생각할 독자들도 있을 것이다. 하지만 바로 이 번호에 당첨된 사람들이 무려 222명이라면 새롭게 보일 것이다.

말했다시피 이 숫자는 1988년 독일의 복권 제3차 추첨에서 무려 222명이 1등으로 당첨된 번호라고 한다.

49개의 숫자 중에 6개를 고르는 독일 복권의 경우는 가능한 조합의 수가 13,983,816로, 우리나라 복권보다 1.7배 더 많다. 그런데 판매된 700만 장 중에 무려 4만 명이(0.5% 이상)

선택한 복권 유형은 다음과 같다. 이 유형이 1등으로 당첨되었다면 1인당 당첨금은 고작 150마르크였을 것으로 계산된다고 한다.

7, 13, 19, 25, 31, 37
7, 14, 21, 28, 35, 42

어떤가? 사람들이 선호하는 번호가 있다고 생각되는가 아니면 위의 0.000000005라는 확률 값이 요구하는 모든 숫자는 비슷한 선호도를 가진다는 가정이 충족되리라고 생각하는가? 필자는 이 가정이 맞지 않고, 사람들에게는 특별히 선호되는 번호가 있고 기피되는 번호가 있다고 생각한다. 또는 조합이 있다고 생각한다. 예를 들어 자신의 생일을 선택하는 사람에게는 32 이상의 숫자는 기피될 수 있고, 생일을 선택한 후 나머지 숫자는 크게 고르는 사람에게는 32 이상의 숫자가 오히려 많이 선택될 것이다. 이런 가설을 확인할 수 있는 방법을 굳이 찾는다면 심리학 분야가 아닐까 하지만, 너무 다양하고 복잡해서 거의 없을 것이다.

로또 사업을 운영하는 국민은행 측은 우리나라에서 로또 당첨자수가 들쭉날쭉하게 분포하는 현상의 원인으로 '수동 번호 기입'을 거론한다. 로또 구매자들이 컴퓨터가 번호를 골라주는 자동 기입 번호보다 직접 선정한 번호를 선택하는 경우가 많다는 것이다. 국민은행 측은 "제196회차의 경우 번호가 후반부에 몰려 있고, 이런 특징적인 번호를 고르는 사람이 많다. 통계학으로는 포착할 수 없는 부분이다."라고 말했다(《중앙일보》, 2006년 9월 28일자).

로또는 공정한 게임이라고
생각해도 될까?

포착은 안 되지만, '공정한 게임'임을 설명할 수 있는 방법은 있다. 만약, 0.000000005보다 더 가능성이 희박한 확률 값에 해당하는 많은 당첨자가, 예를 들어 100명 이상의 당첨자가 나오는 경우가 발생한다면 다음과 같은 방법을 써볼 것을 제안한다. 즉, 816만 가지의 모든 조합에 대해 사람들이 선택한 횟수표를 정리하여 발표하는 것이다. 위 책의 사례처럼 각 조합별로 어떤 조합은 0명이 선택했을 수도 있고, 어떤 조합은 이보다 매우 큰 1000명 이상이 선택했을 수도 있다. 그러면 816만 가지의 조합에서 몇 명의 당첨자가 나오느냐는 포아송 분포의 계산이 아니라 이 횟수표에 따른 것이 된다. 이렇게 아무리 고도의 심리학 등의 이론을 활용하여도 너무 복잡하여 확률 계산이 안 될 때는 경험적 확률을 이용하는 방법, 즉 횟수표를 이용한 방법을 쓰는 것이 합당하다. 위의 독일 사례에서처럼 기존의 사례를 (조합별 선정 건수) 모아서 계산하게 된다.

위와 같은 분포표도 발표하고, 제일 많이 선택한 조합도 발표하여 이 번호 조합을 선택한 사람들에게는 특별 사은품을 주면 재미있지 않을까? 현재보다 로또 복권의 인기가 떨어져서 관심이 필요하다면 생각해 볼 수 있겠다.

몬테카를로의 은행을
파산시킨 사나이

로또복권이나 카지노에서 승리할 수 있는, 또는 승리의 확률을 높일수 있는 방법이 있을까? 확률을 높이는 방법은 숫자를 고르는 방식에 결함이나 조작이 없는 한 없다. 결함을 찾을 수 있다면? 실제로 결함을 찾아내는 방식을 시도해서 성공한 사람이 있다

(버트 K. 홀랜드, 2004, 『재수가 아니라 확률이다』, 휘슬러). 복권이 아니라 카지노에서였다. 1873년 조셉 재거스란 영국 제분공장 기사가 몬테카를로에서 성공하였다. 그는 어느날 조수들을 카지노로 불러 모아 그날 하루 동안 룰렛에 떨어지는 모든 수를 기록하게 했고, 이를 면밀히 분석하여 일정한 패턴을 찾아내려 하였다. 운영 중인 6대의 룰렛 중에 5대는 완전히 정상이었으나, 하나의 룰렛에서 9개의 수에 기대치 이상으로 많은 기록이 있었다. 다음 날 재거스는 이 9개의 수에 집중적으로 돈을 걸어 4일 뒤 30만 달러를 땄다. 이런 일화를 가수 찰스 코번Charles Coburn은 히트작 〈몬테카를로의 은행을 파산시킨 사나이〉The Man Who Broke the Bank at Monte Carlo〉라는 노래로 부르기도 했다. 이후 카지노는 매일 룰렛을 점검하여 확률을 확인하는 전통이 생겼다고 한다. 이런 식의 방법은 대부분의 경우에는 성공하기 쉽지 않다.

다음과 같이 다른 방식으로 성공한 사람들도 있었다. 1992년 오스트레일리아 멜버른에 소재한 '인터내셔널 로또 펀드'라는 한 투자 그룹이 수백만 달러의 당첨금이 걸린 복권에 승부를 걸었다. 당시의 게임 방식은 우리나라 초창기처럼 당첨자가 안 나올 경우, 당첨금이 이월되어 당시에 적립된 당첨금은 2700만 달러였다. 그리고 44개의 숫자 중에 6개를 고르는 게임에서 가능한 조합은 7,059,052였고, 1장당 1달러로 모든 조합의 복권을 구매할 경우 총 구매 금액은 7,059,052달러였다. 이 투자 그룹은 이 모든 조합을 구매하기로 결정하였다. 이월금이 국가가 가져가는 배당금을 넘어서는 상황을 만들었기 때문에 가능한 결정이었다. 7백만 달러를 투자해서 2700만 달러를 얻는 게임을 시작한 것이다.

이 게임의 위험은 3가지였는데 그 중 하나는 복권관리국이 모든 조합을 구매할 경우, 불공정성을 이유로 지불 거절을 할 가능성이었다. 실제로 법적 다툼 끝에 '20년 분할 지급'이라는 합의로 승리하였다. 두 번째는 당첨자가 그들 외에 또 나오는 것이었는데 다행히 그 게임에서는 그들만이 당첨되었다. 세 번째는 현실적인 문제였는데, 제한 시간 안에 700만 조합을 살 수 있느냐의 문제였다. 실제로는 200만 조합은 구매하지 못 하고, 약 70%선인 500만 조합만을 구매하였고 다행히 이 조합 안에 당첨 번호가 있었다. 이 시도는 성공으로 끝났지만 이런 게임은 매우 드문 일이다. 그럼 무슨 방법이 있을까?

내가 선택하는 번호의 조합이 1등에 당첨될 확률이 816만분의 1이라는 점은, 운영 측의 조작이 없는 한 어쩔 수 없다. 그렇지만, 당첨되었을 때 당첨금을 높이는 방법은 어떨까? 당첨금의 기댓값은 당첨확률×당첨금이니까 말이다. 그러려면 사람들이 몰리지 않는 당첨 번호를 선택해야 한다. 이를 위해서는 어떤 방법이 적절할까? 사람들의 심리를 파악해 판단하는 방법밖에는 없다고 보인다. 다시 말해 이제까지의 당첨 번호와 당첨자수의 기록을 보고, 당첨자수가 많이 나왔을 때의 당첨 번호를 제외시키는 것이다(예를 들면 1을 선택하는 사람은 2는 선택하지 않는다 등의 서로 연관되는 번호에 관련된 분석은 제외하자. 이것까지 고려하는 것은 816만분의 1이라는 당첨 확률의 게임에는 너무 과도한 투자이다).

이와 유사한 방법을 제시하는 로또 관련 사이트들이 있다. 이 당첨번호 추천 사이트들의 방법과 여기서 바로 위에 설명한 방법과는 분명한 차이가 있다. 이 사이트들은 이제까지 많이 나온 번호가 다시 나온다든가, 안 나온 번호가 나올 확률이 높다는 등의 가정을 전제로 이야기하는데, 이 가정은 운영자 측의 주장과 정면으로 배치된다. 필자 생각에도 이 가정은 타당성이 없다. 지난주 당첨된 번호를 기계가 기억하고 있다가 또 선택하거나 피하도록 시스템이 만들어져 있지 않기 때문이다.

오히려 인기 번호 추천 사이트를 따르는 사람이 많다면, 여기서 제시하는 번호는 피하는 것이 좋다. 왜냐하면 당첨이 되더라도 그 번호를 선택한 사람이 많아서 당첨금이 적어지게 되기 때문이다. 당첨확률이 같은데 기댓값이 작은 번호를 선택할 이유는 없다.

여기서 제시된 방법은 사람들의 번호 선택의 편향성에 대한 부분이다. 여기에도 가정은 필요하다. 사람들이 계속 일관성이 있게 특정 번호를 계속 선정한다는 가정이다. 그래도 이 가정이 좀 더 근거 있어 보이지 않는가?

사람이 몰리는 시간은
따로 있다

여기까지 이야기한 선호도나 또 다른 이유에 의해 사람들이 몰리는 현상들은 현실에서도 많이 볼 수 있다. 카드 회사 콜 센터를 예를 들어 보자. 평일에 특정 카드회사에 문의하는 고객들이 평균 시간당 1000명이라고 해보자. 이 회사가 고객들에게 적절한 시간 내에, 예를 들어 대기 시간 1분 내에 응대 서비스를 하기 위해서는 몇 명의 콜센터 상담원이 필요할까? 여기서 우리는 우리에게 주어진 정보가 부족하다는 것을 알아야 한다. 평균 시간당 1000명이란 월~금요일 근무 시간대의 전체 콜 수를 근무 시간의 총합으로 나눈 것이다.

그럼 이것이 어느 시간대나 비슷하게 분포할까? 그렇지 않을 것이다. 보통 사람들은 휴일 다음날 월요일 오전에, 그리고 점심시간 가까이에 좀 더 많은 문의 전화를 할 것이다. 그런 시간대에 전화를 하면 예상 대기시간이 10분을 훌쩍 넘게 된다.

특별히 몰리는 시간에 대한 경험은 통신회사의 경우 좀 더 많이 있다. 전화의 경우 많이 이용하는 시간대가 있다는 것이다. 특정 지역 방송사에서 전화 퀴즈를 하는 시간에는 해당 통신사는 특별 경계 태세를 갖춘 다고 한다. 그리고 카드 대금 결제일, 은행 공과금 납부일 등의 특정일 에도 특별히 전화 이용객이 많다고 한다. 통신회사 등에서는 이런 날에 대해 미리 계산하여 폭주 예상 달력을 관리하고 사전예보 등을 통해 별 도의 관리태세를 갖추고 있다.

사람들의 이용 패턴을 모르고, 조사가 안 된 상황에서 단순하게 '모든 시간대에 고객이 동일하게 방문한다'는 가정 하에서만 의미 있는 확률분포만으로 대응한다면 위의 로또처럼 조작 음모론에 솔깃하거나 통신 대란이 발생한 이유를 엉뚱한 이용자 탓으로 돌릴 수 있다.

3. 확률은 전략가의 필수 덕목 : 확률의 활용 ②

퀴즈 영웅이
되려면   일요일 아침에 퀴즈 영웅을 뽑는 퀴즈 프로그램이 있다. 이 프로그램에서는 6명의 예선 통과자들을 모아서, 여러 관문을 거쳐 한사람의 최종 후보를 선출한 후 다음과 같은 방식을 통과한 사람에게 퀴즈 영웅이라는 칭호를 준다.

문제 수는 500만 원 문제 3개, 1000만 원 문제 3개, 2000만 원 문제 3개가 있다. 물론, 상금에 따라 문제의 난이도는 다르다. 500만 원보다는 1000만 원이, 1000만 원보다는 2000만 원 문제가 더 어렵다. 기회는 3번이 주어진다. 문제를 3개 선택하여 맞힌 문제의 상금의 합이 2000만 원이 넘어야 퀴즈 영웅이 될 수 있다.

자, 이 문제도 확률을 가정하여 풀어보자. 문제를 맞힐 확률이 각 문제별로 500만 원 40%, 1000만 원 20%, 2000만 원 10%일 경우라고 가정해 보자. 이 경우에 당신이 선택할 수 있는 가능한 전략은 어떤 것들이 있고, 퀴즈 영웅이 될 가능성은 얼마나 될까? 그리고, 어느 전략이 가장 좋은 전략이겠는가?

1. 500만 원을 먼저 선택한 후, 실패하면 2000만 원에 도전한다. 맞힐 때는 500만 원을 다시 선택하고, 이때 둘 다 맞히면 1000만 원에 도전하고, 아니면 2000만 원에 도전한다.
2. 1000만 원에 계속 도전하고, 처음 두 번에 실패할 경우에만 2000만 원에 도전한다.
3. 2000만 원에 세 번 도전한다.

각각의 경우 확률을 계산하면 다음과 같다.

1. 17.0%
   A. 500 실패×2000 성공=0.6×0.1=6%
   B. 500 실패×2000 실패×2000 성공=0.6×0.9×0.1=5.4%
   C. 500 성공×500 성공×1000 성공=0.4×0.4×0.2=3.2%
   D. 500 성공×500 실패×2000 성공=0.4×0.6×0.1=2.4%

2. 11.04%
   A. 1000 성공×1000 성공=0.2×0.2=4%
   B. 1000 성공×1000 실패×1000 성공=0.2×0.8×0.2=3.2%
   C. 1000 실패×1000 성공×1000 성공=0.8×0.2×0.2=3.2%

   D. 1000 실패×1000 실패×2000 성공=0.8×0.8×0.1=0.64%

3. 27.1%
   A. 2000 성공=10%
   B. 2000 실패×2000 성공=0.9×0.1=9%
   C. 2000 실패×2000 실패×2000 성공=0.9×0.9×0.1=8.1%

이 경우, 3번 2000만 원 문제를 우선 시도하는 것이 가장 높은 확률로 퀴즈 영웅이 될 수 있으므로 좋은 선택임을 알 수 있다. 그런데 이 퀴즈 프로그램을 본 사람들은 알겠지만 3번과 같은 전략을 쓰는 사람이 별로 없다. 왜 사람들은 이런 전략을 안 쓰고, 실제로 최종 관문을 통과하는 사람이 별로 없을까? 이 질문의 답을 다음의 경우를 통해 살펴보자.

가정에 따른 시뮬레이션을 해보자

위의 퀴즈에서는 각 문제를 푼다/못 푼다의 사건이 단순하고, 또, 각 문제를 푼다/못 푼다의 사건과 우리의 주관심인 퀴즈 영웅과의 관계가 단순하였다. 그런 반면에 각 경우에 가능한 경우의 수가 많거나, 각 사건들이 최종 결과에 미치는 함수 관계가 복잡하다면, 위의 경우처럼 사람이 수작업 계산을 한다는 것이 몹시 어려워진다. 이런 경우에 활용되는 것이 가끔 신문이나 연구 보고서 등에서 볼 수 있는 모의실험, 시뮬레이션^{Simulation}이다. 여러 종류의 모의실험 중에서 도박의 도시인 '몬테카를로'의 이름을 딴 몬테카를로 모의실험$^{Monte\ Carlo\ Simulation}$은 확률의 개념을 이용한 것이다.

우리는 주요 변수(x)들이 변할 수 있는 상황에서 결과(y)의 결과 값이 어떻게 나올 것인가에 관심이 있다. 보통의 경우 y의 예측보다 x의 예측이 쉽거나 선택이 가능한 경우에 활용된다.

y=f(x)
y: 우리가 관심 있는 결과 값
x: y에 영향을 주리라고 생각하는 주요 변수
f: y와 x 간의 함수 관계식

모의실험이 의미를 가지기 위해서는 x와 f에 대한 정보를 미리 파악하고 있어야 한다. 즉, 결과 값 y 자체에 대한 예측이 어려울 경우, y에 영향을 주는 x(주요 변수)와 f(관계식)를 찾고, x들이 어떤 값을 가질 것인가를(분포) 예측하고 이에 따른 y값의 결과를 예측하는 것이 좀 더 합리적인 예측이 된다. x를 찾고, x와 y의 관계인 f를 파악하는 것이 보통의 경우 많은 연구 과제가 된다.

그런데 종종 모의실험을 실시한 결과가 현실과 동떨어진 결과가 나왔다는 비판을 받는 경우가 있다. 어떤 경우일까? 그 경우를 살펴보면 다음과 같다.

1. x가 적정한 값인가?
- x의 값의 범위를 적절하지 않게 설정할 경우 시뮬레이션 결과는 현실성이 떨어진다. 위의 퀴즈 사례를 예로 들면, 각 상금별 맞힐 확률을 0.4, 0.2, 0.1로 가정하였다. 그런데 이 값이 문제의 난이도를 적절하게 반영하지 못한다면, 위의 결과는 현실을 반영하지 못하게 된다. 예를 들어 2000만 원 상금 문제의 맞힐 확률이 5%나 3%라면, 전략 3번의 성공 확률은 수정하는 것이 옳다(5%일 경우 14.26%, 3%일 경우

8.73%).

2. 함수 계산식 f가 적절한 것인가?
- 위의 시뮬레이션은 각 문제들이 500, 1000, 2000씩의 상금이 주어진 다는 사실과 상금의 총합이 2000만 원 이상이라는 기준에서 계산하였다. 만약, 최종 관문의 기준 금액이나, 각 문제별 상금의 금액이 알려져 있지 않은 상황이라면, 이를 추측하여 가정해야 한다. 그리고 그 추측이 적절하지 않을 경우, 결과의 확률은 적절하지 않게 된다.

현실의 문제에서 모의실험을 해야 하는 경우는 보통 이보다 더 복잡한 함수식의 형태로 존재하고, 그 중에는 공인된 함수가 없어서 연구자가 어느 함수로 하겠다는 가정을 하고서 진행하게 된다. 이 가정이 적절하지 않다면 그 결과도 적절하지 않다.

위의 2가지를 적절히 활용한다면 우리는 시뮬레이션의 '예상결과'를 우리가 원하는 대로 만들어낼 수 있다. 시뮬레이션을 해보았는데, 이상한 예상결과가 나오는 것은 위의 2가지에서 적절하지 않게 가정한 것이다. 즉, 조건의 주요변수 x의 값과 범위에 대한 가정을 수행자가 유리한 쪽으로 설정하거나, 유리한 방향으로 결과가 나오는 모형 f(함수 계산식)를 사용한 것이다. 그때 시뮬레이션 결과를 비판하는 사람들은 보통 '기본 가정이 잘못되었다' 또는 '모형이 적절하지 않다'라고 말한다.

위의 퀴즈 게임에서는 2000만 원 문제에 대해 10%의 성공 확률을 가정하고 계산하였다. 실제로는 2000만 원 문제를 맞히는 경우를 별로 본 기억이 없다. 그래서 이 경우의 확률을 각각 5%, 3%로 낮추어서 가정해서 계산할 수도 있다(271쪽 부록 참조).

2000만원 문제의 맞출 확률이 3%가 적절하다면, 1000만 원 문제를 우선시하는 2번 전략이 최우선 전략이 된다.

4. 위험을 효과적으로 대처하는 방법-위험 비교

**보험 회사가
사는 법**

기우杞憂라는 말이 있다. 하늘이 무너지는 것처럼 절대로 일어나지도 않을 사건을 걱정할 때 하는 말이다. 하지만, 그런 일이 발생할 확률 또는 가능성이 극히 낮더라도 이를 살피지 않고 발생하였을 경우만을 생각하면 두려움에 사로잡히게 된다. 예를 들어 수십 년 전에 북한에서 짓고 있는 금강산댐이 물을 방류할 경우 엄청난 물이 남한으로 한꺼번에 쏟아져서 서울시의 63빌딩까지 잠긴다는 내용을 미니어처까지 쓰면서 아주 실감나게 TV에서 방송한 적이 있었다. 당시의 학생들은 평화의 댐 성금으로 벽돌 2개 정도의 돈을 '자발적으로' 학교에 내야 했다. 한참 후에 밝혀진 내용은 그만큼의 난리를 일으킬 정도의 물은 수십 년을 저장해야 한다는 내용이었고, 그럴 가능성은 거의 없다는 것이었다. 가능성이 극히 낮음에도 그에 대한 언급은 생략하고 그 영향만이 강조되는 경우가 정치 외의 현실에서도 많이 있다. 보험회사의 예를 들어보자.

보험회사는 주로 많이 발생하는 병에 대해서는 병의 발병 확률을 산출한 뒤, 예상 보상금을 계산하고 보험사의 이익과 운영비를 더하여 보험료를 계산해낸다. 원활한 회사 운영을 위해서는 그렇게 할 수밖에 없을 것이다. 그럼에도 많은 보상과 적은 보험료를 강조하는 광고를 자주 볼 수 있다. TV의 보험 광고를 보면 보장되는 병들이 많이 발생한다고 한다. 이렇게 발병률이 높은 병에 대해서 많은 보상을 해 준다는 광고를 좀 더 생각해 보자. 사람들이 해당 보험에 많이 들고, 또 그 가입자들에 대해 보상을 많이 해주어야 하는 상황들이 많이 발생한다면, 그 보험회사는 운영이 어려워질 것이다.

하지만 보험사가 많은 광고를 통해 계약자를 모집하는 것을 보면 그 병에 걸리는 사람이 실제로는 얼마 안 되는 것이 아닌가 싶다. 즉, 보험을 파는 사람들이 극히 일부의 사람들에게만 발생하는 내용을 드라마틱하게 보여주면서 사람들에게 위험을 과장하는 것처럼 보인다. 실제 잘 일어나지 않는 병에 대해서는 그것이 발생했을 때의 치료비용 등의 위험만을 강조하여 사람들에게 겁을 주기도 한다.

보험에 가입하는 것은 위험을 분산하여 대처하는 좋은 방법이다. 다만 보험에 가입할 때는 친숙한 연예인의 얼굴을 보거나 그 병에 걸린 극히 일부의 희귀한 사례를 생각하기보다는 각각의 병에 걸릴 가능성, 확률과 자신의 경제 상황을 고려해서 해야 한다. 보험사가 운영이 어려워졌다는 이야기를 들은 적이 없는 것을 보면, 보험사가 자금 운용을 매우 잘하거나 또는 보상 상황이 적게 발생하거나 또는 보상금이 충분히 상쇄될 만큼 많은 보험료를 걷고 있는 것이라고 생각한다. 또는 가끔 이슈가 되는 것처럼 가입상의 적법성이 문제가 되어 실제 보상해주는 경우가 적은 것이 아닌가 싶기도 하다.

이제까지는 각 사건에 대해서 발생 가능 확률을 명확하게 계산할 수 있는 경우, 또는 가정을 통해서 확률을 명확히 계산할 수 있는 경우를 검토하였다. 확률이 명확히 계산되지 않더라도 여러 확률을 상/중/하

정도로만 구분하더라도 우리는 이를 충분히 활용할 수 있다. 다음의 경우는 우리에게 활용할 수 있는 자원이 한정되어 있을 때, 이를 확률이라는 개념을 이용하여 효율적으로 대처하는 방법을 소개하겠다.

확률을 생각하면 위험 관리도 효과적으로 할 수 있다

당신이 프로젝트의 책임자로서 큰 프로젝트를 기획하고, 관리한다고 상황을 가정해 보자. 당신은 프로젝트에 필요한 예산, 인적 자원 등등 외에 외부적인 요인에 대한 검토 과정에서 프로젝트가 실패할 수 있는 여러 위험성을 발견하였다. 그렇다면 당신은 초기 기획 단계에서 과제 진행 과정에서 예상되는 모든 위험을 파악하여 관리함으로써 위험을 적극적으로 대처, 관리해야 할 것이다. 이를 위험 관리Risk Management라고 부른다.

우선 간단한 정의부터 알아보자.
- 위험Risk : 일어날 수 있는 부정적인 사건의 효과.
- 위험 감소: 일어날 수 있는 부정적인 사건의 효과를 미리 파악하여 이를 회피하거나 이에 대응하여 그 효과를 최소화시키는 것.

이 위험을 관리하기 위해서는

- 과제 진행상의 위험 사안Risk Issue 또는 문제를 파악
- 각 위험 사안의 원인과 그 위험이 감소되지 않을 경우 초래되는 결과를 예측
- 각 위험의 발생 가능성 및 발생으로 인한 결과의 영향도를 고려하여 위험의 수준을 평가

위험 분류		발생 정도		
유형	Description	영향	가능성	위험 평가
사업	부품 가격 상승	5	3	15
	신규 수요 급감	5	1	5
기술	설계, 제작의 복잡성 증대	3	3	9
	기술관련 지적재산권 분쟁	5	3	15
조직	사업화 관련 조직간 비협조	3	3	9
계획	제품 설계 기간 증대	3	3	9

- 각 위험 사안을 감소시키기 위한 전략을 만들어야 한다.

구체적인 사례를 들어보자. 위의 표는 신제품 개발상에서 예상되는 위험 6가지를 나열하고, 이에 대해 발생 가능성과 영향을 각각 계산하여 그의 곱으로 각 위험의 중요도를 평가한 것이다. 이 과정에서 발생 가능성과 영향은 상대적인 것으로, 각 분야에서 적당한 기준에 따라 평가할 수 있다. 평가를 통해 영향도와 가능성을 평가하고 이들의 곱으로 각 항목의 위험을 평가하여 중요도를 구분할 수 있다. 이때 여러 위험성 중에 발생 가능성, 발생 확률이 높은 것 그리고 발생 시 영향도가 큰 것을 더 우선하여 중요하게 관리하는 것이 바람직하다.

여기의 사례에서는 '부품 가격 상승'과 '기술 관련 지적재산권 분쟁'이 가능성과 영향도 측면에서 중요하게 관리되어야 하는 위험이다. 로 또에서 승리하는 방법의 원리와 같이 위험에 대해서도 확률을 낮추거나 또는 발생했을 때의 영향을 줄이는 방법이 가능하다. 각 항목을 일관성 있게 평가하기 위해서는 발생 가능성과 영향도에 대한 기준이 필요한데, 각 영역마다 기준을 만들 수 있다. 다음의 표는 어느 개발 프로젝트

점수	발생 가능성
High (5)	• 중요한 불확실성이 존재 • 이전의 경험 또는 자료가 없음 • 인프라 및 자원 배치가 안 되어 있음
Med (3)	• 어느 정도의 불확실성이 존재 • 어느 정도 경험 또는 자료가 있음 • 인프라는 구축되어 있으나, 자원이 부족함
Low (1)	• 불확실성이 거의 없음 • 중요한 경험과 자료가 있음 • 완전한 인프라 구축 및 자원 배치

에서의 위험의 발생 가능성 평가 기준이다.

위험 관리 전략으로는 발생 가능성을 줄이거나, 또는 발생하였을 때 영향을 작게 만드는 방향으로 이루어진다. 이를 좀 더 정형화한 활용 예로 FMEA●Failure Mode Effect Analysis 에서는 가능성, 영향도 외에 검출 가능성을 추가하여 평가한다. 즉, 발생 가능한 위험 중에 쉽게 감지할 수 있는 것보다 감지가 어려운 것에 좀 더 가중치를 두어 신경을 써야 한다는 것이다.

예를 들어 자동차 생산 공장에서 고객이 100km 이상 주행했을 때 발견되는 결함과 생산 중에 작업자가 쉽게 감지할 수 있는 결함이 각각 있다고 해보자. 이 중에 어느 결함에 대해 설계자 또는 기술자는 관심을 두어야 할까? 고객이 직접 주행 중에 알게 되어 신고한 결함 또는 주행 중에 사고를 통해서 발생 사실을 알게 되는 결함은 생산 중에 발견되는 결함보다 100배 이상의 회사 손실을 준다고 알려져 있다. 그렇다면 회사 입장에서는 자신들이 쉽게 발견 못하는 결함에 평소에 좀 더 신경을 써야 한다.

FMEA: 1950년대 미 국방성의 무기체제 분석 및 아폴로 계획의 원활한 수행을 위해 MIT 공대 물리학과 교수진이 중심이 되어 개발한 잠재 불량(고장) 요인에 의한 영향도 해석 기법이다.

회사에서도 업무를 하다 보면, 사람들마다 정보, 경험 및 생각하는 방식이 달라서 특정한 위험에 대해서도 다른 생각을 가지게 된다. 이에 대해 발생 가능성과 영향을 함께 모여서 의논하는 것은 의미 있는 일이다.

우선 경험과 기술을 모아서 발생 가능한 위험을 나열하고, 각 위험에 대해 발생 가능성, 영향도, 감지 가능성에 따라 적절한 점수를 주어 대처하면 좀 더 효과적으로 위험을 관리할 수 있다.

가까이 있지만
너무 먼 확률

강의를 하거나 또는 여러 일상적인 이야기에서 확률에 대한 이야기를 할 때 여러 사람들에게 그 의미를 전달하는 데 어려움을 종종 겪는다. 확률의 의의에 대해 이야기하기 어려운 이유는 무엇일까?

첫 번째로 확률이 하나의 이름 아래 다양한 형태로 존재한다는 사실이 잘 구분되지 않는다는 것이다. 경험적인 확률, 주관적인 확률, 또 고등학교 수학 과정에서 배우는 구슬 뽑기 등의 수리적인 확률 등등이 혼동되어서 활용되고, 이들 간의 연결 고리를 알기 쉽지 않다. 특히나 확률은 가설 검정과 연관시키는 것은 연결고리에 대한 상세한 설명이 없이는 혼동될 수밖에 없다. 확률을 배우는 목적은 여기서 이야기한 정확한 예측과 효과적인 위험 대처에도 있지만, 다음 장의 가설 검정도 중요한 목적 중의 하나이다.

둘째, 좀 더 근원적인 문제로 퍼시 디아코니스라는 수학자의 말처럼 "인간의 두뇌는 확률문제를 푸는 데 별로 적합하지 않다"는 것이다. 또, 피아제와 인헬더의 말처럼 "논리와 산술적 계산 능력과는 달리, 확률 계산에 관한 능력은 아주 서서히 발달한다"는 성격도 있다. 그래서 대다수의 수학교사들에게는 확률과 통계를 제대로 가르치는 것은 결코 쉬운 일이 아니다. 카네만과 트버스키가 말한 것처럼 "대부분의 사람들은 일상생활 속에서 그러한 종류의 지식이 절실하게 필요하지 않기 때문에 확률과 통계의 원리들은 일상적인 경험만으로 습득될 수 없다"는 성격이 있다.

이를 극복하기 위해 여기에 이야기한 내용은 구조를 잘 파악하라는 내용이다. 확률이 실제로 결정되는 시점, 구조에 따라 확률 값이 동일하지 않고 합쳐지거나 차이가 나게 되는 상황을 잘 파악해야 한다. 그리고 복권의 숫자 선호도의 예처럼 확률이 동일하다는 가정이 안 지켜지는 상황을 잘 파악해야 한다.

많은 경우에 확률은 '반반'이 아니다. 상황을 정확하게 파악하고 대처하기 위해서는 '우연'이 발생하는 부분과 시스템의 구조를 잘 판단하여야 한다.

| 부록 |

5% 가정일 경우

1. 11.25%

A. 500 실패×2000 성공 =0.6×0.05=3%
B. 500 실패×2000 실패×2000 성공 =0.6×0.95×0.05=2.85 %
C. 500 성공×500 성공×1000 성공=0.4×0.4×0.2=3.2%
D. 500 성공×500 실패×2000 성공=0.4×0.6×0.05=1.2%

2. 10.72%

A. 1000 성공×1000 성공=0.2×0.2 =4%
B. 1000 성공×1000 실패×1000 성공=0.2×0.8×0.2=3.2%
C. 1000 실패×1000 성공×1000 성공=0.8×0.2×0.2=3.2%
D. 1000 실패×1000 실패×2000 성공=0.8×0.8×0.05=0.32%

3. 14.3%

A. 2000 성공 =5%
B. 2000 실패×2000 성공=0.95×0.05 =4.75%
C. 2000 실패×2000 실패×2000 성공=0.95×0.95×0.05 =4.5%

3% 가정일 경우

1. 9.77%

A. 500 실패×2000 성공 =0.6×0.03=1.8%
B. 500 실패×2000 실패×2000 성공 =0.6×0.97×0.03=2.85 %
C. 500 성공×500 성공×1000 성공=0.4×0.4×0.2=3.2%
D. 500 성공×500 실패×2000 성공=0.4×0.6×0.03=0.72%

2. 10.59%

A. 1000 성공×1000 성공=0.2×0.2 =4%
B. 1000 성공×1000 실패×1000 성공=0.2×0.8×0.2=3.2%
C. 1000 실패×1000 성공×1000 성공=0.8×0.2×0.2=3.2%
D. 1000 실패×1000 실패×2000 성공=0.8×0.8×0.03=0.19%

3. 8.73%

A. 2000 성공=3%
B. 2000 실패×2000 성공=0.97×0.03 =2.91%
C. 2000 실패×2000 실패×2000 성공=0.97×0.97×0.3=2.82%

DNA 검사로 살펴보는
통계적 가설 검증의 논리

> 통계인(Statistician)의 단 하나 유용한 역할은 예측을 통해, 행동의 기초를 제공하는 것이다. - 에드워즈 데밍

1. 확률적 사고가 여는 새로운 세계

통증은 하나
원인은 여럿

올바른 판단을 하기 위해서는 많은 정보가 필요하고, 정보가 많을수록 올바르게 판단하는 데 도움이 된다. 하지만 보통의 경우에는 우리가 가질 수 있는 정보가 제한적인 경우가 많다. 정보가 제한된 상황에서 판단을 내려야 할 때 우리는 확률을 활용할 수 있다.

내과 전문의가 검사를 통해 진찰을 하는 다음과 같은 상황을 가정해 보자. 특정 환부에 통증을 호소하는 환자를 진찰하고 있다. 여기서 노련하고 경험 많은 의사는 '환자의 말'(제한된 정보)만을 듣고도 어디에 이상이 있는가를 잘 판정해낸다. '가능성 있는 여러 원인'에 대해 '통증의 원인'을 폭넓게 생각해 내고, 이 중에서 진짜 원인을 잘 찾아낸다. 유능한 의사에 대한 이야기는 여기서 접어두고, 여하튼 정보가 부족한 상황

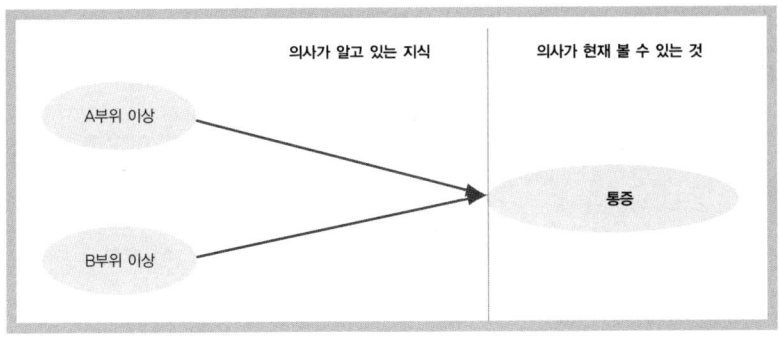

에서는 원인에 대해 판단하는 것은 쉽지 않다. 현재 이 내과 전문의에게 주어진 검사 정보는 어느 부위에 통증이 있는가에 대한 정보뿐이다. 그리고 의사가 알고 있는 지식과 경험으로 판단하면, 기존의 학계 자료와 임상 경험으로는 환자가 통증을 말하는 특정 환부는 A부위 또는 B부위에 이상이 있는 경우가 대다수여서 A부위 또는 B 두 부위의 이상을 의심한다.

이런 상황에서의 곤란한 점은 환자에게 발생한 통증이 A 또는 B라는 두 가지 부위의 이상이라는 두 개의 원인으로부터 가능하다는 것이다. 물론 원인이 A부위냐 또는 B부위냐에 따라 치료는 달라져야 한다. 그래서 의사는 이 환자에 대해 정밀검사를 해서 좀 더 정보를 모으려고 한다. 전문의는 우선 내시경 검사를 통해 확인해본 결과 A부위에 이상이 없다는 것을 확인하였다. 그렇다면 B부위의 이상으로 우선 잠정 결론을 내고, B부위에 대한 정밀검사를 진행할 수 있다.

위의 경우를 우리의 관점으로 살펴보자. 결과 정보는 특정 부위의 아픔이다. 원인은 A부위 또는 B부위의 이상이다. 다행히 현대 의학 기술의 도움으로 A부위의 이상 여부를 정확하게 판별할 수 있는 내시경 검사가 있어서 전문의는 이 검사를 시행하였다. 검사 결과 A부위가 정상인 것으로 판단되어, 후보원인 중 하나는 제외해도 된다. 이를 정리하면 다음과 같다.

	A 부위 이상	B 부위 이상
조사 방법	내시경 검사	정밀 검사
조사 결과	이상 없음	조사 예정

이때 만일 B부위의 이상을 판정할 수 있는 정밀검사 기법이 없거나 또는 B부위에 대한 정밀검사가 너무 많은 시간과 비용을 필요로 할 경우에는 어떻게 판정해야 할까? 이런 경우는 하나의 조건, 가능성에 대한 양자택일로 판단하게 된다. 즉, 내시경 검사를 통해 A부위에 이상이 있으면 A부위에 대한 치료, 이상이 없으면 B부위에 대한 치료를 실시하는 것이 일반적인 방법이 된다. 즉, 하나의 원인에 대한 조사 결과에 따라 이 원인의 진위를 판단하여 의사 결정을 하게 된다. 원인은 둘 중의 하나로 구분된다. 그림으로 그려보면 다음과 같다.

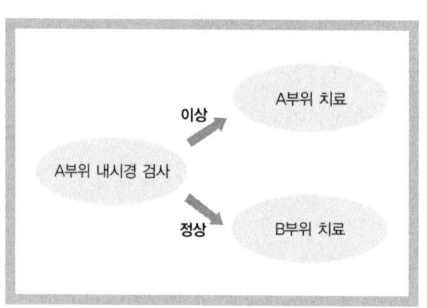

이 사례는 환자에 대해 차근차근히 내시경, 정밀 검사를 하여 많은 정보를 얻을 수 있는 상황이 아니라, 내시경 검사라는 한 번의 검사로 결과를 알아내야 하는 상황이고, 이를 근거로 상황을 양자택일하는 경우이다. 조금은 단순한 확률적 사고가 활용되는 사례이긴 하지만 확률적 사고의 기본적인 논리를 이해하기에는 충분하다. 좀 더 복잡한 상황을 통해 확률적 사고의 세계로 들어가 보자.

누가 진짜 아빠인가?
— 확률적 사고의 논리

얼마 전 미국의 한 젊은 미모의 여성 모델이 갑작스런 사망을 하였고, 생후 5개월 된 딸에게 5억 달러라는 많은 유산을 남겼다. 이 재산을 노린 여성의 옛 남자 친구들 3명이 그 딸아이의 친부임을 주장하고 나섰다. 다행히 유전자 DNA 검사라는 의학적 방법을 통해서 친부를 찾는 것은 별다른 오류 없이 가능하다. 이 검사를 통해 내리는 올바른 판정과 잘못된 판정의 경우를 구분해 살펴보자.

검사결과 \ 사실	가짜 아빠	진짜 아빠
DNA 검사 불일치	올바른 판정	①오류
DNA 검사 일치	②오류	올바른 판정

이 경우도 '아이의 DNA'라는 결과 정보와 '친부라 주장하는 사람들의 DNA'라는 정보를 통해 친부라고 주장하는 사람들의 주장들 중 하나를 '사실'로 판정할 수 있다. 여기서 중요한 것은 사실로 판정하는 과정이다. 유전자 검사 과정을 세분화해서 살펴보자(《사이언스 타임즈》, 2006년 8월 28일자).

1. 아이와 후보 아빠의 혈액을 채취한다.
2. 아이와 아빠의 유전자가 어느 정도 일치하는지를 검사하면 그 결과는 'DNA 검사 불일치' 또는 'DNA 검사 일치'로 나온다.
3. 'DNA 검사 불일치'라면 판단이 명확하고 오류가 없다. 즉, 진짜 아빠는 '불일치'로 나오지 않기 때문에, '불일치' 결과가 나왔다면 가짜 아빠라고 오류 없이 결정할 수 있다.(①의 오류가 발생할 확률은 0%

이다)

4. 'DNA 검사 일치'라면 상황은 2가지이다. 즉, 진짜 아빠, 가짜 아빠 모두 '일치'인 검사결과가 가능하다. 이때 우리는 조건과 검사결과와의 확률이 얼마인가를 계산한다.

5. 가짜 아빠일 때 검사결과가 이렇게 나올 가능성의 확률은 10의 -6승 즉, 백만분의 1 정도의 확률 값으로, 이런 결과가 나왔을 경우 보통의 경우는 무리 없이 진짜 아빠라고 인정하게 된다.(②오류는 10^{-6}의 확률이다) 보통의 친자 확인 검사는 99.9999% 정확도로 표시되는데, 이는 혈연관계가 없는 상태에서 이렇게 우연히 관계가 있는 것처럼 나올 가능성이 얼마나 되는가를 계산해 보니, 10^{-6} 정도로 확률값이 작다는 의미이다.

확률값을 표로 정리하면 다음과 같다.

검사결과 \ 사실	가짜 아빠	진짜 아빠
DNA 검사 불일치	$1-10^{-6}$	0
DNA 검사 일치	10^{-6}	100%

"내가 진짜 아빠라구!"

여기서의 'DNA 검사 일치'로 결과가 나왔을 경우를 생각해보자. 검사 결과가 '일치'로 나왔을 때 상황은 가짜 아빠, 진짜 아빠로 둘 다 가능하다. 이때 '일치'로 나왔을 때 어떤 판단을 내리는 것이 합리적일까? 이는 가능성(확률)의 개념으로 생각하면 결론은 자명하다. 진짜 아빠라고 판단하는 것이 합리적이다. 만약 DNA검사 결과가 일치하였는데, 그것이 정말 우연히 이렇게 나온 것이라고 여기고 가짜 아빠일지 모르니 추가 조사를 하자라고 주장한다면 그것은 억지다.

통계적 가설
검증의 논리

이 이야기에 사용된 논리체계를 살펴보자. 친자 검사 과정에는 수학에서 사용되는 귀류법 모순$^{argument\ by\ contradiction}$에 의한 논증법이 사용되었다. 먼저 귀류법의 대표적인 경우를 살펴보자. $\sqrt{2}$가 무리수(즉, 정수의 비율로 나타낼 수 없는 수)라는 증명을 하려 한다. $\sqrt{2}$는 유리수 아니면 무리수이다. 우리는 무리수라는 사실을 증명하기 위해 우선 이를 부정한다. 즉, $\sqrt{2}$가 유리수라고 가정한다. 이런 가정 아래 $\sqrt{2}$가 유리수에 들어맞는지를 논리적으로 푼다. 풀어보면 $\sqrt{2}$는 유리수가 아니다*. 따라서 우리의 가정이 모순되므로, $\sqrt{2}$는 유리수가 아니라 무리수라고 결론지을 수 있다.

이와 동일한 논리가 위의 DNA검사에 숨어있다. 즉, 우선 검사 대상을 가짜 아빠라고 가정한 후, 검사해보니 검사결과가 '일치'라고 나왔다. 가짜 아빠인 경우에는 결과가 일치할 확률이 10^{-6}이다. 수학의 귀류법에서는 모순이 나오지만, 통계학에서는 이런 상황을 (확률적) 모순이라고 본다. 그래서 가짜 아빠라고 보기 어

이 과정은 다음과 같다. 우선 $\sqrt{2}$가 유리수라면, $\sqrt{2}=p/q$ (p, q는 서로 소인 정수로 공약수가 없는 수)라고 표현할 수 있다. 양변을 제곱하면 $2=p^2/q^2$이 되고, $p^2=2\times q^2$이 된다. 그러면 p^2은 2의 배수이므로 $p=2\times p'$로 표현가능하고, 위의 식은 $(2p')^2=4p'^2=2q^2$, 고로 $2p'^2=q^2$이 된다. 이 식에서는 q가 역시 2의 배수가 되므로, 우리의 서로 소라는 가정에 위배된다. 그러므로 모순이고, 따라서 $\sqrt{2}$는 유리수가 아니라 무리수가 된다.

려우므로, 진짜 아빠라고 결론내린다.

그럼, 이 2가지 상황을 통계적 가설검정에서는 어떤 용어를 사용하는지를 알아보자. 우선, 1의 가정을 우리는 귀무가설이라고 하고, 그 반대되는 것을 대립한다는 의미에서 대립對立가설이라고 한다. 여기서 귀무歸無란 '없었던 것으로 하자'는 뜻이다. 데이터를 모은 사람은 대립가설이 옳다는 것을 보이고 싶어할 것이다. 그런 방법으로 위의 수학의 귀류법처럼 우선 숙이고 들어가서 자신의 주장이 틀리고, 귀무가설이 맞다고 가정한다. '내 주장이 맞다'고 직접적으로 증명할 수 있으면 좋겠는데, 그것이 불가능하니 우선 '귀무가설이 맞다' 그리고 '내 주장인 대립가설이 틀렸다'라고 가정하고 시작한다.

1. 두 사람 사이에는 혈연관계가 없다.(귀무가설, null hypothesis)
2. 두 사람 사이에는 혈연관계가 있다.(대립가설, alternative hypothesis)

그러니까 귀무가설의 상황에서 데이터가 이러이러하게 나올 확률이 얼마나 되는가를 계산한다. 그런 후에 귀무가설 하에서는 이렇게 데이터가 나올 확률이 매우 작으니 반대되는, 원래 데이터를 모은 사람이 확인하려 했던 대립가설이 옳다는 결론을 선택하는 것이 통계적 가설 검정 방법이다. 수학적 모순은 논리의 모순을 의미하지만, 확률적 모순은 확률이 낮은 '거의 불가능'을 의미한다는 점이 차이점이다.

우선 자신의 가설이 틀렸다고 생각하라

앞의 통계적 검증의 기본 논리를 DNA 친자 검사 사례에 적용해보자.

1. 우선 혈연관계 미인정, 즉 가짜 아빠라고 가정한다.
2. 가짜 아빠라는 가정이 성립되는 상태에서, 이렇게 마치 진짜 아빠처럼 유전자가 일치할 가능성이 얼마나 되는가를 계산한다.
3. 이때의 확률이 매우 낮은 것이라면, 즉 가짜 아빠인데 우연히 진짜 아빠처럼 검사결과가 나올 확률이 매우 낮다면, 우리는 이 확률만큼의 오류의 위험을 감수하고, 진짜 아빠라고 판정한다.

'p-값'은 귀무가설 하에서 이렇게 데이터가 나올 확률이 얼마나 되는가를 계산한 것이다. 이 값이 매우 작을 때 우리는 혼동 없이 원인 중의 하나를 결정할 수 있다는 것을 기억해 두자. 이 p-값은 통계분석에서 유의성(Significance)을 대표하는 값으로 활용된다.

다시 말해, DNA 검사를 해보니 DNA 일치라는 검사 결과가 나왔다. 이런 결과는 혈연일 때, 아닐 때 모두 가능하다. 이런 상황에서 우선 가짜 아빠라는 가정을 먼저 한다(귀무가설). 그런 가정 하에서 일치라는 결과가 나올 확률을 계산해보니 너무 작다(10^{-6}). 그렇다면, 가짜 아빠라는 가정이 잘못되었다. 그래서 진짜 아빠라고 결정하게 되는 논리이다. 이런 '귀류법' 논리가 통계적 가설검정의 기본 논리이다. 이런 논리를 명제 식으로 표현하면 다음과 같은 문장으로 기술할 수 있다.

"(두 사람이 혈연관계가 전혀 없다는 즉, 가짜 아빠라는 가정 아래) 어떤 사건이 우연에 의해 일어날 확률이 아주 낮고(p-값=10^{-6}), 다른 이유로 인해 (진짜 아빠인 경우에) 일어날 확률이 더 높은 (유전자 일치)사건이 일어났다면, 우리는 우연이 아닌 다른 원인에 의해 즉, 진짜 아빠여서 유전자가 일치하는 사건이 일어난 것으로 보는 것이 타당하다"

α(알파) 오류 vs. β(베타) 오류

DNA로 하는 판정구조를 정해보면 검사결과가

불일치이면 가짜, 일치하면 진짜로 판정하는 구조를 가진다고 하자. 이런 판정체계에서 발생할 수 있는 오류는 무엇이 있을까? 살펴보면 다음과 같이 2가지가 있다.

1. 진짜 아빠를 가짜 아빠라고 판정하는 경우이다. 이 사례에서는 그럴 가능성이 거의 없다. 즉, 이 검사 방법의 신뢰성은 공신력이 있어서 만약 일치한다고 나왔다면 이 결과에 승복하는 것이 대부분이어서 이런 오류는 발생하지 않을 것이다. 진짜 아빠를 가짜 아빠라고 판정할 오류를 β(베타) 오류라고 하는데, 이 검사의 신뢰성을 믿는 현 상황에서 검사 과정의 실수를 제외하면 β(베타) 오류의 가능성은 0%이다.
2. 가짜 아빠를 진짜 아빠라고 판정하는 경우이다. 이 경우의 확률은 겨우 10^{-6} 즉, 백만분의 1의 확률로 발생한다. 가짜 아빠가 우연히 일치할 확률은 그 정도로 작다. 그래서 조사 결과가 일치했다면 진짜 아빠라고 판정하게 된다. 가짜 아빠를 진짜 아빠라고 판정할 오류를 α(알파) 오류라고 한다. 여기서는 $0.0001\% (=10^{-6})$이다.

판정(검사결과)	사실 가짜 아빠	진짜 아빠
가짜(DNA 검사 불일치)	올바른 판정	β(베타) 오류
진짜(DNA 검사 일치)	α(알파) 오류	올바른 판정

영조 때에 구택규의 『증수무원록』이 발간되었는데, 거기에 부모와 자식 간의 친자 확인 방법이 실려 있다고 한다. "자식의 몸을 찔러 한두 방울의 피를 내어 부모의 해골 위에 떨어뜨리면 친생^{親生}의 경우는 피가 뼈 속으로 스며들고 그렇지 않은 경우는 스며들지 아니한다"〈이윤성, 〈과학동아〉 2003년 10월호〉. 이때의 α(알파) 오류는 친자식이 아닌 사람의 피가 부모

의 뼈 속에 스며드는 경우이다. β(베타) 오류는 친자식의 피가 부모의 뼈 속에 스며들지 않는 경우이다. 이런 판정은 눈감고서 찍는 것과 같다고 생각할 수 있다. 그런 반면, 위의 DNA검사는 의학기술의 눈부신 발전에 따라 큰 오류 없이 명확한 판정을 하는 사례이다. 여기서 잘못 판정할 확률은 고작 10^{-6}뿐이다.

우리는 신이 아니기 때문에 사실을 추측하여 가설을 세우고, 논리와 자료를 활용하여 판단하게 되는데, 이 과정에서 오류가 발생할 수 있다. 다만 이 과정에서 발생 가능한 오류에 대해 체계적으로 정리하고 이를 대처할 수 있는 분석의 틀을 만들어줌으로써 오류에 적절히 대응할 수 있다.

2. 우연인가 실제의 차이인가

통계적 유의성   우리는 신문이나 방송 등에서 수치를 비교한 내용을 많이 보게 된다. 이런 것들을 볼 때 가설검정의 개념을 이해한 사람은 수치 차이의 정확한 의미를 알 수 있다. 단순하게 대상 간의 수치를 비교하여 유리할 때 '자신이 우수하다'고 말한다면, 이는 '우연'을 '차이' 또는 '우월'로 눈속임하는 것일 수 있다. 앞에서 나왔던 사례를 다시 한 번 보자. 잡지사의 담배 조사 결과 유독성 성분의 수치가 가장 작게 나온 담배회사는 "전국적으로 알려진 이 권위 있는 잡지의 조사 결과에 따르면, 올드 골드 회사의 담배에는 유독 성분이 가장 적게 들어간 것으로 나타났다"는 광고를 하였다. 이런 광고의 문제점이 바로 아마도 '우연'

판정(검사결과)	사실	올드 골드사의 담배가 니코틴이 적지 않음	올드 골드사의 담배가 니코틴이 적음
많거나 비슷하게 나옴		발표 안함	
적게 나옴		Ⓐ가장 덜 위험하다?=α(알파) 오류	Ⓑ올바른 판정

에 의한 수치 차이를 '우수' 또는 '덜 유해'로 포장한 것이다.

　여러 규정에 따르면 통계적인 유의성에 대한 근거가 없는 상태에서 차이 값만 이야기하는 조사 결과를 발표하는 것은 규제의 대상이다. 동일한 조사를 동일한 담배에 대해 다시 시행하였을 때 다른 결과가 나올 수도 있고 때에 따라서는 정반대의 결과가 나올 수 있기 때문이다. 담배회사 사례의 경우 연구자들이 똑 같은 제조회사의 담배들을 다시 수집하여 조사하였을 때, 올드 골드 담배회사의 담배가 니코틴의 함량이 또 다시 작게 나올 보장이 없다. 이럴 때 우리는 이런 조사 결과에 대해 '유의성이 없다'라는 표현을 쓴다. 즉, 올드 골드 회사의 담배에 유독 성분이 적게 들어간 것으로 결과가 나온 것은 우연적 결과일 수도 있기 때문에 유의성이 확보되지 않은 것이며, 따라서 그런 조사 결과를 발표하는 것은 금지되는 것이다. 이런 금지가 없다면 어떻게 될까? 그래서 이런 조사를 여러 번 각자 해서 그때마다 가장 적은 수치가 나온 실험을 한 회사들이 그것만을 발표하는 상황을 생각해보자. 검사의 신뢰도가 엉망이 될 것이다.

　연구원들이 조사 결과를 발표하였을 때는 Ⓐ 또는 Ⓑ의 경우라고 생각한 것이다. 그러나 그 차이가 작고 또 충분히 많은 양을 조사하지 않았으므로, 잡지사의 연구원들은 Ⓐ의 경우라고 생각하였을 것이다. 그런데 영리한 영업사원이 이를 Ⓑ의 경우라고 흡연자들이 오해할 수 있는 광고를 만들어서 부당한 이득을 본 것이다.

여기서 우리가 생각할 것은 올드 골드 담배회사의 니코틴 수치가 작게 나왔다고 그것이 타사의 담배에 비해 '실제적인 차이'가 있을 만큼 차이가 있다고 생각하면 안 된다는 것이다. 특정 결과가 나왔을 때 우선 '우연히 그렇게 나올 수도 있지'라고 생각해야 하고, 그것이 우연인지 아니면 실제로 차이가 나는 것인지를 구별할 수 있어야 한다. 그 구별은 자료의 분석을 통해서 가능한데, 정밀한 연구 결과라면 위에서처럼 p-값을 발표하였을 것이다. p-값이 없이 발표된 연구조사 결과는 α(알파) 오류를 모르는 잘못된 분석이거나, 독자들이 오류에 빠지도록 호도하는 것이다. 중요한 연구 성과였다면 p-값을 빼먹고서 발표해서는 안 되는 것이 일반적인 규칙이다.

신약은 효과가 개선되었을까?

앞의 DNA 친자 확인검사처럼 두 가지 가설이 존재할 때 하나의 가설은 100%, 다른 가설은 확률이 10^{-6} 정도로 발생하는 결과가 있다면 명확하게 판가름이 가능하다. 그렇지만, 통상의 경우는 그렇지 않고 아리송한 사례들이 많이 있다. 다음 경우를 보자.

어느 치료약의 환자 치료율이 기존에 50%였다고 알려져 있다. 한 제약사에서 이를 개선하여 신약을 개발하였고, 이를 환자들에게 임상 실험한 결과 10명 중 7명이 완치되는 결과를 얻었다고 하자. 그렇다면 신약의 효과가 높아서 기존약보다 좋다고 할 수 있을까? 통계적 가설 검정의 논리를 그대로 적용해서 생각해보자.

1. 신약의 개선 효과가 없다(귀무가설) : 치료율이 50% 이하이다.
2. 신약의 개선 효과가 있다(대립가설) : 치료율이 50%를 넘는다.

(기존 약에 비해서 개선된 점이 없다는 가정 아래) 어떤 사건이 우연에 의해 일어날 확률이 아주 낮고(p-값=??), 다른 이유로 인해 (개선 효과가 있을 경우) 일어날 확률이 더 높을 때, (개선효과가 있는) 사건이 실제로 일어났다면, 우리는 우연이 아닌 다른 이유로 인해 일어난 것으로 보는 것이 타당하다.

이런 논리의 규칙을 따라보자. 여기서 우리가 계산해내야 되는 확률은 신약의 효과가 개선효과가 없다는 가정 아래 10명 중 7명 이상이 완쾌될 확률이 얼마나 되는가 하는 것이다. 여기서 우리가 가정할 수 있는 신약의 치료율은 기존의 50%와 개선된 50% 이상의 값이다. 귀무가설 가정에 따른다면, 신약의 효과는 개선되지 않아서 기존의 약과 같은 50%의 치료율을 가지게 된다. 50%의 치료율일 경우 이항분포를 활용하면 다음과 같은 결과를 얻는다. 누적은 환자수가 그 숫자 이하일 경우를 나타낸다.

여기서 7명 이상이 될 확률을 계산해보면 1-(6명 이하로 치료될 확률)=1-0.8281=17.19%이다. 즉, 개선 효과가 없어도, 우연히 이렇게 7명 이상이 치료될 확률은 17%나 된다는 것이다. 그렇다면, 일반적인 드문 사건의 기준치로 활용되는 0.05(5%)에 비해서 크므로 드문 일이 아니고, 결국 신약의 효과가 개선되었다는 근거가

완치 환자 수	확률 (=)	누적확률 (≤)
0	0.0010	0.0010
1	0.0098	0.0107
2	0.0440	0.0547
3	0.1172	0.1719
4	0.2051	0.3770
5	0.2461	0.6231
6	0.2051	0.8281
7	0.1172	0.9453
8	0.0440	0.9893
9	0.0098	0.9990
10	0.0010	1.0000

없다는 결론이 된다.

　그렇다면, 이 제약 회사 연구팀과 임상실험 당국은 어떤 경우에 좀 더 명확한 판단을 할 수 있을까? 만약, 이 약을 사용하여 9명 이상이 치료되었다면, 10명의 임상실험 자료만으로도 0.1%의 경우이므로 우연히 나왔다고는 할 수 없어 충분히 '유의성'을 보여주었다고 말할 수 있다. 즉, 신약의 개선효과가 크다면, 개선된 신약의 효과가 부정되는 오류에 빠질 가능성이 적어진다(이 경우는 β(베타) 오류이다). 연구팀이 좀 더 많은 임상실험의 자료를 통해 '유의성'을 보여주어야 한다. 같은 효과더라도 많은 실험을 하게 되면 유의성을 확보할 수 있게 되어(즉, p-값이 작아지게 되어 인정을 받게 된다), 위의 β(베타) 오류에 빠지지 않게 된다.

　적은 실험수보다는 많은 실험수가 많은 정보를 줄 수 있다. 임상 당국은 실험수의 최소한을 규정하고, 이를 준수한 실험결과에 대해서만 인정을 해줄 것이다. 그리고 α(알파)값의 기준을 정하여(보통의 경우 0.05), 이 값을 기준으로 유의성 기준을 삼게 된다. 아래의 표에서 보면 10명의 실험일 경우, 9명 이상 치료되어야만 (이 경우에만 p-값이 0.05보다 작게 된다) 신약에 대해서 약효를 인정한다. 이는 실험 결과는 우연히 좋게 나왔지만, 사실은 개선 효과가 작은 신약을 인정하는 오류에 빠질 가능성을 줄이려는 데 목적이 있다(이 경우는 α(알파) 오류이다). 모든 의학, 약학, 식품 관련 검사 결과는 이러한 유의성을 보여주어야만 효능을 인정한다는 임상실험의 규칙을 가지고 있다.

실험 결과	사실 신약 개선 효과 없음
10명 중 7명 이상 치료	17.19%
10명 중 8명 이상 치료	6.47%

3. 합리적 의사 결정의 기술

지금까지 유의성에 관해서 살펴보았다. 우리가 관심 있는 대상이 산포를 가지기 때문에 유의성을 검토할 필요가 있다. 그리고 유의성은 효과의 크기, 실험수에 영향을 받는다. 지금까지 다뤄진 유의성을 전반적으로 정리하는 차원에서 우리에게 익숙한 동전 던지기 문제를 생각해보자.

철수와 영희 그리고 지훈이 모여서 동전 던지기를 했다. 10번을 계속 던졌는데 앞면이 9번, 뒷면이 1번 나왔다. 열한 번째 던지기 전에 서로는 내기를 걸었다. 각자 앞뒤 면에 내기를 걸면서 그 이유를 다음과 같이 달았다. 이 중 누구의 주장이 합리적일까?

철수: "10번 동전을 던진다면 앞뒷면이 각각 대략 5번 정도씩 나와야 하는데, 지금까지 뒷면이 너무 나오지 않았어. 따라서 나는 뒷면에 1백만 원을 걸 거야."

영희: "동전은 과거를 기억하지 못한다고. 그렇기 때문에 다시 한 번 던지더라도 앞이나 뒤가 나올 확률은 여전히 반반이야. 나는 앞뒷면 아무것이나 선택할래."

지훈: "동전을 던져서 앞뒤 면이 나올 확률은 각각 2분의 1이야. 근데 그간 앞면이 지나치게 많이 나온 것으로 보아 이 동전은 분명히 앞면이 나올 경향이 매우 큰 이상한 동전일 거야. 그래서 다음에 던져도 앞면이 나올 거야. 나는 앞면에 내기를 걸겠어."

이 세 명의 생각을 잠시 접어두고 순전히 우연적인 사건을 다루는 '수리적 확률'을 동전 던지기에 적용해 보자. 익히 알다시피, 동전을 10번 던졌을 때 앞면이 9번 이상 나올 확률을 계산하면, 앞의 신약에서의 계산과 같이 0.1%이다. 하지만 여기에는 가정이 필요하다. 이 동전이 '정상적인' 동전이라는 것이다. 정상적인 동전이라면, 앞면이 나올 확률은 뒷면과 같이 각각 0.5이고 (p=0.5), 이때 10번을 던진다면 9번 이상 앞면이 나올 확률은 '0.1%'이다. 그렇지만, 이상한 동전이라면 상황은 달라진다. 예를 들어 〈은밀한 유혹〉라는 영화에서 데미 무어가 결정을 못해 망설일 때 로버트 레드포드가 던진 동전은 앞면이 양쪽에 인쇄된 이상한 동전이었다. 이런 이상한 동전들에는 이런 확률이 맞지 않는다. 그 정도는 아니더라도 이 동전이 앞면이 나올 확률이 0.5인 정상적인 동전이라는 '고정관념'에 의심을 가질 수 있다.

그렇다면, 위의 동전을 정상이라고 (즉, 앞뒷면이 나올 확률이 각각 0.5인) 볼 수 있을까? 이 경우의 통계적 의사 결정이란 '가설假設(여기서는 'p=0.5라는 가정')'을 세운 후, 결과 데이터를 통해 가능성이 얼마나 되는가를 검토하여 가설에 대한 의사결정을 내리는 것이다. 이를 이 문제에 적용하면 다음과 같다.

실험 결과 \ 조건	정상적인 동전	이상한 동전
10번 중 7번 이상 앞면	17.19%	??
10번 중 8번 이상 앞면	6.47%	??
10번 중 9번 이상 앞면	0.1%	??

"p=0.5라는 가정 하에서 결과가 앞면이 9개 이상 나올 확률은 가능성 0.1%이므로, 이 동전은 정상적인 동전이 아닐 가능성이 크다."

따라서 우리는 지훈이 합리적인 생각을 하고 있다고 판단할 수 있다. 이런 근거에 기반해 우리는 철수에게 다음과 같이 말할 수 있다.

"동전을 던질 때 앞면이나 뒷면이 나올 확률이 반드시 같다고 생각하는 것은 고정관념이야. 이 동전을 10번 던져서 앞면이 9번 나왔다는 사실은 위의 결정에서 볼 수 있듯이 동전이 '정상적인 동전'이 아님을 보여주는 것이지."

영희에게는 어떤 말을 할 수 있을까?

"동전이 과거를 기억하지 못한다는 말은 맞아. 영희 너는 도박사의 오류(300쪽 참조)에 빠지지 않는 사람이다. 아마도 이 동전이 정상적인 동전일 경우 너의 판단이 맞을 것이다. 그러나 동전이 이미 10번 던져서 앞면이 9번 나왔다는 사실은 이 동전이 이른바 '정상적인 동전'이 아님을 말해주는 거야. 그렇다면, 이 동전은 50%의 확률로 앞면이 나올 가능성이 있는 동전이 아니라 앞면이 많이 나오도록 조작된 동전일 가능성이 더 높은 거지."

통계분석은 가정을 필요로 한다.
이 가정을 먼저 이해하라

위의 문제로 알 수 있는 것은 무엇일까?

1. 동전이 앞면이나 뒷면이 나올 확률이 같다는 기존의 이론에 따라 '가정'을 세우고, 이를 결과 자료와 비교함으로써 '가정'의 사실 여부를 판정할 수 있다. 이를 위해서는 기존의 가정 하에서의 동전의 앞/뒷면 숫자 분포에 대한 확률을 계산하고, 동전 던지기의 결과 데이터를 비교하여 기존의 가정의 성립 여부를 판정할 수 있다. 이 경우는 동전이 정상이라면 이런 결과가 나올 확률이 고작 0.1%이므로 보통의

정상적인 동전이 아니라고 말할 수 있다.

2. 이를 활용하면, 즉 데이터를 활용하면 그와 관련된 의사결정을 (위의 문제의 경우는 새로운 백만 원 내기) 좀 더 합리적으로 할 수 있다. 즉, 이 경우라면 3번이 훨씬 합리적인 선택이다.

3. 결과 데이터가 있고, 이는 특정 원인에 의한 결과라는 주장이 있을 때, 이를 검토하는 방법은 특정 원인이 아닌 정상적인 경우를 먼저 가정한다. 그리고 정상적인 상태에서 '전적인 우연'에 의해서 이런 결과 데이터가 나올 확률이 얼마나 되느냐를 계산한다. 이 우연에 의한 확률이 매우 작을 때만 우리는 특정 원인의 영향이 있다고 판정한다. 이 확률이 매우 작지 않을 때, 우리가 특정 원인에 의한 결과라고 결론 내리는 것은 과학적이지 않다.

이러한 통계적 의사결정은 우리 사회에 유용하게 쓰일 수 있다. 즉, 어떤 가설과 가설 사이에서 자료를 이용하여 어느 가설이 타당한가를 선택하여야 할 때 다음의 논리에 따라 선택한다.

"(동전이 정상적인 동전이어서 앞뒷면이 나올 확률이 각각 0.5라는 가정 아래) 어떤 사건이 우연에 의해 일어날 확률이 아주 낮고(p-값=0.001), 다른 이유로 인해 (동전이 정상적이지 않은 상태, 즉 앞면이 나올 확률이 더 많은 상태) 일어날 확률이 더 높을 때 (앞면이 9회 이상) 사건이 실제로 일어났다면, 우리는 우연이 아닌 다른 이유로 인해 일어난 것으로 보는 것이 타당하다."

야구를 알면 **초급확률** 문제없다

> 야구 덕분에 나는 초급확률을 썩 능숙히 다룰 수 있게 되었다.
> 추상적 개념의 확률문제를 접하더라도 순전히 직관에 의해 풀어냈다.
> – 켄 로스, 미국수학협회 회장, "야구장으로 간 수학자" 저자

1. 왜 유독 야구에 통계가 많이 쓰일까?

세이버 매트릭스와 세이버 매트리션이라는 용어를 들어본 적이 있는 사람은 야구에 대해 매우 관심이 많은 사람일 것이다. 세이버 매트릭스는 1971년 설립된 미국야구연구학회의 Society for American Baseball Research 머리글자를 따서 이름을 만들었고, 컴퓨터 시뮬레이션과 복잡한 고등수학의 도움을 빌려 야구기록을 분석하고 전통적인 야구이론을 발전시키는 일을 하는 야구통계의 신조어이다. 그리고 SABR의 회원들을 일컬어 세이버 매트리션이라 말한다. 우리나라에서도 여러 야구 관련 통계 자료를 수집하고, 분석함으로써 좀 더 많은 이해를 하고, 이를 통해 야구를 즐기는 사람들이 있다. 한 야구 열혈 팬이 운영하는 '통계로 즐기는 프로야구 www.istat.co.kr'가 대표적인 사례이다.

한편 한국 프로야구의 SK 와이번스의 김성근 감독에게는 데이터의

야구, 통계의 야구라는 말이 붙어 다닌다. 그 외에 삼성 라이온스의 선동열 감독, 기아 타이거즈의 조범현 감독도 통계를 많이 활용하는 감독이라는 평을 듣는다. 다른 경기에 비해서 야구는 이런 통계의 활용도에 대한 평이 많이 나오는 편이다. 다른 경기에 비해 왜 야구는 통계를 통한 접근이 좀 더 활발한 것일까?

**야구는 다양하고 정형화된 형태로
기록이 관리된다**

우선 야구는 다른 스포츠와 비교를 하면 연간 가장 많은 경기를 치른다. 축구와 농구의 경우 주당 2경기를 넘을 경우 선수들의 체력에 무리가 있는 반면, 야구는 선발 투수 이외에는 경기에 대한 체력 소모가 적은 경기여서 주당 6게임을 실시하도록 계획을 수립한다. 그래서 우선 경기가 많고, 많은 자료가 수집된다.

또한 경기 승패 외에 다양한 성공/실패의 기록이 개별적으로 기록된다. 예를 들어 축구의 경우 경기 후에 남는 것은 팀별 골득실, 퇴장/경고 수, 프리킥 수, 슈팅 수, 유효슈팅 수, 포메이션 정도이고, 선수별로는 출전 시간, 슈팅 수, 패스 성공률, 경고 수 정도이다. 그리고 축구에서는 경기에 가장 영향을 주는 골은 보통의 경우 2, 3골 많아야 5, 6골 정도이다. 이외에 축구의 승패에 직접적인 영향을 주는 것은 객관적으로 기록되지 않는 경우가 많다. 예를 들어 수비수가 많이 실수를 하여도 결국 골을 먹지 않는 실수인 경우는 이야기가 안 되지만, 골을 먹은 경우만 계속 소개된다. 개인별 성취도도 객관적인 기록으로는 작성되지 않아서 평점이라는 형태로 전문가들이(축구 해설위원, 신문 등의 언론) 주관적으로 평가하고, 많은 경우 이들 간의 편차도 존재한다. 하지만 야구의 경우는 이와 다르다. 야구 기록지를 보면 매우 빽빽하다.

각 승부 상황에 따라 투수의 투구수, 투구 구질, 볼/스트라이크 수가 매일매일 기록되고, 이에 대한 타자의 기록이 모두 기록된다. 이를 합산하면 투수의 경우는 승수, 패수, 세이브수, 홀드수, 방어율, QS(퀄리티 스타트 수, 6이닝 이상 3실점 이하) 등등이 자연스럽게 산출된다. 타자의 경우는 타석수, 타수, 안타 수, 타율, 홈런 수, 타점 수, 희생플라이 수, 병살타 수 등등이 모두 기록된다. 히딩크가 한국 축구대표팀 감독으로 취임할 때 고트비라는 비디오 기술 분석관을 대동하여 한 차원 높은 분석 방법을 선보였지만, 개별적인 기록이 관리된다는 측면에서는 야구가 가장 앞선다. 각각의 성공/실패의 상황이 모두 기록으로 관리되고, 승패와 함께 객관적으로 팀별, 개인별 평가가 가능하고 기록된다는 점이 야구에서 자료와 통계가 많이 활용되는 이유 중의 가장 큰 이유이다.

야구감독은 다양한 조건에서 적극적으로
전략을 선택하고 실행할 수 있다

미국에서는 남자라면 꼭 해보고 싶은 매력 있는 직업으로 해군 제독, 오케스트라 지휘자와 함께 야구감독을 뽑는다고 한다. 다른 두 직업과 함께 야구감독이 거론되는 이유는 감독이 경기에 대해 선택하고 결정할 수 있는 부분이 많기 때문이다. 선발투수의 선정과 함께 투수의 교체, 선발라인업의 선정, 타자의 교체 등 선수의 선택은 다른 스포츠의 감독과 비슷하나, 좀 더 범위가 넓다. 축구는 한 경기에서 3명 이내로 선수교체가 제한되나, 야구에서는 모든 선수 명단에 있는 선수의 교체가 가능하다. 또, 각 승부의 상황에서 선택하고 적극적으로 지시를 내릴 수 있는 권한과 범위가 막강하다. 공격 팀일 경우, 상황에 따라 상대 투수에 따라 타자를 교체할 수 있고, 각 상황에 따라 대기^{waiting}, 강공, 번트, 히트 앤 런, 런 앤 히트 등의 다양한 조합이 가능하다. 수비를 할 경우도 투수의 교체, 수비수의 위치 조정이 가능하고, 그 외에 직접적으로 투구 구질을 선택할 수도 있다. 그런 이유로 프로야구가 감독과 코치의 사인이 가장 복잡하다.

이렇게 상황에 따라 작전을 결정할 수 있다는 것은 상황별로 각 작전에 대한 결과 분석을 가능하게 한다. 예를 들어 433전법처럼 전반적인 상황 제어는 가능하지만, 세세한 부분은 직접 뛰고 있는 선수들에게 맡길 수밖에 없고, 최종결과만이 기록되는 축구를 사회과학이라고 비유한다면, 승부의 상황에서 다양한 선택이 가능하고 결과가 개별적으로 관측되는 야구는 이공계의 자연과학, 공학으로 비유할 수 있다. 자료 분석의 풍부함과 깊이에 있어서는 자연과학과 공학이 월등히 사회과학을 앞서듯이 야구는 자료 분석 차원에서 매우 활용성이 큰 스포츠이다. 그래서 확률과 통계의 활용에 대한 이야기를 좀 더 자세하게 해보는 데 야구가 적합하다.

2. 평균을 믿지 말라. 상대에 따라 최적화하라

플래툰
시스템   당신이 야구를 관전하고 있다. 당신이 응원하는 팀에 득점 기회가 찾아왔고, 마침 타석에는 3할대의 타율을 자랑하는 강타자가 나왔다. 당신이 매우 기대에 들떠 있는 순간에 상대팀의 투수 교체가 발표된다. 그 투수는 지금 타석의 강타자에게는 킬러에 해당할 정도로 강하고, 강타자의 새 투수에 대한 상대 타율은 12타수 1안타로 극히 저조하다. 이때, 당신은 어떤 생각이 들겠는가? 계속 들떠 있을 수 있을까? 당신의 응원팀 감독은 타자 교체를 심각하게 고민할 것이다. 야구는 이처럼 상황에 따라 상대에 따라 전술이 달라지는 스포츠이다(마일즈 홀랜더, 1995, 『통계 마인드 길들이기』, 새날).

야구에서는 '플래툰 시스템'이라는 것이 있다. 상대투수가 좌완/우완이냐에 따라 특정 포지션의 선수들의 출장여부를 결정하는 것이다. 2005년도에 일본에서 활약하던 좌타자인 이승엽 선수는 상대팀이 좌투수를 기용할 때는 '좌타자는 좌투수에 약하다'는 밸런타인 감독의 지론에 따라 선발에서 제외되기도 하였다.

이 이야기에서 우리가 알 수 있는 것은 3할대의 강타자가 모든 상황에서 3할 이상은 아니라는 것이다. 즉, 어느 투수에게는 좀 더 강세를 가져 5할 이상을 칠 수 있고, 어느 투수에게는 반대로 약할 수 있다. 이런 결과가 모두 합해져서 3할이라는 평균 타율이 계산되는 것이다. 우리가 경험적인 비율로 확률을 이야기할 때는 보통의 경우 총합의 개념을 사용한다. 야구의 방어율, 타율, 장타율 등등은 상대에 대한 구분 없이 전반적인 이제까지의 실적 모두를 누적하여 평균으로 계산한다. 이것은 한 선수에 대한 '평균' 능력을 파악하는 데 도움이 되지만, 특정 상황에서 특정 상대에 대한 능력을 나타내는 데는 부족하다. 특정 상황에 대해서는 별도의 세분화된 자료가 필요하다.

요즘은 야구 중계를 보면, 특정 투수가 나왔을 때, 전반적인 경기 기록과 함께 상대팀에 대한 상대 전적을 함께 보여준다. 그러면서 이 투수가 상대팀에 대해서 특별히 강하거나 약할 경우 그 이유에 대한 설명도 함께 해주기도 한다. 세분화된 데이터를 제공하고 해석해줌으로써 야구 관전의 즐거움을 더해 준다.

이승엽이 나온다.
오른쪽으로 이동해!

보통 선수들의 수비 위치는 일반적으로 타자가 타격을 했을 때 평균적으로 공이 가장 많이 오는 자리이다. 하지만 이 자리는 모든 투수와 타자, 그리고 각각의 조합에 공통적인 것은 아니다. 야구 중계를 보다 보면 특정 타자의 타구가 다른 타자와는 달리 특정 위치로 가게 되는 것을 자주 볼 수 있다. 이처럼 타구 방향은 타자 별로 차이가 나게 되는데, 인코스 공을 잘 잡아당기는 우타자의 경우는 좌측으로, 바깥 쪽 공을 밀어치는 우타자의 경우는 우익수 쪽으로, 짧게 끊어 치는 타자의 경우는 통상적 위치보다는 앞쪽으로 나와 수비를 하게 된다. 이를 수비 시프트shift라고 부른다.

2006년도는 일본 프로야구에서 활약하는 이승엽 선수가 홈런을 매우 많이 친 해이다. 이승엽의 맹타가 계속되자, 일본 프로야구 상대팀은 이른바 '이승엽 시프트'를 사용해 한국 야구팬들의 눈길을 끌었다. '이승엽 시프트'는 왼손타자인 이승엽의 타구가 주로 그라운드의 오른쪽을 향하기 때문에 야수를 오른쪽으로 이동시키는 수비다. 3루수는 유격수 자리로, 유격수는 2루수 자리로 이동한다. 2루수는 뒤로 빠져 거의 우익수 앞까지 가서 수비를 한다. 외야수들도 우익수 방향으로 열 걸음 이상씩 이동해서 자리를 잡는다. 시프트의 원조는 미국의 '마지막 4할 타자'인 테드 윌리엄스에게 처음 적용되었다고 한다. 1946년 상대팀 감독은 옆의 그림과 같은 극단적인 수비 위치를 선보였다(《경향신문》, 2006년 7월 17일자).

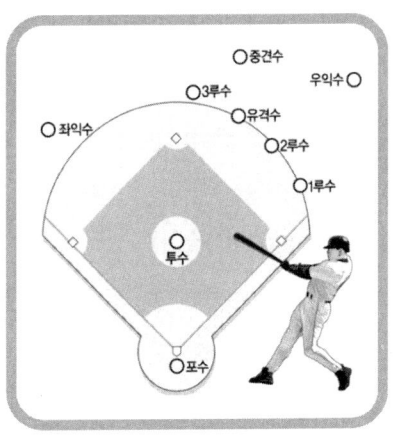

이런 시프트를 사용한다고 해서 매번 효과가 좋은 것은 아니다. 대부분 확률적으로 시프트는 수비에서 좋은 성과를 만들기는 하지만, 극단적으로 오른쪽으로 치우친 시프트가 평범한 내·외야 플라이를 오히려 안타로 만들기도 한다. 확률상 이승엽 선수가 오른쪽으로 타격을 많이 하는 것은 사실이다. 하지만 바깥쪽으로 밀어치는 경우는 타구는 왼쪽으로 가게 되고 평범한 플라이의 경우도 안타가 되는 것이다. 다만 그런 경우보다 시프트를 활용한 경우가 더 수비 성공의 확률이 높기 때문에 사용한다. 바가지 안타가 한번 나왔다고 시프트를 하지 말자고 하는 것은 확률을 무시하자는 것이다.

상황과 자기 능력에 대한
정확한 계산은 필수다

야구에서 특정한 타자에 따라 수비 위치를 선정하는 것이 수비 시프트다. 이렇듯 타자의 타구습성에 따라 이동하는 시프트를 좀 더 복잡하게 세분화하여 수비 위치 선정뿐만 아니라 수비 동작을 미리 예측하여 머릿속에서 시뮬레이션을 하기도 한다. 한 개인의 능력이 어떤 상황에 대한 다양한 시뮬레이션 능력 그리고 그에 대한 대응훈련의 완숙도에서 차이가 나듯 야구도 마찬가지다. 좋은 야구 선수는 코치의 지시대로만 움직이지 않는다. 수비수의 경우 타자의 습성이나 타법뿐만 아니라 자신의 풋워크, 어깨를 정확하게 계산하고 능력을 알고 있어야 한다. 더불어 포수의 사인이나 투수의 구질까지도 수비 능력을 발휘하기 위해 계산하고 있어야 한다.

그런 세세한 조건에 따라서 타구가 올 수 있는 가능성이 달라진다. 이 조건에 해당하는 것이 타자의 타격 습성, 타법, 투수의 구질 등이다. 이들 중에서 상황에 따라 중요한 것이 무엇인지를 알고 이들을 반영하여 잘 적용하는 것이 좋은 수비수가 되는 길이다.

여기에 더하여 수비의 성공에 영향을 주는 것이 타구의 방향과 함께 수비수의 능력이다. 어깨가 강한 수비수와 어깨가 약한 수비수는 수비 위치가 상황별로 달라야 한다. 9회말 동점의 상황에서 무사 또는 1사에서 3루에 주자가 있는 상황에서 어깨가 강한 수비수라면 좀 더 뒤 쪽에서 수비하여도 희생플라이를 막을 수 있지만, 어깨가 약한 수비수는 뒤쪽에서는 잡아도 소용없으니 수비위치를 좀 더 앞으로 잡아야 한다.

이처럼 다양한 결과가 가능할 때, 각 상황별로 이를 결정하는 조건을 알고, 이에 더하여 자신의 수비 능력을 고려하여 대응을 최적화하는 것을 잘하는 것은 야구에서뿐만 아니라 현실에서도 필요한 능력이다.

최근의 정보로 활용하라

야구는 앞에서도 설명한 것처럼 작전 선택의 폭이 넓은 경기이다. 팀의 감독이 결정해야 하는 것은 무척 많아서, 주로 결정하는 것만 꼽아도 매일 매일의 경기에서 선발투수, 선발 야수진, 투수의 교체, 대타 기용, 수비 위치, 투수의 공 배합 등 매우 다양하다. 이때 기존의 데이터 외에 중요한 것은 선수들의 현재 몸 상태이다. 선수들의 컨디션은 부상 등의 이유로 때마다 달라질 수 있다. 선수들의 몸 상태를 기존의 데이터에 추가시켜서 머릿속에 담고 있어야 좋은 작전과 경기를 펼칠 수 있다. 물론 이런 행동들을 모든 감독, 코치들이 하고 있겠지만, WBC 월드 베이스볼 클래식에서 우리나라 야구대표팀을 이끌어 좋은 성적을 냈던 김인식 감독의 말을 인용해 확인해 보자. 김 감독은 투수 교체나 대타 기용 등 작전의 기준을 묻는 기자에게 "나는 그날 현장에서 우리 투수(또는 타자)와 상대팀 타자(또는 투수)를 유심히 관찰한다.

바로 오늘 우리 투수(또는 타자)가 상대 타자(또는 투수)를 현실적으로 얼마나 공략해낼 수 있느냐를 보기 위해서다. 거기에 따라서 투수를 교체하느냐, 대타를 기용하느냐, 강공으로 가느냐, 정석으로 가느냐도 결정한다."고 말했다고 한다.

　선수에 대한 최신 정보를 통해 확률의 정확도를 높이는 것 외에 다른 요소가 하나 더 있다. 수비수는, 특히 좋은 수비수는 정확한 예측을 하고 이에 따라 수비 위치 또는 마음가짐을 달리한다. 이 예측을 하는 정보로는 투수의 공과 이런 공을 공략하는 타자의 타격 성향이 중요하다. 타격 성향에 대한 정보는 미리 사전에 준비된 자료를 통해 파악하고 있어야 하고, 투수의 공은 투·포수 간의 각각의 공에 대한 사인을 통해 파악한다. 각 공마다 포수가 사인을 하면 이에 따라 투수는 공을 던지고, 야수는 예측을 하게 된다. 이때 문제가 되는 것은 투수의 제구력, 컨트롤이다. 포수와 약속한 사인에 따라 타구를 예측하고 있는데, 투수가 엉뚱한 공을 던진다면 야수는 혼동에 빠진다. 즉 포수는 바깥쪽 공을 요구하였고, 야수들도 그에 맞추어 움직임을 준비하고 있는데, 이때 투수가 '의도와는 다르게' 다른 공을 던진다면 타구는 예상과는 달라지고, 수비가 흔들리게 된다. 이런 부분은 기록으로는 안 나오지만, 실제적으로 투수의 방어율에 영향을 주게 된다.

　이와 관련하여 2006년 WBC 한국대표팀을 생각해보자. 당시 한국 팀은 대회에서 좋은 수비를 많이 보여주었고, 이는 결과적으로 좋은 성적을 내는 데 많은 보탬이 되었다. 이에 대해 당시 수비코치는 "좋은 수비의 원인은 투수에게 있다. 이번 대표팀 투수들의 컨트롤이 워낙 좋아 야수들이 큰 도움을 받고 있다. 야수는 투·포수의 사인을 보고 투수의 구질과 코스를 미리 알 수 있다. 이를 바탕으로 타구의 방향도 어느 정도 예측할 수 있고, 마음속으로 준비가 된 상태에서 몸도 일찍 반응해 호수비가 많이 나올 수 있다."고 말했다.

지금까지 야구 수비와 관련된 이야기를 진행하면서 확률과 연관하여 이야기를 했다. 대략 정리하면 다음과 같다. 1) 좋은 수비수는 타구 방향을 결정하는 중요요소가 무엇인지 많이 알고, 이들의 현재 정보를 파악하여 수비위치를 결정한다. 2) 정보가 정확할 경우 (컨트롤이 좋을 경우), 수비위치 조정은 좀 더 힘을 발휘한다.

이를 확률과 연관시켜 다음과 같이 말할 수도 있다. 1) 우리가 알고자 하는 대상의 결과를 결정하는 중요 조건을 알고, 이들 조건의 현재 정보를 파악하여 우리의 대응을 결정해야 한다. 2) 이 조건의 정보가 정확할 수록 대응할 때 성공 가능성은 높아진다.

도박사의 오류

예전에 딸 많은 집이 가끔 있었다. 어느 날 TV에서 딸이 아홉인 9공주 집을 보고, 다음날 학교에서 친구와 이야기 중에 자신은 딸이 다섯인 5공주 집이라고 하여 놀란 적이 있었다. 그렇게 딸이 많은 집들 중에는 이제까지 계속 딸을 낳았으니 다음에는 아들일 것이라는 확신 또는 기대 속에서 아이들을 낳다 그렇게 된 집들도 있다. 또, 아들을 원하는 집에서 또 딸을 낳았을 때 주변 사람들이 종종 "다음에는 아들일 것이에요."라고 위로하기도 한다. 그 말이 순수한 위로의 말이지만 확률적인 의미에서 따진다고 하면 그런 기대는 타당할까? 그렇지 않다. 여기에는 재미있는 확률적 오류가 숨어 있다. 일명 '도박사의 오류'다.

도박사가 '룰렛' 게임을 한다고 가정하자. 이 게임에서 홀/짝만을 베팅할 수 있는데, 당신이 게임을 계속 관찰해보니 여섯 번 연속 짝수가 나왔다. 그럼 당신은 다음 게임에서 '이제까지 짝수만 계속 나왔으니 홀수가 나올 기회가 왔다'라고 생각할 수 있겠는가? 글쎄? 그렇다고 생각한다면, 다음과 같은 식의 질문도 가능하다. 성공률 10% 정도의 어려운 수술을 해야 하는 병에 걸린 환자의 보호자에게 '이제까지 9번 실패했으니까 이번에는 꼭 성공할 거예요'라고 말할 수 있을까? 실패 사례를 통해 수술 과정이 개선되지 않고, 동일한 수술 방법이라면, 역시 이번 수술도 성공률이 10%인 어려운 수술이 될 수밖에 없다.

같은 논리로 도박장의 룰렛은 과거를 기억하지 못한다. 이 룰렛 게임이 공평한 게임이라면, 이전에 홀수가 계속 나왔든, 짝수가 계속 나왔든 그 경우에 상관없이 다음에 홀수가 나올 확률은 2분의 1이다. 이처럼 전체 평균을 기준으로 결과적으로 '원래의 평균'에 근접할 테니까, 반대의 경우가 나올 가능성이 많다고 보는 것은 옳지 않다. 왜냐하면 위에서 예를 든 시스템들은 과거를 기억하지 않고 새롭게 기존의 확률로 새로운 결과가 만들어지기 때문이다. 새로운 시행이 기존의 확률에 따라 앞의 결과와 합산되면 전체 평균은 '원래의 평균'에 접근한다.

예를 들어 지금까지 9번 중 9번을 실패한 수술에서도 이후에 100번을 하여 확률에 맞게 10번을 성공한다면, 기존의 0%의 성공률이 총 109번 중에서 10번 성공으로 9.2%의 성공률로 바뀌게 된다. 뒤의 시행에서 꼭 앞의 9번의 연속적인 실패를 보상하지 않더라도 평균은 '원래의 평균'으로 다가서게 되는 것이다.

조건은 언제나
변한다

어느 입담이 센 야구 해설자가 "이 선수는 3할대

의 강타자입니다. 오늘 지금까지 세 번 모두 안타가 없었으니까 이제는 한 방 나올 때가 되었어요. 조심해야 합니다."라고 말했다. 이런 경우는 어떨까? 평균 3할대를 기록하였다는 것은 상대적으로 강한 투수, 약한 투수, 강한 팀, 약한 팀, 컨디션이 좋을 때, 나쁠 때 기타 등등의 여러 가지 조건들을 두루 겪으면서 기록한 기록이다. 이 기록을 날짜별로 나누어 본다면 3할 타율이 잘 안 들어맞는 경우가 많다.

조금 다른 관점으로 이 문제를 접근해 보자. 타자가 그날 3타수 무안타였다면, 그날은 컨디션이 또는 조건이 안 좋은 날이라고 보는 것이 좀 더 합당하다. 그래서 이번 타석에서의 안타 가능성은 평소보다 떨어진다고 보는 것이 더 맞지 않을까? 다음과 같은 중계에 더 신뢰가 간다.

"이 선수는 2할대의 수비 위주의 선수입니다만, 오늘 지금까지 세 번 모두 잘 맞은 타구를 만들어낸 것을 보니 컨디션이 좋습니다. 투수는 이번 타석을 좀 더 조심해야 합니다."

즉, 어느 날은 컨디션이 좋아서 3안타를 치고, 다른 날은 무안타일 수 있다. 우선 전체 평균인 3할대의 타율만을 생각해서 이번 타석에 안타를 쳐서 오늘의 성적이 전체 평균에 근접하게 가리라고 예상하는 것은

"오늘 안타가 없으니 한 방 기대할 만합니다!"

타당하지 않고, 각각의 개별적인 상황에서는 세분화된 확률로 보는 것이 타당하다.

성공 확률 높이기

여기까지의 이야기를 정리해보면, 동일한 조건에서 여러 번을 시행하는 경우, 앞에서 홀수가 나왔다고 이번에는 보상의 의미로 짝수가 나온다고 보면 안 된다. 동일한 조건에서 시행을 한다면 앞의 결과는 무시되고 원래의 확률에 따라 새로운 게임을 하는 것이다. 동일한 조건이라는 가정이 적절한지를 살펴야 한다. 앞의 타자의 예처럼 선수들은 기복이 있다. 좋은 때가 있는 반면, 슬럼프에 빠지는 때도 있다. 상황의 다양성을 무시하고 전체 평균만을 보고 그렇게 될 것이라고 예측하거나 '그렇게 되어야 한다'고 당위적인 주장을 하는 것은 적절하지 않다.

이렇게 조금 더 나누어서 생각하면 현재의 조건과 상황을 파악하여 이에 따라 예측을 하는 것이 합리적이다. 이럴 때 데이터에 밝은 사람들은 확률이 세분화되어 정확해지는 기준을 찾아내는 데 주력한다. 우리가 관심이 있는 대상에 대해 성공의 확률을 높이기 위해서는 대상결과를 결정하는 주요요인을 잘 파악한다. 그리고 이를 어떻게 조정하여 성공의 확률을 높일까에 주력한다. 야구경기를 볼 때 각 상황별로 구사되는 작전과 선수들의 이에 따른 움직임은 각 팀의 성공의 확률을 높이기 위한 노력들이다.

통계의 시대, 통계의 시각으로 세상을 보라

현대인들은 많은 시간 동안 통계학을 배웠지만, 통계를 자신의 일상생활의 사건들을 해석하거나 업무에서 폭넓게 활용하는 사람들은 적은 편이다. 적은 것을 떠나서 데이터가 나오고 그래프만 나와도 쩔쩔매고 적절한 해석을 내리지 못해 유용하게 활용할 수 있는 데이터가 무용지물로 활용이 안 되는 경우가 많이 있다. 필자는 그 이유를 크게 두 가지로 생각한다.

첫째는 통계학의 역사 및 배경을 살펴보면 알 수 있듯이 통계는 수학과의 밀접한 관련이 있다. 이제까지 통계학의 발전에 막대한 공헌을 한 통계학자는 대부분 이공 계통의 사람들로 수학에 탁월한 사람들이었다. 피셔$_{R.A.\ Fisher}$, 네이먼$_{J.\ Neyman}$ 등의 통계 대가들은 모두 수학적인 논리성이 통계학의 핵심이라고 생각했다. 즉, 자연 현상을 설명하는 통계학의 여러 분포와 이론들, 또 이로부터 유도되는 많은 통계 이론들은 수학적으로 증명 가능해야 했고, 이런 통계수학 이론들이 통계학의 기본이었다. 이런 생각들은 많은 통계학 교재에 충분히 반영되어, 대부분의 통계학 교재들은 많은 수학 공식을 포함하고 있다. 이러한 교재들은 통계학을 전공하거나, 또는 통계학을 자신의 업무와 학문에 주로 활용하는, 예를 들면 계량경제학자, 금융분석가, 통계물리 등 전공자들에게는 반드시 필요한 내용들이다.

그러나 비전공자에게는, 특히 수학에 익숙하지 않거나 익숙하기를 꺼려하는 사람들에게 그런 내용은 과도할 정도로 많은 노력을 요구한다. 수학이 어렵고 복잡해 거부감을 가지고 있는 사람들이 많은 것이 사실이고, 이런 사람들이 수학을 포기하는 이유와 같은 이유로 통계학을 기피하게 된 것이다. 하지만 숫자와 데이터가 거의 모든 분야에 발생하고 있고, 실제 업무나 생활에서 중요하게 사용되고 있는 정보 시대에 이러한 통계 기피는 절대로 바람직하지 않다고 생각한다. 바로 이 책이 의도하는 통계적 마인드를 훈련하고 실용적으로 사용하는 것이 필요하다.

이런 생각을 가지고 내용의 난이도와 관계없이 수학공식이 별로 안 들어간 통계 관련 도서들이 어떤 것들이 있는지 찾아보았다. 그 결과 찾은 많은 책들은 매우 유익한 것이었고, 필자처럼 통계학 전공자에게는 무척 흥미 있는 책들이었다. 그러나 아쉽게도 이들 중 많은 수는 이를 직접적으로 업무에 활용하기보다는 교양서적 목적의 책들이어서 통계를 업무상에서 필요로 하는 사람들에게는 부족한 부분이 있다. 업무에 활용할 수 있으면서도 '수학'이라는 장애물을 피해서 통계학에 대한 접근을 도와주는 책, 여기서 필자가 기존의 통계학 책과는 다른 성격으로 이 책을 쓰게 된 이유 중 첫 번째이다. 수학에 대한 부담감을 없애려는 노력이 책의 가독성을 높이는 데 많은 도움이 되었다.

통계학 수업의 내용을 활용하는 것이 쉽지 않은 다른 중요한 이유는 사회현상의 복잡성 때문이다. 통계학 수업의 내용은 '논리적 불일치'가 없는, '수리적인 가정이 성립되는' 자료를 활용하여 분석 방법의 이해와 연습을 위주로 진행된다. 그러나 일상에서는 통계학의 '수리적인 가정'이 성립되는 자료는 드물다. 우리가 현실에서 마주치게 되는 '통계자료의 타당성' 또는 '통계적 왜곡'이 이슈가 되는 사건들은 '통계학개론' 수업에서 얻은 지식만으로는 그 활용논리의 거짓을 발견하기 쉽지 않다. 그래서 실제 업무 또는 현실문제의 이해를 위해서는 통계분석의 가정에 대한 검토 및 분석의 응용을 필요로 한다. 그러나 많은 비전공자들은 이들을 통계수업과는 별도로 배워야 하나 마땅한 교육이 부족한 것이 현실이다. 쉽게 개념을 익히고 활용방법을 이해하기 위한 가장 좋은 방법은 좋은 사례를 보는 것이다.

이 책이 '사실'을 이해하는 재료인 '통계자료'에 대한 접근성과 이를 위한 방법인 '통계학'에 대한 친근감을 높이는 데 도움이 되기를 깊이 바란다. 또, 이러한 친근감이 독자들의 고유 영역에서의 역량 향상에 도움이 되리라고 필자는 믿는다.

유홍준 문화재청장은 『나의 문화유산답사기』에서 "아는 만큼 보이고 보이는 만큼 사랑하게 된다"고 하였다. 통계학을 아는 만큼 세상을 잘 보게 된다. 독자들이 세상을 더 많이 잘 보고, 또 그만큼 세상과 친해지기를 바란다.

통계의 미학

ⓒ 최제호, 2007. Printed in Seoul, Korea.

초판 1쇄 펴낸날 2007년 12월 3일 | **초판 32쇄 펴낸날** 2025년 5월 26일

지은이 최제호 | **펴낸이** 한성봉
편집 서영주·박래선 | **디자인** 정애경 | **일러스트** 이주한 | **마케팅** 박신용 | **경영지원** 국지연
펴낸곳 도서출판 동아시아 | **등록** 1998년 3월 5일 제1998-000243호
주소 서울시 중구 필동로8길 73 [예장동 1-42] 동아시아빌딩
페이스북 www.facebook.com/dongasiabooks | **전자우편** dongasiabook@naver.com
블로그 blog.naver.com/dongasiabook | **인스타그램** www.instagram.com/dongasiabook
전화 02) 757-9724, 5 | **팩스** 02) 757-9726

ISBN 978-89-88165-91-3   03400

잘못된 책은 구입하신 서점에서 바꿔드립니다.